贵州山地特色高效
农作物病虫害绿色防控技术

何永福　等◎编著

中国农业科学技术出版社

图书在版编目（CIP）数据

贵州山地特色高效农作物病虫害绿色防控技术 / 何永福
等编著. -- 北京：中国农业科学技术出版社，2021.4

ISBN 978 - 7 - 5116 - 5279 - 9

Ⅰ．①贵… Ⅱ．①何… Ⅲ．①作物—病虫害防治—无
污染技术 Ⅳ．①S435

中国版本图书馆 CIP 数据核字（2021）第 064051 号

责任编辑　史咏竹
责任校对　贾海霞
责任印制　姜义伟　　王思文

出 版 者　中国农业科学技术出版社
　　　　　北京市中关村南大街 12 号　邮编：100081
电　　话　(010) 82105169　（编辑室）
　　　　　(010) 82109702　（发行部）
　　　　　(010) 82106629　（读者服务部）
传　　真　(010) 82109707
网　　址　http://www.castp.cn
经 销 者　各地新华书店
印 刷 者　北京建宏印刷有限公司
开　　本　185mm×260mm　1/16
印　　张　19
字　　数　403 千字
版　　次　2021 年 4 月第 1 版　　2021 年 4 月第 1 次印刷
定　　价　78.00 元

《贵州山地特色高效农作物病虫害绿色防控技术》

编 委 会

前　　言

　　"来一场振兴农村经济的深刻产业革命"是贵州省委、省政府针对推进农业供给侧结构性改革，调整农村产业结构，确保按时打赢脱贫攻坚战和大力实施乡村振兴战略提出的重要举措。随着"振兴农村经济的深刻产业革命"向纵深推进，贵州蔬菜、精品水果、中药材、茶叶、食用菌等十二大特色产业，规模化、标准化、绿色化发展取得了很好的成效，仅 2018 年新增高效经济作物就达 666 万亩。在特色产业大面积发展的同时，病虫害的发生和为害日益加重。贵州省农业科学院植物保护研究所（以下简称植保所）紧盯特色产业发展中的病虫害绿色防控课题，深入研究，并深入田间地头，将农民迫切需要的最新研究成果进行示范和培训，努力为特色产业提质增效和持续发展提供科技支撑。

　　2020 年 1 月新冠肺炎疫情发生以来，植保所科研人员积极服从贵州省委、省政府和贵州省农业科学院党委的部署和安排，自觉减少外出研究和调研。本着"在家不闲着"的原则，一边认真学习和领会 2020 年中央一号文件精神，规划 2020 年科研计划，编写科研实施方案。同时"急农民所急"，集中精力总结现有研究成果，为疫情解除后农村恢复春耕生产、打赢脱贫攻坚战提供科技支撑，编著了《贵州山地特色高效农作物病虫害绿色防控技术》。旨在为农户与基层农技人员提供技术参考，提高农产品质量安全，保障特色农业产业健康发展，助力贵州省脱贫攻坚和乡村振兴。

　　本书的编著得益于贵州省委、省政府的正确领导，以及省科技厅、省农业农村厅、省农业科学院等单位的大力支持。近年来，在贵州省科技厅服务企业行动计划（黔科合服企〔2015〕4012 号、黔科合服企〔2018〕4004 号、黔科合服企〔2020〕4007 号）、科技支撑、省基金、联合基金、成果转化项目，农业农村厅合作项目省农业科学院支撑计划、重点项目的支持下，植保所人才团队建设、硬件平台的提升和科研成果的获得与转化都得到了强有力的发展。通过这些项目的支持，在植保所科研人员的共同努力下，研发了蔬菜、精品水果、中药材、重要粮食作物等特色农业产业病虫害绿色防控技术，并在产业发展中进行示范推广。针对疫情防控期间，科研人员不能到实验室开展研究，不能深入田间地头调查研究等实际情况，在院分管领导的支持和指导下，所班子成员组织全所科研人员，将贵州山地特色高效农业产业病虫害绿色防控技术汇集成册，为贵州农业产业发展提供病虫害绿色防控技术支撑，减轻病虫害的危害损失，提高农产品质量，增加农民收入。但是，部分特色产业发展时间较短，对病虫害的研究不够深入；部分病虫害为新发／突发病虫害，涉足研究较浅。因此，《贵州山地特色高效农作物病虫害绿色防控技术》资料主要来源于植保所的研究成果，同时，也借鉴了国内、省内同行相关研究资料，在此表示深深感谢。

本书由于编写时间仓促，如有遗漏和不当之处，恳请领导、专家、农业技术工作者和农民朋友不吝赐教，批评指正。

何永福

2020 年 2 月

目　录

第一章 绿色防控技术概述及农药的选择和使用

第一节 绿色防控技术概述

一、绿色防控技术的定义

绿色防控是贯彻"预防为主、综合防治"植保方针，持续控制病虫灾害，保障农业生产安全的重要手段。2011 年农业部①提出农作物病虫害绿色防控是指采取生态调控、生物防治、物理防治和科学用药等环境友好型措施控制农作物病虫为害的植物保护措施；2012 年全国农业技术推广服务中心杨普云对农作物病虫害绿色防控的概念进行了详细阐述，明确了农作物病虫害绿色防控是以确保农业生产、农产品质量和农业生态环境安全为目标，以减少化学农药使用为目的，优先采取生态控制、生物防治和物理防治、科学用药等环境友好型技术措施控制农作物病虫为害的行为。同年，杨普云和赵中华进一步深化提出农作物病虫害绿色防控技术是指采用生态调控、农业防治、生物防治、理化诱控和科学用药等技术和方法，将病虫害为害损失控制在允许水平，实现农产品质量安全的植物保护措施。并对水稻、小麦等 10 种作物的主要绿色防控技术进行详细的介绍。2019 年，农业农村部种植业司副司长朱恩林强调推动农作物病虫害绿色防控是贯彻绿色植保理念，促进质量兴农、绿色兴农、品牌强农的关键措施。并提出了先进性评价、综合防控效果、安全性评价、综合管理措施、负面清单 5 项农作物病虫害绿色防控评价指标。

二、绿色植保技术的由来和内涵

1. 绿色植保技术的由来

据全国农业技术推广服务中心周阳报道，2006 年 4 月 13 日农业部在湖北襄樊（现襄阳）召开的全国植保植检工作会议上，首次提出了"公共植保、绿色植保"的植保理念。2012 年 10 月 25 日在全国农作物重大病虫防控高层论坛上，时任农业部副部长余欣荣再次拓展和丰富了植保理念的内涵和外延，提出坚持贯彻"预防为主、综合防治"方针，全面树立"科学植保、公共植保、绿色植保"的现代植保观。

"科学植保"就是要顺应病虫害发生危害规律，把科学防控的理念贯穿于病虫害管理全过程、各环节，全面提高植保基础研究、技术集成、推广应用水平，着力促进防控策略由单一病虫、单一作物防治向区域协防和可持续治理转变。

---

① 中华人民共和国农业部，全书简称农业部。2018 年 3 月，国务院机构改革，将农业部的职责整合，组建中华人民共和国农业农村部，简称农业农村部。

"公共植保"就是要明确植保公益性、基础性、社会性地位，强化公共管理和社会服务职能，构建植保防灾减灾公共服务和社会化服务体系，着力促进防控方式由一家一户分散防治向专业化统防统治和联防联控转变。

"绿色植保"就是要坚持以人为本，在保障农业生产安全的同时，更加注重农产品质量安全，更加注重保护生物多样性，更加注重减少环境污染，着力促进防控措施由主要依赖单一化学农药防治向绿色防控和综合防治转变。

绿色防控技术的推广应用使植物保护良好地与环境相容，最大限度地降低了植物保护措施对人类生存环境的污染，保障了农产品质量的安全，从而使整个人类的生态系统达到和谐、安全、可持续发展的良性循环。

2. 绿色植保技术的内涵、原则

（1）主要内涵。尽量降低作物的经济损失风险，保证产量或效益；尽量降低使用有毒农药的安全风险，保障操作者、消费者和水源等安全；尽量降低破坏生态的风险，保持生态平衡和多样性调控能力。

（2）技术原则。栽培健康作物，保护和利用农田生态系统的生物多样性，保护和应用有益生物来控制病虫与科学使用农药原则。

3. 主推技术

（1）健身栽培技术。重点推广抗病虫品种及培育健康种苗、改善水肥管理等健康栽培措施，使用植物免疫诱抗技术。

（2）生态调控技术。重点采取推广生态工程技术，如果园生草覆盖、作物间套种、天敌诱集带等生物多样性调控与自然天敌保护利用等技术，改造病虫害发生源头及滋生环境。

（3）理化诱控技术。重点推广昆虫信息素（性引诱剂、聚集素等）、杀虫灯、诱虫板（黄板、蓝板）防治蔬菜、果树和茶树等农作物的害虫，积极开发和推广应用植物诱控、食饵诱杀、防虫网阻隔和银灰膜驱避害虫等理化诱控技术。

（4）生物防治技术。重点推广应用以虫治虫、以螨治螨、以菌治虫、以菌治菌等生物防治关键措施，加大赤眼蜂、捕食螨、绿僵菌、白僵菌、微孢子虫、苏云金杆菌（Bt）、蜡质芽孢杆菌、枯草芽孢杆菌、核型多角体病毒（NPV）、牧鸡牧鸭、稻鸭共育等成熟产品和技术的示范推广力度，积极开发植物源农药、农用抗生素。

（5）科学用药技术。推广高效、低毒、低残留、环境友好型农药，优化集成农药的轮换、交替、精准和安全使用等配套技术，加强农药抗药性监测与治理，规范使用农药，严格遵守农药安全使用间隔期。

4. 绿色防控技术的集成途径及基本原则

据全国农业技术推广服务中心杨普云报道，绿色防控技术的集成途径和基本原则如下。

（1）集成途径。绿色防控技术集成的途径主要围绕作物、靶标、技术和农产品种 4 种途径形成。①以作物为主线的途径：根据作物不同生态区条件和不同生育期病虫害发生为害特点，组装关键技术产品，形成全程绿色化防控技术模式或规程。②以靶标病虫害为主线的途径：以农作物重要靶标病虫害为主线，组装绿色防控技术和产品，形成相应的绿色防控技术模式，建立和完善技术规程。③以技术产品为主线的途径：以绿色防控技术产品或投入品为主线，在性诱剂、食诱剂、人工释放的天敌和生物农药等绿色防控技术产品方面，形成绿色防控产品应用技术模式。④以农产品为主线的途径：分别针对无公害、绿色和有机等不同级别的农产品要求，提出相应的绿色防控技术模式，建立和完善技术规程。

（2）集成的基本原则。绿色防控技术集成首先必须遵循病虫害综合治理基本原则。杜绝高毒、高残留和高污染农药的使用，最大限度地减少化学农药的使用。①必须遵循轻便和简单原则：通过进一步的技术熟化开发、组装配套和规范化，实现复杂技术轻简化，提高绿色防控新技术采用比率，解决绿色防控技术的使用成本过高和需要更高质量或数量劳力投入的问题。②必须遵循规范化和标准化原则：绿色防控技术集成的必须遵循有章可循、有标准可依的原则，集成效果很大程度上取决于技术配套的规范化、合理化和标准化。

三、绿色防控取得的成效

自 2006 年全国农业技术推广服务中心和各地植保部门积极开展农作物绿色防控技术集成与应用以来，绿色防控取得了长足的进步，研发了一系列绿色防控技术集成的产品，包括理化诱控产品、驱害避害技术产品、生物防治技术产品、生物多样性技术、生物工程技术和生态工程技术产品等，并得到了大面积应用。2009 年以来，全国农业技术推广服务中心先后建立了 150 个以上的绿色防控技术集成与应用示范区，集成了一系列绿色防控技术模式，涵盖水稻、小麦、玉米、马铃薯等粮食作物，果树、蔬菜、棉花、茶树等经济作物，以及油菜和花生等油料作物。同时集成了农作物重要靶标（玉米螟、柑橘大实蝇、小麦条锈病、马铃薯晚疫病等）的技术模式，显著推进了农作物病虫害绿色防控。截至 2017 年年底，全国主要农作物绿色防控面积达到 5.5 亿亩①，绿色防控覆盖率达到 27.2%。

中国农业科学院植物保护研究所王桂荣、周雪平总结了我国植物保护学科研究及产业发展所面临的国家重大需求，回顾了近年来植物保护学领域在植物免疫调控、植物—害虫—天敌三营养级协同进化、绿色农药创制等方面取得的主要进展和成就。凝练了未来 5～10年植物保护学科应着重围绕"学科交叉开展原创性研究有害生物暴发成灾的种群形成机制与生态防控、植物免疫形成机制与病虫害绿色防控、农药新靶标发掘与绿色农药创制"等开展重点研究。

四、绿色防控存在的问题

绿色防控技术集成观念落后。人们受传统防治观念影响，往往认为一种防治技术只能发挥一种防治功能，忽略了多种防治技术集成的作用，这种观念束缚了人们对技术集成产

---

① 1 亩 ≈ 667 平方米，15 亩 =1 公顷。

品的了解和应用，造成技术集成推广范围受阻。

关键技术产品选择性少。目前的绿色防控技术产品主要有杀虫灯、性诱剂、色板和人工天敌等，存在选择性少，产品组合不灵活，产品功能单一等问题，直接制约着绿色防控技术集成的规模和应用范围。

技术集成规程不够完善。许多绿色防控技术集成未遵循绿色技术集成的基本规律，按照正确的途径来进行，应用推广有些仍处于试验阶段，未进行技术应用研究，缺乏熟化过程，导致农户操作困难，出现操作不当、操作不规范等现象，从而直接影响防控效果。

技术集成的评价体系不健全。技术集成是多种绿色防控技术组装的过程，因此技术模式呈现多样化。我国缺乏健全的技术集成评价体系，对已经集成的一系列技术模式不能有效比较和筛选，导致技术集成的防治效果参差不齐，使用效果差。

五、贵州绿色防控现状及对策

1. 贵州省病虫害绿色防控现状

近年来，贵州省认真贯彻国家绿色发展的精神，大力研发和推广作物病虫害绿色防控技术，在水稻、茶叶、马铃薯、精品水果生产中广泛应用，2019 年全省作物病虫害绿色防控面积为 2 931 万亩。贵州省农药用量一直保持在较低水平，年用药量在 0.165 8 千克／亩左右，仅为全国平均水平的 22.79%。

贵州省绿色防控中存在病虫种类多、发生重，防控力量薄弱、防控意识不到位，农村劳动力欠缺，导致防效不稳定，病虫草等有害生物为害较重的情况在部分地区时有发生，尤其在近年大力发展的山地特色农业产业上表现更为突出。仅茶树病虫草鼠害共计 236 种，其中，病害 33 种、害虫 82 种、鼠害 4 种、草害 117 种，常年发生病虫害面积约 400 万亩，占种植面积的 60% 左右。假眼小绿叶蝉、螨类、炭疽病和云纹叶枯病等病虫为害呈加重趋势；特色精品水果中刺梨种植面积约 200 余万亩，白粉病在各产区普遍发生，严重影响产量和品质；猕猴桃种植面积近 60 万亩，溃疡病等病害在猕猴桃主产区呈暴发趋势，软腐病逐渐上升为猕猴桃产业中的主要病害，成为限制该产业健康可持续发展的瓶颈。

2. 贵州省病虫害绿色防控重点难点及原因分析

贵州省病虫害绿色防控取得了较好的成绩，2016 年全省农作物绿色防控技术覆盖率为 24%，低于全国绿色防控覆盖率 3.2 个百分点。其中以下几方面是关键性的难点。

一是贵州山地特色作物绿色防控技术缺乏，技术成果转化率低。2015 年，贵州省委、省政府提出发展现代高效山地特色农业的新思路，各地涌现了一大批精品水果和道地中药材等特色产业，同时辣椒、茶叶等贵州传统的特色产业也得到了迅猛发展。在这些产业大面积集中连片栽培过程中，有害生物发生逐年加重，主要病虫害暴发成灾，次要病虫害上升为主要病虫害，新病虫害不断出现。近年贵州省科技、农业管理部门不断加大贵州山地特色产业有害生物的支持力度。但是，这些特色农业产业在贵州特殊的气候条件下，病虫害的种类和发生规律较为特殊，所以直接借鉴和引进的技术较少，主要的防控技术需研究、集成和再创新。随着产业结构调整，病虫草发生流行规律发生变化，其防控技术尚需深入研究，部分绿色防控技术成本较高、操作烦琐，需要进一步研究和优化。因此，在特色产业病虫害防治过程中常存在发生种类不清，发生流行规律不明确，防控技术储备不够，防控不科学、不"绿色"的问题。

二是绿色防控实施力量薄弱。贵州省病虫草等有害生物的绿色防控主要依靠统防统治组织结合农户自行防治的方式进行，在农民分散自行防治过程中，由于贵州农村普遍存在劳动力较少的问题，往往在病虫害防控中追求化学防治的速效性和简单易行，忽略了绿色防控的可持续性以及单一的化学防治在农产品质量安全方面的风险。推行绿色防控最有效的措施是通过专业化的统防统治组织实施病虫害的防控。但贵州省存在专业化的统防统治组织较少的问题。2016年，全省登记注册的统防统治组织共855个，专业化统防统治面积为1 890万亩次，专业化统防统治覆盖率为33%；同时贵州省大多数统防统治组织还存在规模偏小，设备落后，技术薄弱的问题，导致统防统治覆盖率低，且在统防统治中未全面使用绿色防控技术。

三是具有自主知识产权的生物防治产品和技术较少。生物防治是绿色防控的重要组成部分。优秀的生防菌株或天敌，配合适当的施用技术，才能使生物防治充分发挥其绿色和可持续的优势。贵州雨量充沛，空气湿度大，自然条件好，生态类型复杂多样，又是典型的喀斯特地区，孕育了丰富的微生物、天敌昆虫等生防资源。贵州省生物防治研究起步较晚，在生物资源的筛选发掘方面研究较少，对生防资源的发酵生产等研究和应用更少，严重制约了贵州省生物资源的发掘和利用。同时由于贵州省独特的生态和气候条件，很多生防制剂需要根据产品特点，结合气候和生态条件研究具体的实用技术，才能充分发挥生防产品的优势。

3. 对策建议

（1）稳定植保队伍，加大对绿色防控技术的研发和储备。习总书记在2019年院士大会上的讲话强调"人才是创新的第一资源"，我们必须大力抓人才建设，不断改善人才发展环境，鼓励产学研结合，鼓励研究院所、大学及各级植保部门，以实际生产中的问题为导向，大力开展有害生物绿色防控技术的研究与储备，重点针对贵州省农业产业革命和乡村振兴中大力发展的特色作物，开展有害生物绿色防控技术措施研发。科技部门需要加大科技经费的投入力度，研发符合贵州生产实际、防治效果和使用简单高效的绿色防控技术。同时要求科研人员加大成果转化的力度，开展成果转化和技术推广示范，各级植保和农业技术推广部门，集中力量，通过室内授课、田间指导、远程教育、发放明白卡、张贴挂图、短信、微信等手段，大力培训和宣传绿色植保技术。

（2）大力培育绿色防控技术的实施主体。加大专业化统防统治组织的培育力度，充分利用现有的合作社、协会等组织，建立一个覆盖贵州省主要产业绿色防控的统防统治队伍。推广应用新型高效植保机械，替代跑冒滴漏落后机械，减少农药流失和浪费，减少环境污染。

同时，加强专业化统防统治组织的培训管理，提高施药人员的绿色防控意识和技术水平。

（3）加大生物防治产品和技术研发。科技部门大力支持生防产品和技术的研发，科研部门筛选优秀的生防菌株，研究生产发酵工艺和生防菌剂的使用技术，政府部门大力引进生防企业，研发适宜贵州特色的生物防治技术产品。

（何永福　吴石平　撰写）

第二节　怎样选购合格、对症的农药

农药是农业生产不可缺少的生产资料，合理的选用农药对农业有害生物的防治具有重要意义。为此，编写了本节内容，以指导农户如何选购合格的农药，同时做到对症下药，从而得到更好的经济效益、最大的社会效益以及良好的环境效益。

一、购买地点

购买农药时，要选择证照齐全的正规农药经营企业、门店，并索取购药发票或凭证。

二、通过农药包装与标签判断农药质量

1. 生产证号

看农药的三证是否齐全。即农药标签上是否有农药生产许可证号、产品标准编号、农药登记证号。如缺少三证，就说明是假冒伪劣产品，不能购买。

2. 生产日期

看生产日期。正规产品均标有生产日期。农药产品一般保质期为 2 年，有些为 3 年。未标明生产日期的产品或过期产品不能购买。

3. 农药外观

看农药的外观。如乳剂有无分层结晶，粉剂是否吸潮结块。好的乳油为均匀透明。如乳油出现分层或结晶，说明乳化剂已破坏，药瓶底层是原药，使用这种药液会使作物产生药害。粉剂如受潮吸湿结块，说明该粉剂药性可能分解，药效可能下降，不能购买。

4. 通过农药标签辨识农药真伪

可以采用微信、QQ、百度等软件扫描农药产品包装上的二维码，可以查询到生产厂家、包装规格、质检状态等信息，查看标签信息是否与查询结果一致，不一致或查询不到相关信息，则该产品有可能是伪劣产品，不能购买。

5. 通过标签颜色识别农药种类

农药种类的描述文字一般镶嵌在标志带上，颜色与其形成明显反差。生产中为了更简

便识别出农药的种类，可以通过标签颜色来判断。

除草剂：用"除草剂"和绿色带表示，如图1-1所示。

杀虫（螨、软体动物）剂：用"杀虫剂""杀螨剂""杀软体动物剂"和红色带表示，如图1-2所示。

杀菌（线虫）剂：用"杀菌剂""杀线虫剂"和黑色带表示，如图1-3所示。

植物生长调节剂：用"植物生长调节剂"和深黄色带表示，如图1-4所示。

杀鼠剂：用"杀鼠剂"和蓝色带表示。

杀虫／杀菌剂：用"杀虫／杀菌剂"和红色和黑色带表示。

图1-1 除草剂标签示例

图1-2 杀菌剂标签示例

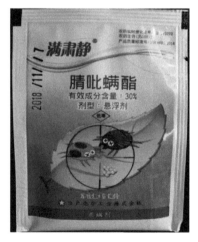

图1-3 杀螨剂标签示例

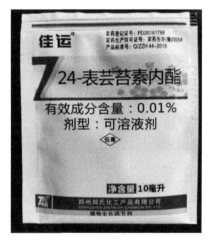

图1-4 植物生长调节剂标签示例

6. 根据农药包装上注明的防治对象选用农药

针对要防治的对象，根据农药包装上注明的防治对象、登记的使用范围（图1-5）选用合适的农药来进行防治，避免使用未在防治对象作物上登记的农药产品。此外，在水果、蔬菜、中药材、茶叶等作物上不能使用禁限用农药。例如，甲基异柳磷、甲拌磷、克百威、甲拌磷等禁止在蔬菜、果树、茶树、中药材上使用；氰戊菊酯、三氯杀螨醇禁止在茶树上使用；氟苯虫酰胺禁止在水稻上使用。

图 1-5 农药包装标注的防治对象及作物示例

三、根据防治对象选用合适的农药剂型

（1）根据不同作物。不同农药剂型对作物叶片的润湿能力不同，作物叶片分为超疏水叶面、中等疏水叶面以及亲水叶面。对于水稻、小麦、甘蓝等水难以润湿的作物，应选用乳油、微乳剂或者添加桶混助剂使用。

（2）根据不同施药方式。喷雾施药可以选择乳油、微乳、水剂、可湿性粉剂等；喷粉施药则选用粉剂；撒施或者拌土使用应选择颗粒剂等。

（朱峰　撰写）

第三节　农药安全使用技术

农药既是重要的农业生产资料，又是有毒有害物质。科学、合理、安全使用农药不仅关系到农业生产的稳定发展，也关系到广大人民群众的身体健康，关系到人类赖以生存的自然环境。

农药安全，广义上讲包括农产品质量安全、农作物安全、环境安全和人身安全。为了让农民朋友提高农药安全使用意识，掌握安全使用技术，现将有关事项归纳如下。

一、存放农药，远离食品

农药经销商不得将农药与粮食、蔬菜、瓜果、食品及日用品等物品混运和混存。农民朋友最好即用即买，剩余农药要远离食品存放，严加管理，防止儿童及家禽畜接触农药。

二、适期用药，避免残留

农药安全间隔期是指最后一次施药到作物采收时的天数，即收获前禁止使用农药的天数。也就是说施用一定剂量的农药后必须等待多少天才能采摘。安全间隔期是控制和降低农药残留的一项关键措施。标签上标注安全间隔期的农药，在农产品收获前必须严格按照安全间隔期的要求停止使用，保证农产品采收上市时农药残留不超标。

三、保护天敌，减少用药

田间瓢虫、草蛉、蜘蛛等天敌数量较大时，充分利用其自然控制害虫的作用。选择合适农药品种，控制用药次数或改进施药方法，避免大量杀伤天敌。

四、高毒农药，禁止使用

我国全面禁止在瓜果、蔬菜、果树、茶叶、中药材等作物使用高毒、高残留农药，以防食用者中毒，严禁使用的高毒农药品种有甲胺磷、氧乐果、甲拌磷、对硫磷、甲基对硫磷、水胺硫磷、毒死蜱、敌敌畏、三唑磷、乙酰甲胺磷、杀螟硫磷、克百威、涕灭威、甲拌磷、甲基异柳磷等高毒和剧毒农药。

五、喷施农药，先看天气

喷施农药应在无雨、3级风以下天气条件时进行，不能逆风喷施农药。夏季高温季节喷施农药，要在上午12时前和下午5时后进行，避开中午高温。施药人员每天喷药时间一般不得超过6小时。

六、选择新型高效的施药器械

应综合考虑防治对象、防治场所、作物种类和作物生长期等情况，以确定选购施药器械的种类和大小。应选择正规厂家生产的药械，避免跑、冒、滴、漏。

根据病虫草和其他有害生物防治需要及施药器械种类选择合适的喷头，定期更换磨损的喷头。喷洒除草剂和植物生长调节剂应采用扇形喷头，喷洒杀虫剂和杀菌剂宜采用空心圆锥形喷头。禁止在喷杆上混用不同类型的喷头。

注意产品的使用、维护，施药器械出现滴漏或喷头堵塞等故障，要及时正确维修。不能用滴漏喷雾器施药，更不能用嘴直接吸吹堵塞喷头。

七、把握好用药量、用药次数

应当严格按照农药标签标注的使用范围、使用方法和剂量、使用技术要求和注意事项使用农药，不得扩大使用范围、加大用药剂量、增加用药次数或者改变使用方法。喷药时应做到施药均匀，并注意合理轮换使用农药，延缓产生抗药性。

八、把握好用药时机

根据病虫草的发生特点和药剂的不同特性，选择最佳时期用药，保证防治效果。除草剂既要看草情，又要看苗情，如芽前除草剂绝不能芽后用。杀菌剂一般在发病初期施用。杀虫剂一般在卵孵盛期或低龄幼虫期施用。

九、正确配制农药

配药人员要严格按照农药产品标签或说明书上规定的方法和程序以及注意事项进行配

制。不得随意加大剂量，不得几种农药随意混配。

配制农药要选用专用器具量取和搅拌农药，绝不能直接用手取药。不要用污水、渠水及井水配置（因为井水中可能含有较多的矿物质，矿物质容易与农药中乳油结合在一起产生沉淀物，稀释可湿性粉剂时也会降低均匀性而影响防治效果），不要任意加大水量。配置农药应远离住宅区、牲畜栏和水源，随配随用。

十、田间施药，注意防护

年老、体弱、有病的人员，儿童以及孕期、经期和哺乳期妇女不能施用农药。施药人员必须穿防护衣裤和防护鞋，戴口罩、帽子和防护手套。配药、施药现场，严禁抽烟、用餐和饮水。施药完毕后，必须远离施药现场，将手脸洗净后方可抽烟、用餐、饮水或从事其他活动。

施药器械出现滴漏或喷头堵塞等故障，要及时正确维修。不能用滴漏的喷雾器施药，更不能用嘴直接吹吸堵塞的喷头。

十一、施药地块，人畜莫入

施过农药的地块要树立标志，在一定时间内，禁止进入田间进行农事操作、放牧、割草和挖野菜等。

十二、农药包装，妥善处理

农药应用原包装存放，不能用其他容器盛装农药。农药空瓶（袋）应在清洗 3 次后，远离水源深埋或焚烧，不得随意乱丢，不得盛装其他农药，更不能盛装食品。

十三、施药完毕，清洁器具

施药结束后，要立即清洁施药器具，以免腐蚀器具和造成药害（特别是除草剂）。然后，用肥皂洗澡和更换干净衣物，并将施药时穿戴的衣、裤、鞋、帽及时洗净。

十四、农药中毒，及时抢救

施药人员出现头痛、头昏、恶心、呕吐等农药中毒症状时，应立即离开施药现场，脱掉污染衣裤，及时带上农药标签至医院治疗。

（段婷婷　高迪　撰写）

第二章 小麦主要病虫害识别及绿色防控技术

小麦是贵州省重要的夏收粮食作物，因贵州省特殊的气候、地理条件，小麦病虫害常年发生，其中以小麦条锈病、叶锈病、白粉病和蚜虫等发生最为普遍，严重影响小麦的种植者效益。基于此，笔者对贵州小麦病虫害进行了调查和鉴定，参照国内外的防治经验，编制了小麦主要病虫识别及综合防治技术，以供种植者参考。

第一节 主要病害识别及绿色防控技术

一、小麦条锈病

1. 症 状

小麦条锈病主要发生在叶片上，也为害叶鞘、茎秆和穗部。小麦受害后，叶片表面长出褪绿斑，以后产生黄色粉疱，即病菌夏孢子堆，后期长出黑色疱斑，即病菌冬孢子堆。夏孢子堆鲜黄色，窄长形至长椭圆形，成株期排列成条状与叶脉平行，幼苗期不成行排列，形成以侵染点为中心的多重轮状。冬孢子堆狭长形，埋于表皮下，成条状（图2-1）。

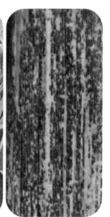

夏孢子为害小麦叶片和秆片　　　　　　　叶片上形成冬孢子

图 2-1 小麦条锈病症状

2. 发生特点

小麦条锈菌在小麦生长后期随气流吹到高寒地区的晚熟春麦和冬麦自生麦苗上越夏，秋季再随气流传播到平原冬麦区，发病后以潜伏菌丝越冬或在冬季气温较高地区以不断侵染繁殖方式越冬，早春再长出孢子进行再侵染。其生长适温为 9～16℃，其侵染必须植株上有水珠或水膜，3月温暖多雨、多雾和结露天气利于锈病发生流行。地势低洼、土壤排水不良、氮肥施用过多、植株生长茂密等均利于病菌侵入为害。

3. 绿色防控技术

（1）生态调控。①抗病品种利用：可选用抗病品种黔麦 18、黔麦 22、贵农 19、贵农 18、贵农 28 以及部分川育系列小麦品种等，适当压缩感病品种播种面积。②适时晚播：在土壤墒情许可的情况下，可适当推迟播种播期 7～10 天。③及时监测病情：田间调查小麦条锈病发生情况，发现田间单个叶片病叶时，以病点为中心向周围 2 米区域喷药防治，做到早发现田块进行早防治。

（2）药剂防治。①药剂拌种：对苗期感病品种采用种子包衣和拌种控病，如贵州西北部种植感病品种阿波、雅安早等品种的区域，可用药剂有 10% 甲柳·三唑酮粉剂按 1：（125～250）（药种比）或 25% 三唑醇干拌剂按 1：（667～735）（药种比）进行拌种。②喷雾防治：在小麦条锈病病叶率 0.5%～1% 的时，进行喷雾防治，可用药剂有 25% 丙环唑水剂（用量 33 克／亩）、25% 三唑酮可湿性粉剂（用量 35～40 克／亩）、430 克／升戊唑醇悬浮剂（用量 9 克／亩），每隔 20～25 天喷一次，2～3 次，收割前 20 天停止用药。

二、小麦叶锈病

1. 症　状

主要在小麦生长中后期为害叶片，产生疱疹状病斑，很少发生在叶鞘及茎秆上。夏孢子堆橘红色，较条锈病大，呈不规则散生，在初生夏孢子堆周围有时产生数个次生的夏孢子堆，一般多发生在叶片的正面，少数穿透叶片，成熟后表皮开裂一圈，散生出橘黄色的夏孢子，冬孢子堆主要发生在叶片背面和叶鞘上，黑色，排列散乱（图 2-2）。

| 苗期受害叶片 | 田间受害叶片 |

图 2-2　小麦叶锈病症状

2. 发生特点

小麦叶锈菌是专性寄生菌，只能在活的小麦叶片上繁殖。锈病的侵染循环可分为越夏存活、秋苗侵染、越冬和春季流行 4 个阶段。叶锈菌夏孢子对环境适应性强，耐低温也耐高温，可越冬越夏范围较广。小麦叶锈病在田间小麦自生麦苗越夏，秋播麦出苗后，夏孢子从自生苗直接转到麦苗侵染，以菌丝体在小麦组织内越冬。小麦叶锈菌夏孢子的萌发和侵入，都要求与水滴或水膜接触。适于发病温度 15 ～ 22℃。

3. 绿色防控技术

（1）生态调控。抗病品种利用，可选用丰优 6 号、川农 18 及贵农系列品种。

（2）药剂防治。小麦叶锈病田间平均病叶率达到 0.5% ～ 1% 时，在贵州南部麦区一般在 3 月初开始发病，中部和北部麦区在 4 月初开始发病。可用药剂有 25% 丙环唑水剂（用量 33 克／亩）、25% 三唑酮可湿性粉剂（用量 35 ～ 40 克／亩）、430 克／升戊唑醇悬浮剂（用量 9 克／亩）。

三、小麦白粉病

1. 症 状

该病可侵害小麦植株地上部各器官，但以叶片和叶鞘为主，发病重时颖壳和芒也可受害。初发病时，叶面出现 1 ～ 1.5 毫米的白色斑点，后逐渐扩大为近圆形至椭圆形白色霉斑，霉斑表面有一层白粉（图 2-3）。

| 受害穗部 | 受害叶片 |

图 2-3 小麦白粉病症状

2. 发生特点

小麦白粉病的流行主要受温度影响，15℃ 左右为其最适发病温度，高于 20℃ 或低于 10℃ 都发病缓慢。病菌潜伏期仅需 3 ～ 5 天。分生孢子萌发对湿度的要求不高，但高湿度有利于其侵染和发病。

3. 绿色防控技术

（1）生态调控。①种植抗病品种，黔麦系列品种、贵农系列品种对白粉病抗病性较好。②注意田间排水，降低湿度，减少病害发生。

（2）药剂防治。小麦白粉病病株率达到15%～20%，或病叶率达5%～10%时，应开展大面积应急防治，施药1次，15～20天后再喷施一次药剂。选用20%啶氧菌酯悬浮剂（用量15～25毫升/亩）、25%丙环唑水剂（用量33克/亩）、25%三唑酮可湿性粉剂（用量35～40克/亩）或430克/升戊唑醇悬浮剂（用量9克/亩）喷施2次。

四、小麦赤霉病

1. 症　状

该病在小麦各生育期均发生，主要引起穗腐。通常在乳熟期穗基部出现水渍状褐色斑点，病情扩展可达整个小穗或多个小穗。小麦病小穗或病穗呈枯黄色，潮湿天气在颖片合缝处或小穗基部长出粉红色黏胶霉状物，若穗轴或穗颈受侵染可造成白穗（图2-4）。

受害麦穗　　　　　　　　　　　　　　　田间受害状况

图2-4　小麦赤霉病症状

2. 发生特点

赤霉病流行主要受病原菌菌源量、感病品种、生育期和气候条件等影响。该病原菌主要在小麦、玉米等病株残体上越冬越夏。春季当气温高于7℃，土壤含水量大于50%时形成子囊壳，温度高于12℃时，产生子囊孢子，在降雨过程中，在小麦扬花期，散落到花药上，侵染小麦，主要靠风雨传播。

3. 绿色防控技术

（1）生态调控。选择抗病性较强的小麦品种进行种植，目前可用抗病品种较少，可用一些感病性弱的品种如黔麦18、川麦104等。

（2）药剂防治。在小麦抽穗至扬花期遇阴雨、露水和多雾天气且持续3天以上，应及时施药防治。赤霉病在贵州东部常发区或中部偶发，要注意第一次用药要在抽穗期—扬花期。可用药剂30%丙硫菌唑可分散油悬浮剂（40毫升/亩）或25%氰烯菌酯悬浮剂（100～200毫升/亩）。

五、小麦散黑穗病

1. 症　状

该病主要为害穗部，病株抽穗较健康植株早，全穗变成松散的黑粉。初期病穗外包有一层灰白色薄膜，当薄膜破裂黑粉随风飞散，后期留一个空穗轴（图2-5）。

图2-5　小麦散黑穗病田间为害状

2. 发生特点

该病是通过花器侵染的系统性侵染病害，种子带菌是唯一的传播途径。一般主茎、分蘖都出现病穗，但在抗病品种上有的分蘖不发病。当小麦扬花时，病穗薄膜破裂散出黑粉随风传播，通过伸出或张开的雄蕊颖片裂口，落入颖壳内部，萌发侵染。当年发病程度与种子带菌率密切相关，小麦扬花期遇连续风雨天气，湿度大利于该病传播侵染，形成带菌种子多，翌年发病重。一年只侵染1次。感病品种种植是散黑穗病严重的主要原因。

3. 绿色防控技术

（1）生态调控。①抗病品种利用：种植黔麦或贵农系列品种。②建立无病留种田：散黑穗病发生初期注意检查并随时拔除病株，带出烧毁。发病麦田及临近地块小麦不宜留做种子。

（2）药剂防治。播种前进行拌种处理，可用3%苯醚甲环唑悬浮种衣剂按1∶500药种比进行种子包衣，或0.2%戊唑醇悬浮种衣剂按1∶（80～100）药种比进行种子包衣。

（何庆才　陈文　撰写）

第二节 主要虫害识别及绿色防控技术

蚜　虫

1. 识别特征

贵州为害小麦的蚜虫主要为麦二叉蚜和禾谷缢管蚜,麦二叉蚜主要为害小麦叶片,全生育期都会为害,禾谷缢管蚜主要发生在小麦生长后期,为害麦穗,两者常混合发生。

麦二叉蚜:身体椭圆或卵圆形,长 1.5 ～ 1.8 毫米,腹管圆筒形淡绿色,端部为暗黑色,长 0.25 毫米,超过腹末,触角短于体长,额瘤明显,有翅型前翅中脉 2 叉(图 2-6)。

禾谷缢管蚜:虫体卵圆形 1.4 ～ 1.6 毫米;触角短于体长,约为体长的 2/3,腹管短,不超过腹末,黑色,圆筒形,中部稍粗壮,近端部呈瓶口状缢缩;额瘤不明显,有翅型前翅中脉 3 分叉(图 2-7)。

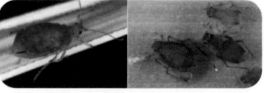

图 2-6　麦二叉蚜　　　　　　　　　　图 2-7　禾谷缢管蚜

2. 发生特点

小麦蚜虫一年发生 20 ～ 30 代,适宜的生长温度 10 ～ 30℃,其中 18 ～ 23℃最适,在多数地区以无翅孤雌成蚜和若蚜在麦苗、杂草和土块缝隙中越冬,在阴凉地区麦类自生苗或禾本科杂草上越夏。

秋季小麦出苗后从夏寄主上迁入麦田进行短暂的繁殖,出现小高峰。11 月中下旬后,随着气温下降种群数量减少;春季气温高于 16℃,麦苗抽穗时转移至穗部,虫口数量迅速上升,直到灌浆和乳熟期蚜量达高峰,随后产生大量有翅蚜,迁飞到冷凉地带越夏。

3. 绿色防控技术

(1)合理轮作,清除田间杂草。鼓励将小麦与油菜、蚕豆等作物进行轮作,清除麦田里杂草,以减少虫源,抑制为害。

(2)拌种处理。播种前,选用 600 克 / 升吡虫啉悬浮种衣剂按照 1 ∶(160 ～ 250)药种比进行种子包衣处理。

(3)适时防治。当田间小麦百株蚜量 500 头时,应立即喷雾防治,可用药剂为 10% 高效氯氟氰菊酯乳油(5 ～ 7 毫升 / 亩)或 25 克 / 升溴氰菊酯乳油(60 ～ 70 毫升 / 亩)。

(陈文　撰写)

第三章　水稻主要病虫害识别及绿色防控技术

随着遗传背景单一的杂交稻大面积长期种植、氮肥的大量施用和气候条件的变化，特别是不同病原菌致病力增强、优势小种的变异和主要害虫群体不断增加的情况下，水稻稻瘟病、稻曲病和水稻纹枯病已经成为贵州省各地优质稻种植区的主要病害，同时，在害虫方面，常年为害水稻的稻飞虱、稻纵卷叶螟、二化螟、三化螟等也是成为制约贵州省水稻产量和质量的主要因素，严重地影响了贵州水稻产业、尤其是优质稻产业的可持续发展，进而影响粮食安全。在全社会都要共同关注粮食安全的情况下，必须提升水稻种植人员、特别是优质水稻种植人员的高效、绿色、安全防控水稻病虫害的技术水平，增强病虫害识别和绿色防控技术能力。

第一节　主要病害识别及绿色防控技术

一、水稻稻瘟病

1. 症　状

（1）苗瘟。水稻苗期发病，一般在3叶左右，湿度较大时病部产生大量灰黑色霉层（图3-1）。

（2）叶瘟。分蘖至拔节期为害较重。慢性型病斑：开始在叶上产生暗绿色小斑，逐渐扩大为梭形斑，常有延伸的褐色坏死线。病斑中央灰白色，边缘褐色，外有淡黄色晕圈，潮湿时叶背也有灰色霉层，病斑较多时连片形成不规则大斑（图3-2）。

（3）急性型病斑。在叶片上形成暗绿色近圆形或椭圆形病斑。

（4）节瘟。常在抽穗后发生，初在稻节上产生褐色小点，后渐绕节扩展，使病部变黑，易折断。

（5）穗颈瘟。初形成褐色小点，发展后使穗颈部变褐，发病后造成谷粒不饱满，严重时常常造成枯白穗（图3-3）。

图3-1　苗瘟症状　　　　　图3-2　叶瘟症状

图 3-3 穗颈瘟症状

2. 发生特点

病菌主要以分生孢子和菌丝体在稻草和稻谷上越冬。翌年产生分生孢子借风雨传播到稻株上，萌发侵入寄主向邻近细胞扩展发病，形成中心病株。病部形成的分生孢子，借风雨传播，进行再侵染。菌丝生长温限 8～37℃，最适温度 26～28℃。孢子形成温度10～35℃，以25～28℃最适，相对湿度90%以上。孢子萌发需有水存在并持续6～8小时。适温高湿，有雨、雾、露存在条件下有利于发病。光照不足，田间湿度大，有利分生孢子的形成、萌发和侵入。适宜温度条件下形成附着胞并产生侵入丝，穿透稻株表皮，在细胞间蔓延摄取养分。阴雨连绵，日照不足或时晴时雨，或早晚有云雾或结露条件，病情扩展迅速。同一品种在不同生育期抗性表现也不同，秧苗4叶期、分蘖期和抽穗期易感病，圆秆期发病轻，同一器官或组织在幼嫩期发病重。抗病力弱的品种发病重。山区雾大露重，光照不足，偏施、迟施氮肥，稻瘟病的发生为害重。

3. 苗瘟、叶瘟绿色防控技术

（1）选择抗病品种。参照种子包装袋上种子对稻瘟病的抗病性水平，尽可能选择中感（MS）以上的品种种植。

（2）种子消毒。水稻苗瘟、叶瘟的防治主要从种子消毒杀菌入手，播种前采用5%次氯酸钠溶液浸种45分钟左右，然后用清水冲洗3次后用58℃温水浸种（自然冷却）24小时催芽。

（3）农业防治。苗床期减少氮肥的施用，增施磷钾肥，提高植株的抗病力。在苗床上发现苗瘟的病株后，及时拔除销毁，消除中心病株，减少传染源。

（4）药剂防治。发病轻时采用1 000亿CFU/克枯草芽孢杆菌1 000～2 000倍液喷雾进行防治。发病较重时与20%三环唑可湿性粉剂700～1 000倍液进行交替喷雾防治，间隔7～10天。

二、水稻稻曲病

1. 症　状

水稻稻曲病，主要是病原菌侵染谷粒后形成"稻曲球"，在生产上又称"柏香籽"，俗称"丰产果"。该病只发生于穗部，受害谷粒内形成菌丝块逐渐膨大，内外颖裂开，露出淡黄色块状物，即孢子座，后包于内外颖两侧，呈黑绿色，初外包一层薄膜，后破裂，散生墨绿色粉末，即病菌的厚垣孢子，有的两侧生黑色扁平菌核，风吹雨打易脱落。

2. 发生特点

此病主要以菌核在土壤越冬，翌年7—8月萌发形成孢子座，孢子座上产生多个子囊壳，其内产生大量子囊孢子和分生孢子；也可以厚垣孢子附在种子上越冬，条件时宜时萌发形成分生孢子。孢子借助气流传播散落，在水稻破口期侵害花器，从颖壳进入，侵染后造成谷粒发病，形成"稻曲球"，该病与穗颈瘟一样，只能提前预防，是不可逆的水稻病害（图3-4）。

图 3-4 水稻稻曲病症状

三、水稻纹枯病

1. 症 状

水稻纹枯病又称云纹病，苗期至成熟期都可发病，通常以分蘖末期发病最普遍。病菌侵染后主要以水稻叶鞘显症，在近水面处产生暗绿色水浸状边缘模糊小斑，后渐扩大呈椭圆形或云纹形，中部呈灰绿或灰褐色，湿度低时中部呈淡黄或灰白色，中部组织破坏呈半透明状，边缘暗褐，最后在叶鞘上形成云纹状病斑，常常扩展至叶片，也呈云纹状。当扩展至剑叶叶鞘及叶片时，致使水稻不能正常抽穗，或结实率显著降低，发病严重的品种后期植株易倒伏。田间湿度大时，病部长出白色网状菌丝，后汇聚成白色菌丝团，形成菌核，菌核老熟后变成深褐色，菌核"鼠粪状"，易脱落（图3-5）。

图 3-5 水稻纹枯病症状

2. 发生特点

病原菌在稻田中越冬，为初侵染源。春耕灌水时，越冬菌核与田里的粮渣、杂草等混杂物漂浮在水面上，黏附在稻株上进行侵染，逐渐形成病斑。病斑上的病菌通过接触侵染邻近稻株而在稻丛间蔓延，进行再侵染，水稻分蘖期前，水稻纹枯病为害较轻。水稻分蘖末期至拔节、抽穗期是最主要为害时期，病菌迅速沿稻秆表面向上部叶鞘、叶片蔓延侵染。如田间种植的感病品种，在孕穗至抽穗期侵染最快，造成的严重的损失。

3. 水稻"三病"（穗颈瘟、稻曲病、纹枯病）联合绿色防控技术

针对水稻稻瘟病（穗颈瘟）、稻曲病和纹枯病（简称水稻"三病"）的发生与为害特点，贵州省农业科学院植物保护研究所通过长期的研究与防治试验，提炼出水稻"三病"的联合防治技术措施。即在水稻拔节期至水稻抽穗初期，采用60%肟菌酯水分散粒剂10～12克/亩、125克/升氟环唑悬浮剂50～60克/亩、100%三环唑可湿性粉剂80～100克/亩兑水进行均匀喷雾防治。或使用它们的复配制剂参照单剂用量进行兑水喷雾防治，就可有效抑制水稻"三病"的发生与为害。

有机水稻种植区域可采用井冈霉素A 6%·蜡质芽孢杆菌1亿CFU/克、井冈霉素5%·枯草芽孢杆菌200亿CFU/毫升，120～150克/亩进行喷雾防治。

四、水稻立枯病

1. 症 状

立枯病分为3种类型：芽腐、基腐和黄枯，各自的症状依据发病时期不同进行分类。

芽腐：出苗前或刚出土时发生，幼苗的幼芽或幼根表面褐色，病芽扭曲、腐烂而死。种子、芽基部或土壤表面可见白色霉层。

基腐：多发生于2叶期，发病植株根部变黄，茎基部出现褐色病斑随后逐渐变为灰白色并腐烂，心叶枯黄，叶片不展开。种子与幼苗基部交界处生霉层，拔出秧苗时，茎基部易发生断裂，容易拔断，育苗床中幼苗常成簇，成片发生与死亡。

黄枯：2.5叶期左右发生，秧苗整株呈现淡黄色，出现矮化与扭曲等现象，叶尖不吐水，萎蔫，成穴状迅速向外扩展，秧苗基部与根部易拉断，发病后期苗床上的秧苗成片干枯死亡（图3-6）。

图3-6 水稻立枯病症状

2. 发生特点

镰孢菌、腐霉菌和孺孢菌一般以菌丝和孢子在多种寄主植物的病残体上越冬，环境条件适宜时产生分生孢子借气流传播，侵染为害。丝核菌则由菌丝或菌核在寄主病残体或土壤中越冬，主要以菌丝在幼苗间蔓延传播。

立枯病是寒地水稻常见病害，在贵州省冷凉稻区发生较多。研究表明，温度是立枯病发生的最重要因素，长时间的低温阴雨环境最容易诱发水稻立枯病。水稻秧苗在低温、阴雨和光照不足环境下生长缓慢，抗病能力减弱，水稻在5℃环境下持续4～6天后骤晴，土壤水分不足，幼苗抵抗力低，生理失调，病害加重发生。

田间菌源数量是引发立枯病的另一重要因素，由于该病病原菌既可以寄生又可营腐生生活，田间菌源量增加，低温、多雨、光照不足等不利于水稻生长，但有利于病原菌生长繁殖危害。

种子受伤，受冻或催芽时间过长以及生命力差的种子抗逆性弱，病害发生严重。

苗床土壤黏重、偏碱，以及播种过早、过密、覆土过厚均易于该病的发生，施肥、灌溉不当以及通风不及时均会加重立枯病的发生。

3. 绿色防控技术

（1）选用抗病品种。利用抗病品种控制水稻立枯病是最经济、有效的措施之一，在我国北方种植的龙粳20号、东农429、富士光、龙稻5号等高抗水稻立枯病。贵州省水稻种质资源丰富，其中应不缺乏抗性品种，只是目前相关研究尚缺乏。

（2）农业防治。苗床选择有机质含量高、肥沃、疏松、偏酸性土壤。加强苗床管理，改善苗床通风、排水环境，配置防寒、保温设备，合理施肥，增施磷钾肥壮苗，可减轻立枯病发生。精心选种与晒种，提高催芽技术，防止种子受伤，提高种子生命力和抗病力。

（3）生物防治。应用哈茨木霉、寡雄霉素等对水稻立枯病有较好防治效果。

（4）药剂防治。苗床消毒，选用15%噁霉灵水剂或甲基立枯磷乳油喷洒苗床，药量与用水严格按推荐剂量使用。发病初期及时用噁霉灵、精甲·噁霉灵和多抗霉素按推荐剂量交替喷施或泼浇，能较好防治水稻立枯病。

五、水稻恶苗病

1. 症　状

该病从水稻秧苗期到抽穗期均可发病，可为害水稻全株。苗期发病与种子带菌直接相关，重病种播后常不发芽或发芽后不久即死亡。轻病种发芽后，植株细长，叶狭根少，叶色淡黄，根系发育不良，部分病苗移栽前后死亡，枯死苗上有淡红色或白色霉粉状物，即为病原菌的分生孢子。本田内病株节间长，茎秆细高，少分蘖，节部常有弯曲露于叶鞘外，下部茎节逆生很多不定须根。剖开病茎，内有白色丝状菌丝，剥开病叶鞘，茎秆上有暗褐色条斑，湿度大时，植株逐渐枯死，表面长满淡褐色或白色粉霉状物，后期生黑色小点即病菌囊壳。轻病株提前抽穗，穗短小，籽粒不实。谷粒感病，严重者变褐不饱满，或在颖壳上产生红色霉层，轻病者仅谷粒基部或尖端变褐，外观正常，但内部已有菌丝潜伏（图3-7）。

图 3-7 水稻恶苗病症状

2. 发生特点

水稻恶苗病在我国各稻区均有发生。病原菌以菌丝体或分生孢子在谷粒或病稻草上越冬。病菌在干燥条件下可存活 2～3 年，而在潮湿的土表或土中不易存活。浸种时，带菌种子上的分生孢子散落，使无病种子受侵染。带菌稻谷出苗后基本都被病菌感染，重者枯死，轻者病菌在植株体内半系统扩展（不扩展到花器），刺激植株徒长。感病植株上产生的病菌分生孢子，经风雨又可传播至健苗，引起再侵染。花期病菌从颖片侵入到胚乳内，造成秕谷或畸形，湿度大时在颖片合缝处产生淡红色粉霉。晚期受病菌的侵染的谷粒，虽不显症状，但菌丝已侵入内部使种子带菌，储藏期健康种子亦会被侵染。

该病属于高温病害，播种时土壤温度达 30～35℃时，幼苗易发病，土温在 25℃以下，植株感病后，不表现症状。旱育秧比水秧发病重。种子受机械损伤或根部损伤，易发病。早晚或雨天移栽发病率低于中午移栽。增施氮肥可刺激病情发展。此病无免疫品种，但品种间抗病性有差异。

3. 绿色防控技术

（1）生产上主要选用抗病品种进行种植。农业防治：清除病残体，及时拔除病株并销毁。建立无病田留种。催芽温度不宜过高，时间不宜过长，插秧要尽可能避免损伤。做到"五不插"：不插隔夜秧，不插老龄秧，不插深泥秧，不插烈日秧，不插冷水浸的秧。

（2）生物防治。目前尚无登记用于防治恶苗病的生防制剂，但研究表明，多黏类芽孢杆菌的发酵液对恶苗病有较好的防治效果，因此将来有望登记用于防治水稻恶苗病。

（3）药剂防治。由于该病主要是种子带菌传播，因此种子消毒处理是防治关键。消毒前，晒种 1～2 天，可促进种子发芽和病菌萌动，利于杀菌，晒种后用清水浸 12小时，后置于 70% 甲基硫菌灵 700 倍液，或 50% 多菌灵 800 倍液，或噁霉灵胶悬浮剂

200 ～ 250 倍液，或 17% 杀螟·乙蒜素可湿性粉剂、20% 氰烯·杀螟丹可湿性粉剂浸种。种子量与药液比为 1 ：（1.5 ～ 2），温度 16 ～ 18℃浸种 48 小时，早晚各搅拌一次。田间防治也很关键，结合防治穗颈瘟，抽穗前后施药预防，用药可参照稻瘟病，或破口期喷施进行防治。可采用 15% 三唑酮可湿性粉剂 60 ～ 80 克 / 亩，齐穗期加喷一次，暴风雨后还需及时施药保护。

六、水稻胡麻叶斑病

1. 症　状

胡麻叶斑病又称水稻胡麻斑病、胡麻叶枯病，全国稻区均有发生，从秋苗期至收获期均可发病，稻株地上部均可受害，发病最重部位为水稻叶片，其次是谷粒、穗颈和枝梗等。

幼芽和幼苗感病症状：芽鞘受侵染后变成褐色，芽未抽出，子叶枯死。在幼苗时期发生病害，叶片及叶鞘上产生褐色圆形或椭圆形病斑，如胡麻粒大小，暗褐色，病斑扩大连片成条形，病斑较多时可导致死苗。气候潮湿时，死苗上会产生黑色绒毛状霉层，即为胡麻叶斑病病原菌分生孢子梗和分生孢子。

成株期叶片感病，初期为褐色小点，渐扩大为椭圆斑，如芝麻粒大小，病斑中央褐色至灰白，无坏死线，边缘褐色，周围有深浅不同的黄色晕圈，严重时连成不规则大斑，叶片提前枯萎死亡。不同营养条件和不同品种间病斑略有差异，当稻株缺钾时，病斑较大，形状呈梭形，轮纹变明显，称之为大斑型病斑。某些水稻品种病斑形状近长方形，初颜色为灰绿色水渍状，后变为黄褐色，叶上有少量病斑，便可导致叶片提早枯死，称之为急性型病斑。

叶鞘感病病斑与叶片上相似，形状不规则且较大，灰褐色或暗褐色，边缘淡褐色，水浸状，不清晰，呈现圆筒形或短线形。穗颈和枝梗发病，受害部位呈褐色或灰褐色，易造成枯穗，与穗颈瘟相似，但比穗颈瘟发生晚，大多出现在后期（图 3-8）。

图 3-8 水稻胡麻叶斑病症状

2. 发生特点

水稻胡麻叶斑病在水稻整个生长时期均可发病，苗期和孕穗至抽穗期最易染病，整个植株除地下部分都能被侵染，以叶片受害为主。病菌以分生孢子或菌丝体的形式在水稻种子或病残体上越冬，成为来年初侵染源。干燥条件下，分生孢子可存活 2 ～ 3 年，菌丝体可存活 3 ～ 4 年，但翻埋土中的病菌不能越冬。遗落在土壤表面的病菌部分可越冬，越冬的菌丝可直接侵染侵染幼苗，亦可产生分生孢子，通过气流、风等传播，使秧田和本田植株感病，进而产生分生孢子，借风雨传播进行再侵染。

水稻胡麻叶斑病以气流传播为主，多循环病害，受土质、水肥管理、品种差异的影响较大。长期高温、高湿，有雾露存在时发病重，且偏酸性的砂质土壤田发病情况较严重。硅含量越高的水稻品种对胡麻叶斑病的抗性越强。菌丝生长最适温度为 24 ～ 30℃，分生孢子形成最适温度为 30℃，萌发最适温度为 24 ～ 30℃，相对湿度大于 92% 时，病菌 4 小时即可侵入寄主。

3. 绿色防控技术

（1）选用抗病品种。目前，生产上尚缺乏免疫与高抗品种，因此，应加强种质资源对胡麻叶斑病的抗性鉴定，利用抗性资源选育抗性品种及推广应用。

（2）农业防治。深耕翻土，压低菌源量，烧毁或深埋病稻草。用腐熟的堆肥作基肥或石灰改良砂质土壤的酸碱性，同时并注意排水，以促进有机物质的正常分解改变土壤酸度；施足基肥，及时追肥，增施磷肥、钾肥提高植株抗病力。要勤灌浅灌，避免长期水淹造成通气不良。

（3）生物防治。使用香根草、罗勒和普通百里香的精油对处理水稻种子，防止种子之间胡麻叶斑病菌的传播，另外，地衣芽孢杆菌对水稻胡麻叶斑病也有较好防治效果。

（4）药剂防治。50% 多菌灵可湿性粉剂 500 倍液浸种 48 小时，捞出催芽、播种。抽穗初期，用 70% 丙森锌可湿性粉剂，以及多菌灵、春雷霉素、咪鲜胺等防治水稻胡麻叶斑都具有很好的效果。

七、水稻叶鞘腐败病

1. 症 状

水稻叶鞘腐败病又称鞘腐病。在水稻孕穗期发生于剑叶叶鞘上，分布于我国各稻区，尤其南方稻区发病较重。发病初期，水稻剑叶叶鞘上生暗褐色小点，边缘较模糊，后扩大成虎斑状大型病斑，多个病斑可联合成云纹状斑，边缘褐色至黑褐色，中心淡褐色，外围退绿，时有黄褐色晕圈，严重时，整个叶鞘受害，穗局部或全部腐败，形成枯穗或半包穗，湿度大时，病斑上生淡红色霉层，即为病原菌分生孢子（图3-9）。

图 3-9 水稻叶鞘腐败病症状

2. 发生特点

病菌分生孢子在病残体或稻谷上越冬，来年春天种子发芽后病菌从生长点侵入，随稻苗生长而扩展，有系统侵染的特点，侵入最适温度为 30℃，潜育期 1 天，低于 30℃时，潜育期随温度的降低而延长，病菌生长发育最适温度要求为 15～35℃，10℃以下或 40℃以上不能生长，最适为 30℃。水稻孕穗破口期，病菌易从伤口侵入，尤其暴风雨后，病害发生加重。另外，病菌也可以通过气孔、水孔等自然孔口侵入。病菌侵染叶鞘形成病斑后，温湿度适宜时在病斑表面形成大量的分生孢子，分生孢子借气流、褐飞虱、蚜虫、叶螨等进行再侵染。

水稻叶鞘腐败病受多种因素的制约，其中品种、栽培模式、水肥管理、土壤条件、气象因素影响最大。穗颈短或穗包颈的水稻品种最易感染叶鞘腐败病，水稻茎和叶的硅化与角质化程度高的品种发病较轻，水稻叶直立型和叶狭窄型的品种较叶生长松散型和宽叶型的品种发病轻；多雨发病重；密植栽培模式比稀植发病重；偏施氮肥、长期深水淹灌或冷水串灌，容易引起稻株徒长，组织柔嫩，发育延迟，水稻抗病性弱，发病重；高温高湿发病重。

3. 绿色防控技术

（1）选用抗病品种。积极推广抗病、优质、高产的品种，加强生产上品种的抗病性鉴定，选择鉴定过的抗病品种在不同稻区配置。已有研究表明，川香稻 5 号、Q 优 6 号、宜香 9303 等高抗叶鞘腐败病。

（2）农业防治。及时处理病稻草及其他病残体，可集中烧毁，或充分腐熟后做堆肥。合理施肥，采用测土配方施肥技术，避免偏施、过施氮肥。砂性土药适当增施磷钾肥。杂交制种田母本及时喷施赤霉素，促进抽穗。潜水勤灌，避免积水，适时晒田，使水稻生育健壮，提高抗病能力。水稻种植密度不宜过大，应适当稀植。

（3）药剂防治。种子处理：种子消毒可用 25% 咪鲜胺乳油 2 000 倍液浸种 12～24 小时，浸种后直接催芽；或用 40% 多·铜可湿性粉剂 250 倍液浸种 20～24 小时，捞出洗净、催芽、播种。破口期至齐穗期：施用 25% 咪鲜胺乳油 75 克／亩与 20% 井冈霉素可湿性粉剂 50 克／亩对水稻叶鞘腐败病的有较好防治效果。同时可兼用防稻瘟病和稻曲病的药剂。

八、水稻白叶枯病

1. 症　状

水稻白叶枯病是我国水稻生产上的重要病害之一，主要在热带和温带稻区发生，贵州省主要在铜仁、黔南、黔东南以及遵义地区的较热稻区易发生。各个器官均可染病，叶片最易染病。秧苗在低温下不显症，高温下秧苗病斑短条状，小而狭，扩展后叶片很快枯黄凋萎。

可见症状大致分为 5 种类型。①叶缘型：也称普遍型或者典型型，是一种慢性症状，病斑从叶尖和叶缘开始扩展，初始为暗绿色水渍状，后变为黄褐斑，最后转变为灰白色斑；②急性型：急性型叶片病斑初始为暗绿色，开水烫伤状，叶片因迅速失水而纵卷，成青枯状，病部有蜜黄色株状菌脓；③凋萎型：凋萎型症状常见于一些高感品种，一般发生于水稻新叶或新叶下 1～2 叶，表现为失水、青枯、卷曲、凋萎，类似于螟害造成的枯心，发病轻时，仅 1～2 个分蘖青枯死亡，发病重时整株整丛枯死；④黄化型：早期心叶不枯死，上有不规则退绿斑，后叶片青黄色或淡黄色，周围健康叶片呈现绿色，黄化型的叶片中很难分离到白叶枯病菌，但在下方的节间和茎秆中却存在大量的细菌，导致新叶不在抽出，严重影响产量；⑤中脉型：病叶从中脉开始变黄并向四周扩展。

白叶枯病形成枯心苗后，其他叶片也逐渐青枯卷缩，最后全株枯死，剥开新青枯卷缩的心叶或折断的茎部或切断病叶，用力挤压，可见有黄白色菌脓溢出，即病菌菌脓，区别于大螟、二化螟及三化螟等为害造成的枯心苗（图 3-10）。

图 3-10　水稻白叶枯病症状

2. 发生特点

初侵染源为田间残留的病稻草、病株、带菌种子，以及马塘、李氏禾等田边带病杂草，来年播种后出苗后。病菌主要在种子内部越冬，播种后由叶片、水孔、伤口侵入，形成中心病株，病株上分泌带菌的黄色小球，通过风雨、露水、灌水、昆虫以及人为再传播。风雨、灌溉可助其远距离传播，漫灌、雨涝及低洼积水可引起连片发病。施氮肥过多、积水较多、土壤呈酸性及生长太旺都会提供病害发生的条件。白叶枯病发病的程度也会受到气候、水肥、水稻品种和管理等一系列因素的影响。

菌源基数是决定白叶枯病是否流行的关键因素，高温、高湿、台风暴雨等气候因素是病害流行的必要条件，病菌生长最适温度是 25 ～ 28℃，最适相对湿度为 80% ～ 90%。温度在 20℃ 以下或 3℃ 以上，相对湿度低于 80% 时，病害一般不会流行。病菌生长最适宜 pH 值为 6.5 ～ 7.0。长期积水，氮肥过多，生长过旺，土壤偏酸性等病害易发生。中稻重于晚稻，籼稻重于粳稻，杂交稻重于常规稻。矮秆阔叶品种重于高秆窄叶品种。易感生育期为幼穗分化期和孕穗期。

3. 绿色防控技术

（1）选用抗病品种。抗病品种是防控白叶枯病最经济有效的措施。一般而言，糯稻抗性最强，粳稻次之，籼稻最弱。加强抗病品种的选育，广泛收集抗性种质资源，加强抗病机理的研究，加快选育抗白叶枯病的品种。加强品种轮换，避免单一品种的长期种植，导致品种抗性的退化和丧失，引发病害的流行。

（2）农业防治。加强植物检疫，不引入带菌种子。做好病情调查与预测预报。培育壮秧，尽量采用旱育秧和半旱育秧，秧田应选择在地势较高、排灌方便、远离病田，不易淹水。浅水勤灌，适时晒田，防止串灌、漫灌和深水淹苗。受水淹田块，在洪水退后立即排干田水，受淹严重田块施用速效氮肥和磷肥，使水稻快速恢复生长，增强抵抗能力。配方施肥，做到基肥足、追肥早、巧施穗肥，以及氮、磷、钾配合，避免偏施迟施氮肥，防止贪青徒长。

（3）生物防治。每亩用 60 亿 CFU/ 毫升的解淀粉芽孢杆菌 LX-11 悬浮剂 500 ～ 650 毫升 / 亩，兑水 50 ～ 60 千克喷雾，或 100 亿 CFU/ 克枯草芽孢杆菌可湿性粉剂 60 克 / 亩，兑水 50 千克喷雾，对白叶枯病有较好防治效果。

（4）药剂防治。种子处理，用 50% 三氯异氰尿酸 500 倍液浸种 24 ～ 48 小时，捞出后用清水冲洗干净，然后再进行催芽、播种。秧田期在秧苗 3 叶期和移栽前 5 ～ 7 天喷金霉唑噻酮 600 ～ 800 倍液、50% 氯溴异氰尿酸 1 000 倍液 1 ～ 2 次，严防病菌进入本田。大田施药以"有一点治一片，有一片治一块"的原则，发现中心病株后，应立即施药防治，从而控制病害蔓延，重点防治常年发病田及邻近稻田，受淹和生长嫩绿的稻田。暴雨过后每亩用 86.2% 氧化亚铜水分颗粒剂、70% 叶枯净胶悬剂 100 ～ 150 克，或 25% 叶枯宁可湿性粉剂 100 克，或 10% 氯霉素可湿性粉剂 100 克，或 50% 氯溴异氰尿酸 40 克药剂加水 50 升喷雾，发病田周围的稻田，无论有无发病均须喷药保护。

九、水稻细菌性基腐病

1. 症 状

该病在我国各稻区均有发生，主要为害水稻根节部和茎基部，偶有种子萌芽过程中侵入，则可造成烂种、烂芽，大田期一般在分蘖至灌浆期发病。发病初期近土表茎基部叶鞘上产生水浸状椭圆形斑，渐扩展为边缘褐色、中间枯白的不规则形大斑，剥去叶鞘可见根节部变褐黑色，时见深褐色纵条斑，根节腐烂，伴有恶臭，植株心叶青枯变黄，易折断，这是区别于细菌性褐条病、心腐型、白叶枯病急性型及螟害枯心苗的典型症状。分蘖期发病时，病株先是心叶青卷，随后枯黄，外观似螟虫为害的枯心苗。拔节期发病叶片自下而上变黄，近水面叶鞘边缘褐色，中间灰色长条形斑，根节变色伴有恶臭。孕穗期后发病，常表现为急性青枯死苗现象，形成枯孕穗，半枯穗和枯穗，秕谷率增高，千粒重下降，少数病株基部以上 2 ~ 3 个茎节同时变褐黑色，且有少量倒生根（图 3-11）。

图 3-11 水稻细菌性基腐病症状

2. 发生特点

病原菌在病稻草及带菌土壤中越冬，种子播种或秧苗栽插后，病菌从萌发种子、叶片上水孔、伤口及叶鞘和根系伤口侵入，以根部或茎基部伤口侵入为主。侵入后在根茎基部聚集潜伏，条件适宜再侵染。早稻在移栽后开始出现症状，抽穗期进入发病高峰。晚稻秧田即可发病，孕穗期进入发病高峰。轮作、直播或小苗移栽稻发病轻。偏施或迟施氮素，稻苗幼嫩发病重。分蘖末期不脱水或烤田过度易发病。地势低，黏重土壤通气性差，发病重。一般晚稻发病重于早稻，常规稻重于杂交稻。高温高湿易于发病。病菌寄主范围广泛，生长条件粗放，生长的适宜温度范围 28 ~ 36℃，最低温度为 12℃，最高温度 41℃，致死温度为 53℃，该病菌生长的 pH 值范围为 5 ~ 11，其中 pH 值 7.0 最适宜。

3. 绿色防控技术

（1）农业防治。培育健壮秧苗，改进移栽方式，在培肥床土的基础上，采用稀播、匀播和湿润育秧，确保壮苗健长，可增强秧苗的抗逆性。采用直播、小苗机插或抛秧，减少手插秧的伤根情况。提倡水旱轮作，可有效地控制病害的发生。科学肥水管理，配方施肥，基肥足，分次施肥、合理增施磷与钾肥，浅水勤灌。对于已经发病的田块，适当保持薄水层，可减轻病害的损失。

（2）选用抗病品种。种植抗病品种是防治该病最为经济有效的途径。不同品种对细菌性基腐病的抗性能力表现为杂交稻＞常规稻、早稻＞中稻＞晚稻、籼稻＞糯谷＞粳稻。目前，贵州省种植的水稻品种对细菌性基腐病的抗性表现不清楚。因此，加强抗性鉴定筛选，因地制宜，引进种植适应贵州省各稻区环境、农艺性状优良、抗耐病性较好的水稻品种。

（3）生物防治。水稻播种前用80%乙蒜素1∶2 000倍液浸稻种，浸种2～3天捞出直接播种，预防基腐病，兼防其他种传病害。

（4）化学防治。播种前用80%乙蒜素乳油2 000倍液，浸种48小时，晚稻浸12小时，捞出清水洗净，催芽播种。大田在犁田时或在水稻分蘖期每亩撒生石灰150千克进行稻田水土消毒。田间基腐病初发时，用20%噻菌铜悬浮剂100毫升／亩，或20%噻唑锌悬浮剂120毫升／亩，或27.12%碱式硫酸铜悬浮剂50毫升／亩，兑水30千克／亩喷雾，连续施药2～3次。铜制剂要避开高温时段施用，以防产生药害。

十、南方水稻黑条矮缩病

1. 症 状

南方水稻黑条矮缩病是我国长江流域稻区的一种新的重要病害，水稻各生育期均可发生，最典型的发病症状是茎节部倒生气生须根以及高位分蘖，相对正常水稻，发病植株矮小僵直，叶色深绿，上部叶片基部可见凹凸不平的皱褶，病株根系欠发达，呈黄褐色。在水稻不同生育期其发病症状有所不同。

苗期症状：病株矮小萎缩，株高仅为正常植株的1/3～1/2，叶片短阔、僵直，心叶生长缓慢，不能拔节，病重植株甚至早枯死亡。

分蘖和拔节期症状：分蘖期感病植株分蘖增生、矮小，新生分蘖先显症，能抽穗，但主茎和早生的分蘖抽穗不实，穗型小或包穗，空粒多，千粒重轻。

拔节期症状：感病植株剑叶短阔，穗颈短缩，地上数节节部倒生气生须根及高位分蘖；病株茎秆表面有乳白色短条状瘤状突起（大小1～2毫米）且手摸有明显粗糙感，后期转化成褐黑色；结实率低。

抽穗期症状：感病植株矮化不明显，中上部茎表面出现小瘤凸，能抽穗但抽穗相对迟且小，半包在叶鞘内，剑叶短小僵直。千粒重与正常植株无差异，但结实率低（图3-12）。

图 3-12　南方水稻黑条矮缩病症状

2. 发生特点

南方水稻黑条矮缩病的流行是由多方面的因素造成的。一是传毒介体白背飞虱的田间数量和带毒率的高低，以及水稻生育时期与白背飞虱的迁飞高峰期是否吻合；二是栽培方式；三是田间抗病品种的缺乏以及气候条件等因素。

白背飞虱为中国南方稻区的主要害虫之一，是一种典型的迁飞性害虫。每年春天从越冬虫源地（中南半岛、东南亚和中国的海南岛等）不断地向北迁飞，直到中国东北。而南方稻区大多数地方处于白背飞虱北迁和南回的必经之道，是其重要的越冬虫源补充地。此外，白背飞虱除了寄生于水稻，玉米等禾本科植物也是其重要寄主，同时飞虱迁入后不断繁殖，再迁飞，加重为害。白背飞虱喜好在高湿环境下迁飞，且降雨利于其降落，而中国南方稻区的多数地区在水稻秧苗期潮湿多雨，正好与白背飞虱的迁入时期吻合。暖冬造成白背飞虱迁入期提前，生育繁殖期增长，为害程度加大。

另外，水稻受侵染时期越早，受害程度也越大；早稻、中稻、晚稻混栽会加重病害发生；水稻种植区有白背飞虱越冬寄主，翌年病害发生程度有加重趋势；不利于白背飞虱迁出的地貌及气候条件的区域，其受害程度有加重趋势；防控措施采取的时期越早，受害程度越低。

3. 绿色防控技术

（1）预防。及早预报、"治虫防病"，通过测定迁入白背飞虱带毒率来测报该病的流行趋势。通常带毒率在 4% ～ 6% 时，当年南方水稻黑条矮缩病发病较轻；当白背飞虱带毒率达到 30% 以上时，有大暴发的趋势。因此，关键控制技术是在秧苗期，通过"治虫防病"的方法，压低白背飞虱种群数量和带毒率，从病害源头切断病毒的循环链。

（2）选用抗病品种。推广对南方水稻黑条矮缩病抗病及耐病性较强的品种，可引进中浙优 8 号。根据田间观察发现，贵州省目前种植的品种大多感病，因此应加强抗性鉴定研究力度。

（3）农业防治。清洁田园，稻飞虱终年繁殖区晚稻收割后立即翻耕，减少再生稻、落谷稻等冬季寄主植物，降低越冬病源虫源基数。异地育秧技术，将水稻育秧地点移至没有稻飞虱或稻飞虱较少的区域，减少秧田期受病毒侵染的概率。改善现有的栽培耕作制度，合理安排水稻播种和移栽期，提倡连片种植，避开白背飞虱迁入高峰。及时清除冬作田间杂草及田间明显矮化的植株。及时拔除带病植株，避免带毒白背飞虱向健康植株转移。健身栽培，加强水肥管理，适时晒田，避免重施、偏施、迟施氮肥，适当增施磷钾肥，提高水稻抗逆性。晚稻收割后，为减少稻飞虱越冬寄主，冬季改种蔬菜，或推迟玉米播种期。

（4）物理防治。在水稻秧苗期，采用 20～40 目防虫网或 15～20 克／平方米无纺布全程覆盖，阻隔白背飞虱迁入。

（5）药剂防治。种子处理，选用吡虫啉种子处理剂、毒氟磷或噻虫嗪种子处理可分散粉剂等拌种。白背飞虱盛发期之前及时喷药防治，减轻再次感染和蔓延，分别在苗期、移栽期和本田期次施药，以毒氟磷防病—吡蚜酮阻止传毒为主，同时配合施用氨基寡糖素等植物免疫调控剂促进水稻健壮、防病、抗病和丰产。

（谭清群　何海永　撰写）

第二节 主要虫害识别及绿色防控技术

一、二化螟

1. 识别特征

二化螟属鳞翅目螟蛾科，其雌蛾体长 14.8～16.5 毫米，翅展 23～26 毫米，触角丝状，复眼半圆形，黑褐色。体灰黄褐色，前翅沿外缘有 7 个小黑点。雄蛾较雌蛾稍小，体色比雌蛾深，前翅中央有 1 个黑斑，下面还有 3 个不明显的小黑斑。其卵聚产而成鱼鳞状，数量从数十粒至几百粒不等。初产时为白色，将孵化时为黑色。幼虫有 5～8 龄不等，多数为 6 龄，各龄幼虫的体长由于寄主和营养条件的不同，相差很大，幼虫背部有 5 条深色条纹。蛹长 10～13 毫米。初化蛹时米黄色，以后体色逐渐为淡黄褐色、褐色，将羽化时为深黄褐色，透过蛹皮可见鳞片（图 3-13）。

图 3-13 二化螟幼虫（左）和成虫（右）

2. 发生特点

由于二化螟以幼虫钻蛀为害，其典型的为害特征为枯心枯鞘，水稻孕穗以后幼虫为害则造成枯孕穗、白穗或虫伤株。成虫将卵产于水稻叶片背部，幼虫孵化后即吐丝下垂爬至茎秆或从叶上爬至茎秆，咬孔侵入，一般先集中于叶鞘内侧为害，造成枯鞘。2龄以后开始转移分散为害，并钻入稻秆的基部，咬断稻茎，造成枯心苗。由于具有转移为害特性，1头幼虫能造成数株枯心苗，同时幼虫也群集为害的特性，甚至老龄幼虫也不分散，有时一个水稻茎秆内可以剥查到几十头幼虫。在稻田有水层的情况下，一般在离水面3厘米左右的部位化蛹。在无水层的情况下，多在距土面3厘米左右的部位化蛹。成虫喜欢在植株高大，茎秆粗壮，叶色浓绿的稻田中产卵，因此同一区域内过量施肥的田块二化螟为害较重。

二化螟喜欢选择植株高大并正在分蘖盛期和孕穗期，生长茂盛、茎秆粗壮的稻株产卵，这类稻株卵块密度高，侵入率和成活率也高，所以为害重。例如，杂交稻由于植株高大，茎粗叶阔，茂密嫩绿，二化螟卵块密度高，远远超过常规品种，如不防治，为害较重。合理施肥，用迟效肥料做基肥，酌量搭配速效肥料，并分期看苗追肥，稻苗生长健壮正常，二化螟为害就轻。施肥不合理，即用速效肥料做基肥，或初次追肥过多，稻苗前期生长过旺，二化螟蛾集中产卵为害，就会造成严重的枯心苗；或者前期缺肥，稻苗黄瘦，幼穗分化期猛施氮肥过多，叶色乌绿，会诱集二化螟蛾产卵为害，造成严重的虫伤株和枯孕穗。

3. 绿色防控技术

保护利用当地生态环境：由于贵州省山地较多，稻田周围往往有不少的非耕地存在，这些非耕地如果有适当的植被就可以为天敌的自然发生提供较好的条件，保护好这些非耕地植被就能为害虫的各种天敌提供很好的栖息条件和替代食物，从而为生态防控提供较好的基础，更重要的是这些植被还能有效防止水土流失。

改善稻田生态环境：在稻田周围种植香根草可以诱集部分二化螟成虫产卵，但是取食香根草的二化螟幼虫生活力弱，绝大多数不能成功发育到成虫阶段，因此种植香根草可以有效减少二化螟为害。还可以种植一些蜜源植物（如芝麻）为寄生性天敌提供食物，从而提高这些天敌的寄生效率；适当保留田埂植被，为各种天敌提供栖息场所。同时还能主动采用一些天敌保护措施，例如，将二化螟卵块采集后放到带水的瓮中，以利于卵寄生蜂孵化，同时二化螟幼虫孵化后会被水淹死。在稻田灌水和移栽时在田间和田埂放上草把，为捕食性天敌（如蜘蛛、步甲等）提供栖息场所，不仅可以提高蜘蛛等天敌的存活率，而且将这些天敌保留在稻田内，及时为害虫控制提供一定的作用。

水淹越冬代虫蛹：由于二化螟化蛹一般在离地面3厘米的稻桩内，此时在稻田内灌水深度超过3厘米2天即可杀死大量越冬蛹，以贵州省剑河县为例，淹水时间以4月下旬为最佳，也可根据当年越冬和春后气温决定，如果能进行田间剥查则更好。

无纺布覆盖秧田：大田育秧时用无纺布将秧田封盖住，防止二化螟成虫到秧苗上产卵。

翻耕灭虫：在4月前翻耕田土，将部分或者大部分二化螟蛹埋入土中也可起到杀灭效果；如能结合灌水，则效果更佳。

性诱剂防治：该方法针对性强，对环境影响极小，而且只针对成虫，将诱捕器和诱芯放置在田间即可。由于越冬代成虫数量较少且发生期较为集中，此时的诱集防控效果要优于大田时期。例如，在贵州省剑河县5月上旬即可开始放置诱捕第一代成虫，8月上旬开始诱捕第二代成虫。

人工释放天敌：目前我国已有一些商品化生产的赤眼蜂，如稻螟赤眼蜂、澳洲赤眼蜂、螟黄赤眼蜂等。在二化螟卵期时大量释放卵寄生蜂可以起到不错的效果，研究表明我国南方以稻螟赤眼蜂效果最好。

农业措施预防：由于二化螟成虫具有趋绿趋嫩产卵的习性，适当少施用氮肥，可以减少二化螟危害。在二化螟卵开始盛孵时，将田水排至3厘米以下，使蚁螟的为害部位降得较低，卵孵化后期再灌深水，超过蚁螟危害部位，保持2～3天，能杀死大量幼虫。

以菌治虫和使用生物源农药：施用各种生物菌剂，如苏芸金杆菌、绿僵菌、白僵菌、杀螟杆菌、短稳杆菌等，以及生物源农药，如印棟素、苦参碱等。具体使用方法严格按照说明书进行。

二、大 螟

1. 识别特征

大螟属鳞翅目夜蛾科，除水稻外，还为害大麦、小麦、油菜、甘蔗、茭白、粟、高粱等作物，以及芦苇、稗草等禾本科杂草。雌蛾体长约15毫米，头部及胸部灰黄色，腹部淡褐色。前翅略呈长方形，灰黄色，中央有4个小黑点，排列成不整齐的四角形；雄蛾体长比雌虫稍小。静止时前后翅折叠在背上，前后翅外缘均密生灰黄色缘毛。其卵粒排列成行，常有2～3列组成，也有散生及重叠不规则的。卵粒扁圆形，表面有放射状纵隆线。卵初产时乳白色，将孵化时成灰黑色，顶端有一黑褐点，是即将孵化的幼虫头部。1龄幼虫头部宽大，腹部灰白色，比头部窄，散生细毛；发育到高龄幼虫时，体色呈现出淡红色，无背线，体长可近3厘米。蛹略呈长圆筒形，黄褐色，随发育而颜色变深，羽化前可透过蛹皮看到鳞片。雄蛹外生殖器位于第九节后缘腹面中央，呈一小突起，中裂纵痕；雌蛹仅一凹痕，位于第十节腹面前缘突起所形成之角尖与第九节后缘内陷处（图3-14）。

图3-14 大螟幼虫（左）和成虫（右）

2. 发生特点

大螟以幼虫钻蛀取食植物茎秆为害，为害水稻的典型症状与二化螟相似，造成水稻植株的枯鞘、枯心，水稻孕穗以后幼虫为害则造成枯孕穗、白穗或虫伤株。初孵幼虫先群集叶鞘取食，3～5天后造成枯鞘。发育至2～3龄开始分散蛀茎，很快会造成枯心。幼虫长大后，食量增大，不断转株为害，幼虫粪便排至叶鞘外或茎外。平均一卵块孵出的幼虫，能造成40～80根水稻枯心。苗期为害则蛀断嫩茎，形成枯心苗；在生长后期蛀食茎秆穗轴，造成白穗。大螟的飞行能力较弱，而且雌蛾交配后腹部膨大，飞翔力降低，所以一般田边为害程度比田块中间的严重。

一般而言，大螟不同寄主作物混栽地区发生比较严重，例如，大面积种植水稻、玉米、甘蔗、高粱、茭白，由于作物生长期不同，持续为大螟提供繁殖场所和食物。在贵州省一般每年发生两代，而且其发生时间与二化螟较为相似。

3. 绿色防控技术

大螟与二化螟发生和为害部位比较类似，可以参考针对二化螟的各项防控技术。同时，由于大螟在田边发生比田块中心重，诱捕器靠近田边安装防效较好。

三、稻纵卷叶螟

1. 识别特征

稻纵卷叶螟属鳞翅目螟蛾科，是东亚地区为害水稻的一种迁飞性害虫。成虫体长7～9毫米，翅展12～18毫米。复眼黑色，体背与翅均为黄褐色，前翅前缘暗褐色，有3条黑褐色横线，前后两条长，中间横线短，简称"两长夹一短"，可以作为成虫主要识别特征。雄蛾体较小，停息时腹部尾端向上翘起超过翅膀，雌蛾停息时则尾部上翘较少。卵一般单粒散产，也有部分多粒聚产，卵为近椭圆形，长约1毫米，宽0.5毫米，卵壳表面有网状纹。初产时乳白色，孵化前变为黑色。幼虫体细长，扁圆筒形，幼虫一般5龄，少数6龄。蛹长7～10毫米，长圆筒形，刚化蛹时为淡黄色，近羽化时为红棕色或褐色，透过蛹皮可以见到鳞片和成虫雏形（图3-15）。

图3-15 稻纵卷叶螟幼虫（左）、老熟幼虫（中）和成虫（右）

2. 发生特点

1龄虫一般不结苞，藏于水稻心叶取食，导致心叶出现针头状小点，2龄在叶尖结1～2厘米长的小苞，3龄以后吐丝连接稻叶两边叶缘，并将稻叶两边纵向闭合结成长苞，有时可缀数叶成苞，苞长约6厘米，然后隐藏在叶苞内取食，取食以后的稻叶留下白色的叶表皮，在稻田中十分显眼，严重时整块稻田都是白色受害叶片，因此又称为刮青虫。幼虫有转株为害的习性，有时候剥开白色的稻叶不会找到幼虫。

稻纵卷叶螟是一种具有远距离迁飞特性的害虫，稻纵卷叶螟在贵州省境内不能越冬，每年年初始虫源都是从外地迁入繁殖后为害，其迁入时间、迁入量年度间变化较大，由于贵州省各地海拔高低和纬度南北变化，每年各地稻纵卷叶螟最早迁入日期变化也较大，一般自南向北推迟，在南部稻区4月即可在诱虫灯下见到该虫，北部稻区一般6月初可以见到迁入成虫。该虫在贵州省一般年发生3～6个世代，主害代主要发生在7月，此时贵州省水稻大多处于分蘖拔节期。

3. 绿色防控技术

由于稻纵卷叶螟的为害症状十分显眼，往往导致水稻种植户超量使用化学农药，而且稻纵卷叶螟的为害时期往往以水稻分蘖拔节期为主，此时使用化学农药往往导致稻田天敌的大量减少，进而造成随后稻田害虫失去天敌的控制作用，因而做好稻纵卷叶螟的绿色防控工作具有十分重要的意义。

保护利用当地生态环境，发挥当地自然生态控制因子：由于贵州省山地较多，稻田周围往往有不少的非耕地存在，保护好这些非耕地植被就能为稻纵卷叶螟的生态防控提供较好的基础，同时这些植被还能有效防止水土流失。

农业措施：选用抗虫品种，减少氮肥施用量，合理安排种植密度等措施均可有效降低稻纵卷叶螟幼虫存活率和成虫繁殖倍数，从而减少其种群数量大爆发的风险。

性诱剂防治：该方法针对性强，对环境影响极小，大田移栽后即可放置诱芯诱捕器进行防控，诱芯可以选择长效性的，一般3个月的持效期就足够。

改善稻田生态环境：稻纵卷叶螟在生长的各个时期均有不同的天敌，在贵州省已报道有多种稻纵卷叶螟天敌。例如，卵期有拟澳洲赤眼蜂、稻螟赤眼蜂和松毛虫赤眼蜂；幼虫期有稻纵卷叶螟绒茧蜂、螟蛉绒茧蜂、大斑黄小蜂、螟黄抱缘姬蜂；成虫与幼虫期有各种捕食性天敌，如蜘蛛、青蛙、蜻蜓、豆娘、隐翅虫、步甲等。因此，必须大力提倡保护和利用田间的天敌资源，以充分发挥自然因子的控制效应。例如，在稻田周围种植一些花期长的植物，为寄生蜂一类的天敌提供蜜源和栖息场所；主动采用一些天敌保护措施，例如，在稻田灌水、移栽时在田间放上草把，为捕食性天敌（例如蜘蛛）提供栖息场所。

人工释放天敌：目前我国已有一些商品化生产的赤眼蜂，如稻螟赤眼蜂、澳洲赤眼蜂、螟黄赤眼蜂等卵寄生蜂，在稻纵卷叶螟发蛾高峰和卵期时大量释放卵寄生蜂可以起到不错的防控效果。

农业措施预防：由于成虫产卵喜好叶色浓绿的水稻品种，过量施用氮肥也会使得叶色浓绿而吸引成虫产卵，进而导致幼虫密度增加。因此选用抗性品种，适当少用氮肥，就可以减少卵密度，也可以降低幼虫存活率，从而减少为害。

以菌治虫和使用生物源农药：施用各种生物菌剂（如苏云金杆菌、绿僵菌、白僵菌、杀螟杆菌），以及生物源农药（如印楝素、苦参碱等）。具体使用时，严格按照说明书进行。由于水稻具有超补偿性，即水稻可以耐受一定程度害虫损害，尤其在水稻生长前期，所以适当提高防治阈值，减少农药使用，不仅可以降低水稻种植成本，还能提高稻田生态环境质量，到达社会和经济效益双赢。

四、褐飞虱

1. 识别特征

褐飞虱属半翅目飞虱科。成虫有长翅和短翅两种翅型。长翅型成虫体长3.6～4.8毫米，短翅型雌雄虫的翅膀不超过腹部末端，因而成为短翅型，其雌虫体长3～4毫米，短翅型雌虫腹部肥大，雄虫体长2.6毫米左右。褐飞虱体色分为深、浅两型。深色型为暗褐色至黑褐色，浅色型为黄褐色至褐色。与褐飞虱极为相似的两个近似种：拟褐飞虱和伪褐飞虱在诱虫灯下较为常见，但这两种飞虱并不为害水稻，应注意区别，区分要点在于颜面和生殖器结构。

褐飞虱的卵产在叶鞘和叶片组织内，排列成条，称为卵条或产卵痕，一个卵条可以有几粒到几十粒卵，卵呈香蕉形，长约1毫米，宽0.2毫米，初产时乳白色，略弯曲，随发育渐变为淡黄色，并出现红色眼点，并且弯曲度加大。产卵痕初期为水渍状，后变为浅褐色，卵帽与卵痕表面基本相平，显微镜下可以看清卵帽的数量。

若虫体型为长卵圆状，体色也分为深浅两种，若虫共分5龄，1龄体长约1毫米，黄白色，在水面时后足向两侧平伸成"八"字形；2龄体长约1.5毫米，淡褐或黄褐色；3龄体长约2毫米，黄褐色或暗褐色，翅芽显现，同时深浅两种体色的差别更为显著；4龄体长约2.4毫米，翅芽明显；5龄体长约3.0毫米，前翅芽长度超过后翅芽，腹部背面有蜡白色横条斑，是区别于短翅型成虫的显著特征（图3-16）。

图3-16 稻株基部的褐飞虱（左）及虱烧田块（右）

2. 发生特点

褐飞虱对水稻的为害表现在两个方面：第一个是直接取食造成的产量损失，第二个是作为病原物的传播媒介带来的间接损失。褐飞虱的成虫和若虫都喜欢聚集在稻株下部取食为害。用其刺吸式口器刺进水稻韧皮部，吸食水稻汁液，导致水稻植株营养和水分流失，造成稻株长势虚弱，使得稻谷千粒重减轻、瘪谷率增加，严重时稻株变黄枯死，在水稻生长后期时严重为害往往造成稻田中出现成片稻株枯死变黄，俗称"冒穿""火烧塘"等。雌虫产卵时形成的产卵痕和取食留下的伤口，也会导致水分散失，亦有利病菌侵入，加重各种病害的发生。成虫大量取食后分泌的蜜露也会导致稻株基本变黑发软。褐飞虱还能传播水稻病毒病，是草状丛矮病和齿叶矮缩病的传播媒介。

褐飞虱在贵州省不能越冬，发生的虫源都是从外地迁入，南部稻区一般在每年的4月下旬至5月上旬灯下初见，而北部稻区一般初见于6月中旬，田间可年发生代数5～6代，若虫期短，成虫存活时间长，从而导致世代重叠明显，一般在8月上旬田间虫量达到最大。

褐飞虱喜温湿，而且繁殖倍数极高，尤其是短翅型雌虫寿命长，产卵量多，最高可以产下1 000余粒卵，一般可以产卵300～600粒卵，因此褐飞虱的大发生，与短翅型成虫出现的早迟和数量多少直接相关。水稻叶色浓绿、生长旺盛、营养条件好，短翅型出现早，并且数量高，水稻孕穗至抽穗期最为适合褐飞虱，导致短翅型成虫激增。总体来说，在一定初始虫口基数下，适宜的气候、丰富的食料、缺乏自然控制作用就可能导致褐飞虱大量繁殖造成严重损失。贵州省地形、海拔、昼夜温差、水稻品种多样化和多种水稻生育期并存等因素均是影响褐飞虱区域性发生规律的主要因素。

3. 绿色防控技术

褐飞虱在我国的发生属于繁殖增长型的暴发性害虫，具有繁殖倍数高，世代生长快的特点，其暴发成灾往往迁入后逐代繁殖累积的结果，是食物条件充分满足和缺乏必要控制因子的综合结果，因此保护利用当地生态环境，充分发挥当地自然生态控制因子十分必要。由于贵州省自然生态本底较好、山地较多，稻田周围往往有不少的自然植被较好的非耕地存在，这些非耕地就可以为褐飞虱天敌的自然发生提供必要的栖息地和繁殖场所，保护好这些非耕地植被就能为褐飞虱自然控制提供较好的基础，同时这些植被还能有效防止水土流失。

农业措施：选用抗虫品种，避免偏施氮肥，合理安排种植密度、科学肥水管理，适时烤田，防止水稻后期贪青徒长，造成有利水稻增产、恶化褐飞虱食物条件、减少其繁殖倍数，形成不利于褐飞虱种群发生的生态条件，有效降低其种群数量大暴发的风险。由于褐飞虱具有不同的生物型，选用合适的抗性品种十分重要。

改善稻田生态环境：改善稻田生态环境可以充分发挥褐飞虱各种天敌的防控作用，褐飞虱在其生长的各个时期均有不同的天敌，在贵州省已报道有多种褐飞虱天敌。例如，卵期主要有寄生性天敌稻虱缨小蜂、拟稻虱缨小蜂、褐腰赤眼蜂、啮小蜂、金小蜂和捕食性天敌黑肩绿盲蝽等；幼虫期和成虫期寄生性天敌主要有螯蜂、线虫、真菌等；捕食性天敌种类十分丰富，主要有黑肩绿盲蝽、狼蛛、青蛙、蜻蜓、豆娘、宽黾蝽、隐翅虫、步甲、瓢虫等。因此，必须大力提倡保护和利用田间的天敌资源，以充分发挥自然因子的控制效应。例如，在稻田周围种植一些花期长的植物，为寄生蜂一类的天敌提供蜜源和栖息场所。主动采用一些天敌保护措施，如在稻田灌水、移栽时在田间放上草把，为捕食性天敌（如蜘蛛）提供栖息场所。减少田间用药，把农药的使用作为最后和应急防控措施的一种选择，不仅可以保护天敌，也能防止农药使用导致的再增猖獗。

人工释放天敌：目前我国已有一些商品化生产和销售的天敌产品，如赤眼蜂、金小蜂、螯蜂、小花蝽、螳螂等，这些天敌都可以起到重要的防控作用。

稻鸭稻鱼稻蛙共育：贵州省不少地方有稻田养鱼的传统，稻田鱼可以吞食落在水面上的飞虱；鸭子和青蛙还能主动捕食稻秆上的飞虱。这些方法不仅可以有效防控飞虱，还能提高种植户经济收入，值得大力提倡发扬。

以菌治虫和使用生物源农药：施用各种生物菌剂（如绿僵菌、白僵菌），以及生物源农药（如印楝素喷施到水稻上以后，对褐飞虱可以起到明显的驱避作用）。具体使用时，严格按照说明书进行。由于水稻生长具有超补偿性，即水稻可以耐受一定程度害虫损害，尤其在水稻生长前期，所以适当提高防治阈值，减少农药使用，不仅可以降低水稻种植成本，还能提高稻田生态环境质量，到达社会和经济效益双赢。

五、白背飞虱

1. 识别特征

白背飞虱属半翅目飞虱科。是当前我国水稻上主要的迁飞性害虫之一，最近10余年来，一般在我国西南地区发生较重，白背飞虱食物范围比褐飞虱广，能在稗草、看麦娘、早熟禾等禾本科植物上完成世代发育。成虫有长翅和短翅两种翅型，但是短翅型比较少见，尤其是短翅型雄虫更少。长翅型成虫体长（连翅）3.8～4.6毫米，其体型较褐飞虱瘦小一些，体色也较褐飞虱为浅。雄虫身体大多为黑褐色，雌虫多为淡黄褐色。雌虫的白斑两侧深褐色，雄虫小盾板两侧黑色。雌虫腹部腹面黄白色，雄虫腹部腹面黑色。前翅半透明，黑色翅斑明显，田间背面看起来多呈黄白色，具浅褐斑。

白背飞虱的卵产在叶鞘和叶片组织内，排列成条，称为卵条或产卵痕，卵形细长，略弯呈新月形，长约0.9毫米。初产时白色，以后渐变黄色，并出现红色眼点，卵帽不外露。若虫共5龄，身体头尾较尖，近似橄榄形，在水面时后足向两侧平伸成"一"字形，有深浅两种色型。1龄若虫体长1.1毫米，灰褐或灰白色，腹部背面有"丰"字形浅色斑纹。2龄若虫体长1.3毫米，灰褐或淡灰色，第三、第四腹节淡褐色，后胸后缘两侧略向后延伸，中间稍向前凹入。3龄若虫体长1.7毫米，灰黑与乳白色相嵌，第三、第四腹节背面各有 1 对乳白色三角形斑，翅芽明显出现。4 龄体长 2.2 毫米，前、后翅芽长度基本相等，腹背灰黑色，斑纹清楚。5 龄若虫体长 2.9 毫米，前翅芽超过后翅芽的尖端（图 3-17）。

图 3-17 稻株基部的白背飞虱（左）及其为害状（右）

2. 发生特点

白背飞虱对水稻的为害也表现在两个方面：一是直接取食造成的产量损失，二是作为病原物的传播媒介带来的间接损失。白背飞虱成虫和若虫都喜欢聚集在稻株中部取食为害。用其刺吸式口器刺进水稻韧皮部，吸食水稻汁液，导致水稻植株营养和水分流失，造成稻株长势虚弱，使得稻谷千粒重减轻、瘪谷率增加，严重时稻株变黄枯死，在贵州省严重发生时，迁入代的数量足够大时，可以直接造成为害，尤其是对秧田的为害必须加以重视。与褐飞虱类似，雌虫产卵时形成的产卵痕和取食留下的伤口，也会导致水分散失，亦有利病菌侵入，加重各种病害的发生。成虫大量取食后分泌的蜜露也会导致稻株基本变黑发软。褐飞虱还能传播水稻病毒病，是南方黑条矮缩病毒的传播媒介。

白背飞虱在贵州省不能越冬，发生的虫源都是从外地迁入，南部稻区一般在每年的 4 月中下旬灯下初见，而北部稻区一般初见于 5 月上中旬，田间可年发生代数 2～4 代，以成虫迁入后田间第二代若虫高峰构成主要为害代，一般在 7 月上中旬田间虫量达到最大。贵州省地形、海拔、昼夜温差、稻田成片与否等因素均是影响白背飞虱区域性发生规律的主要因素。

3. 绿色防控技术

白背飞虱也是属于繁殖增长型的暴发性害虫，尽管繁殖增长率低于褐飞虱，但同样具备繁殖倍数高，世代生长快的特点，一般情况下，其暴发成灾往往迁入后逐代繁殖累积、食物营养充分和缺乏必要控制因子的综合结果，因此保护利用当地生态环境，充分发挥当地自然生态控制因子十分必要。由于贵州省自然生态本底较好、山地较多，稻田周围往往有不少的自然植被较好的非耕地存在，这些非耕地就可以为白背飞虱天敌的自然发生提供必要的栖息地和繁殖场所，保护好这些非耕地植被就能为白背飞虱的自然控制提供较好的基础，同时这些植被还能有效防止水土流失。

各种防控措施与褐飞虱较为相近，因此搞好褐飞虱的防控也有利于控制白背飞虱的危害。但是某些天敌由于生物学和栖息环境的不同对褐飞虱和白背飞虱的控制效果不同而有一些差异，例如，长管稻虱缨小蜂偏好于寄生白背飞虱的卵。

六、稻水象甲

稻水象甲属翘翅目象虫科稻水象属，是一种国际性检疫性害虫，也是中国粮食作物上重点治理的检疫性害虫之一。国际自然保护联盟（IUCN）已将其列为全球100种最具威胁的外来入侵生物之一，我国也将其列为近年来重点加强防控的5种外来入侵生物之一。

1. 为害习性

稻水象甲成虫：喜食稻叶，多在叶尖、叶缘或叶间沿脉方向啃食嫩叶正面叶肉，保留下表皮，形成宽约0.09厘米长短不一的细长条白斑，长度一般不超过3厘米，条斑两端呈弧形无明显缺刻（图3-18）。稻水象甲取食斑长度平均为8.24毫米，宽度平均为0.72毫米，面积为4.43平方毫米。越冬成虫还为害玉米，取食禾本科、莎草科等杂草。

图3-18 稻水象甲为害水稻、玉米症状

稻水象甲卵：主要产于叶鞘内（其中93%产在浸水的叶鞘内，5.5%产在水面以上叶鞘内），长约0.8毫米，圆柱形，两端圆略弯，珍珠白色（图3-19）。卵历期6～10天。产卵量平均50粒，最多200余粒。

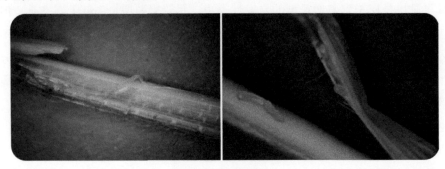

图3-19 稻水象甲卵

稻水象甲幼虫：幼虫在地下稻根附近活动，根部幼虫量一般达 5 ～ 10 条，最多达 20 多条。幼虫啃食稻根，造成断根，形成浮秧或影响水稻正常生长发育，导致水稻减产（图 3-20）。低龄幼虫在寄主植物根的侧面蛀入，钻食稻根，使根呈空筒状；高龄幼虫在寄主植物根外咬食，造成碎根和断根。幼虫为害水稻根部，一般可使水稻减产 20% ～ 50%，严重时绝收（图 3-21）。

图 3-20 稻水象甲为害水稻根部症状

图 3-21 稻水象甲为害水稻田间症状

稻水象甲蛹：老熟幼虫在寄主根系作茧，然后在茧中化蛹，茧黏附于根上，卵形，土灰色，长 4 ～ 5 毫米，短径 3 ～ 4 毫米（图 3-22）。预蛹期 1 ～ 2 天，蛹期 5 ～ 7 天。

图 3-22 稻水象甲蛹（土茧）

2. 稻水象甲生活史（图 3-23）

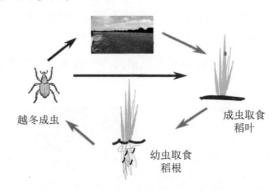

越冬成虫

成虫取食
稻叶

幼虫取食
稻根

图 3-23 稻水象甲生活史

3. 稻水象甲绿色防控技术

（1）采用旱育秧，防控秧田期稻水象甲为害水稻秧苗（图 3-24）。

图 3-24 旱育秧防控稻水象甲

（2）药剂拌种。如采用水育秧，用防虫网、无纺布、薄膜等覆盖秧田苗床，每千克水稻种子用 35% 丁硫克百威种子处理干粉剂 40 ～ 50 克、600 克／升吡虫啉悬浮种衣剂 30 ～ 40 毫升，拌催芽露白的水稻种子，晾干后播种（图 3-25）。

图 3-25 药剂拌种防控稻水象甲

（3）灯光诱杀。可用太阳能频振式杀虫灯、黑光灯、风吸式杀虫灯等诱杀越冬成虫（图 3-26）。

图 3-26 灯光诱杀稻水象甲成虫

（4）施用生物菌剂防控稻水象甲成虫。在稻水象甲越冬成虫迁入秧田期，或第一代成虫越冬场所（田埂、水沟等），施用白僵菌粉剂防控稻水象甲成虫（图 3-27）。

图 3-27 白僵菌寄生的稻水象甲成虫

（5）洗秧防控。洗秧后移栽大田的水稻秧苗幼虫数量较少，对防控稻水象甲幼虫能起到较好的防控作用。

（6）浸秧防控。移栽水稻秧苗前，将秧捆浸泡在药液中（70% 吡虫啉水分散粒剂 7.5 克，兑水 50 千克），30 分钟后移栽，防控稻水象甲成虫和幼虫（图 3-28）。

图 3-28 浸秧防控稻水象甲幼虫

（7）药剂防控成虫。秧田期、大田移栽期，可用 20% 丁硫克百威乳油 50～60 毫升/亩、10% 阿维·氟酰胺悬浮剂 45～60 毫升/亩、20% 阿维·杀虫单微乳剂 100～120 毫升/亩、10% 醚菊酯悬浮剂 100～120 毫升/亩、240 克/升氰氟虫腙悬浮剂 60～80 毫升/亩、40% 氯虫·噻虫嗪水分散粒剂 10～12 克/亩等兑水 30 千克，喷雾防治秧田、移栽大田及秧田周边杂草。

（8）药剂防控幼虫。水稻秧田期、移栽大田，可用 5% 丁硫克百威颗粒剂 2 500～3 000 克/亩、40% 氯虫·噻虫嗪水分散粒剂 21～25 克/亩撒施防控稻水象甲幼虫，其中秧田返栽田是重点防控田块。

（胡阳　何永福　撰写）

第四章 辣椒主要病虫害识别及绿色防控技术

贵州各地均有种植辣椒的习惯，由于辣椒既可鲜食又可制干，种植收益较好，近年来贵州省种植辣椒规模逐年扩大，目前已有种植面积 500 余万亩，居全国第一。在辣椒的整个生长季，从育苗到采收，都会受到病虫害的为害，直接影响辣椒的品质和产量。为了科学有效防控辣椒病虫害，本章描述了辣椒病虫害的症状识别和发生特点，提出了综合防控技术，旨在更好地推进贵州特色辣椒产业的发展，促进农业增效，确保农民增收。

第一节　主要病害识别及绿色防控技术

一、辣椒疫病

1. 症　状

辣椒疫病主要为害根、茎、叶和果。染病幼苗茎基部呈水浸状软腐，病部缢缩，多呈暗绿色或褐色，最后猝倒或立枯状死亡；叶片染病，产生暗绿色病斑，似烫熟状，叶片软腐脱落；根系、颈部、茎枝分权处变黑腐烂，导致枯枝死株；果实发病，多从蒂部或果缝处开始，初为暗绿色水渍状不规则病斑，很快扩展至整个果实，高湿时表面有白色霉层，发病后常受细菌二次侵染，果实干燥后呈僵果挂于枝上（图 4-1）。

图 4-1 辣椒疫病症状

2. 发生特点

辣椒疫病以卵孢子在土壤中和病残体上越冬，第二年，在适宜温湿度下，通过产生游动孢子囊和游动孢子进行初次侵染，以灌溉水和雨水扩散发生多次再侵染。一般 6 月上中旬开始发病，7—8 月大流行，严重时可在一周内致全田绝收。高温、高湿易于发病，尤其是雨季或大雨后天气突然转晴，气温急剧升高，或大量积水，发病迅速，偏施氮肥、通透性、重茬地病重。线椒抗性优于菜椒，贵州本地遵义朝天椒、都匀皱皮椒和小牛角椒好于毕节线椒和花溪辣椒。

3. 绿色防控技术

（1）农业措施。①轮作换茬：前作辣椒疫病病重地块，最好与十字花科、豆科、大葱等蔬菜轮作换茬种植，忌 3 年以上连作。②田园清洁：彻底清除上季植株病残体，减少第二年发病菌源；辣椒收获后深翻土地，减少越冬菌量，减轻次年疫病为害。③无病壮苗培育：选用抗性较好的品种；30% 噁霉灵水剂 3 ～ 6 克 / 平方米、50% 烯酰吗啉可湿性粉剂 1 500 倍液对苗床土壤消毒；52℃温水浸种 30 分钟或以清水预浸 10 ～ 12 小时，再用 1% 硫酸铜浸种 5 分钟，捞出后清洗用于播种，出苗后选择无病壮苗移栽。④高垄地膜栽培：起垄高厢栽培，做好田间疏水沟渠。厢宽约 100 厘米，厢高约 20 厘米，覆膜双行栽培，株距约 30 厘米，每穴两株，或按当地种植习惯。⑤合理施肥及田间管理：重施底肥，应以腐熟农家肥为主；提倡浇灌、清灌，尽量减少漫灌；疏除过密枝叶和病叶、拔除病株，提高椒田通透性。

（2）药剂防治。移栽覆膜前施用 5% 氯氰菊酯乳油 6 000 ～ 8 000 倍液防治地老虎，提高椒苗成活率。田间出现零星病株或病叶，立即清除病株或剪除发病组织，远置深埋；采用全株喷雾加根茎部喷淋方法施药，一般间隔 7 ～ 10 天施药一次，施用 2 ～ 3 次；忌长期使用 1 ～ 2 种药剂，不同类型农药交替使用或搭配使用。如遇雨天，雨停后立即补施。推荐使用 50% 烯酰吗啉可湿性粉剂 1 500 倍液、687.5 克 / 升的银法利悬浮剂 1 000 倍液、60% 锰锌·氟吗啉可湿性粉剂 700 倍液、68% 精甲霜灵·锰锌水分散粒剂 600 倍液、50% 氟啶胺悬浮剂 30 ～ 35 克 / 亩等。

二、辣椒根腐病

1. 症　状

以根腐类枯萎病为主，主要症状为根部腐烂，维管束变褐枯萎，地上部叶片变黄、枯萎，最终死亡，剖开维管束有变褐或略带有紫红色；病株的根及根茎部皮层呈浅褐色腐烂，易剥离（图 4-2）。

图 4-2 辣椒枯萎病症状

2. 发生特点

辣椒根腐类枯萎病由镰刀菌引起，为典型的土传病害。病菌以厚垣孢子、菌核或菌丝体在土壤中越冬，成为翌年主要初侵染源，病菌从根茎部或根部伤口侵入，通过雨水或灌溉水进行传播和蔓延，在整个生育期均会发生，发病高峰期集中在 6—8 月。地势低洼、排水不良、田间积水、连作、植株根部受伤的田块发病严重，多雨年份发病严重，品种间有抗性差异。

3. 绿色防控技术

（1）农业措施。①轮作：积水低洼病重地或发病连作地实行与豆科、禾本科作物进行 3～5 年轮作。②培育壮苗：精选品种，移栽时不积水沤根，施足基肥；生长期合理施肥，促进植株健壮，增强抗病能力。做好田间沟渠排水，防治沤根。

（2）生物防治。木霉、枯草芽孢杆菌等生防菌剂浸根带菌移栽；初花期和盛花期各用 1 000 亿个／克枯草芽孢杆菌可湿性粉剂 200～300 克／亩灌根施药一次。

（3）药剂防治。发病初期，选用 30% 甲霜•噁霉灵水剂 1 800 倍液＋ 3% 噻霉酮可湿性粉剂 1 000 倍液、30% 咪鲜胺乳油 500 倍液灌根。

三、辣椒炭疽病

1. 症 状

辣椒炭疽病是辣椒采果期的常发病害，主要为害将近成熟的辣椒果实。发病果实先出现褐色椭圆形或不规则形病斑，稍凹陷，斑面有明显轮纹并有橙红色或黑色小点，天气潮湿时溢出淡粉红色的粒状黏稠状物。叶片染病多为老熟叶片，产生近圆形的褐色病斑，上有轮状排列的黑色小粒点，严重时可引致落叶。茎和果梗染病，出现不规则短条形凹陷的褐色病斑，干燥时表皮易破裂（图 4-3）。

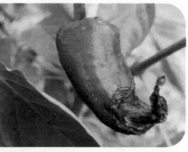

图 4-3 辣椒炭疽病症状

2. 发生特点

种子带菌或土中病残体上的病菌为初次病原，通过风雨溅散、昆虫或淋水传播孢子引起发病，田间可往复多次侵染为害。高温高湿利于发病，地势低洼、土质黏重、排水不良、种植过密通透性差、施肥不足或氮肥过多、管理粗放引起表面伤口，或因叶斑病落叶多，果实受烈日暴晒等情况，都易于诱发此病。

3. 绿色防控技术

（1）农业措施。清除病残体，收后播前翻晒土壤；选择相对抗病品种；55℃温水浸种10分钟进行种子处理；合理密植，避免连作，病重地与瓜类和豆类蔬菜轮作 2～3 年；适当增施磷肥、钾肥，开沟排水；及时采果可一定程度上避病；采收后及时清洁田园，减少翌年初侵染源、控制病害的流行。

（2）药剂防治。发病初期，施用 30% 苯甲·嘧菌酯悬浮剂 20～32 毫升/亩、75% 肟菌·戊唑醇水分散粒剂 10～15 克/亩、43% 氟菌·肟菌酯悬浮剂 20～30 毫升/亩、25% 咪鲜胺乳油 72～106 克/亩等药剂，2～3 次，间隔 7～10 天。

四、辣椒白粉病

1. 症 状

主要为害叶片，老熟或幼嫩的叶片均可被害，正面呈黄绿色不规则斑块，无清晰边缘，白粉状霉不明显或霉层小而稀疏；背面密生白色粉状霉层（图 4-4）。

图 4-4 辣椒白粉病症状

2. 发生特点

病菌在病叶上越冬后产生分生孢子，借气流传播。一般生长中后期发病较多，尤其是门椒采摘前后因田间密度较大发病较快。

3. 绿色防控技术

（1）农业措施。选用抗病品种；选择地势较高、通风、排水良好的地块种植；增施磷肥、钾肥，生长期避免氮肥过多。

（2）药剂防治。发病初期，选用15%三唑酮可湿性粉剂1 500倍液、43%戊唑醇悬浮剂3 000倍液、10%苯醚甲环唑水分散粒剂2 500倍液、25%咪鲜胺乳油1 000倍液、12%苯甲·氟酰胺悬浮剂1 000倍液等药剂喷雾防治2～3次，间隔7～10天。

五、辣椒青枯病

1. 症　状

辣椒植株迅速萎蔫、枯死，茎叶仍保持绿色；剖开植株根茎部，维管束变褐，严重者可一直延伸至地上部茎；病茎的褐变部位用手挤压，有乳白色菌液排出；茎上有时出现水浸状不规则病斑（图4-5）。

图 4-5　辣椒青枯病症状

2. 发生特点

青枯病是土传细菌性病害，通过植株的根部伤口侵染进入维管束，堵塞水分的输导而引起青枯。发病初期植株白天萎蔫，傍晚恢复，如遇天气干燥气温高，两三天后不再恢复而死亡，植株叶片色泽稍淡，但仍保持绿色，故称青枯病。高温高湿、重茬连作、地洼土黏、田间积水、土壤偏酸、偏施氮肥、中耕伤根等可加重病害。

3. 绿色防控技术

辣椒青枯病以预防为主，药剂防治为辅，尚无高效防治药剂。

（1）农业措施。忌连作，尤其是茄科与豆科蔬菜；调节土壤酸碱度；适当增施磷肥、钙肥、钾肥料，促进作物生长健壮；优化栽培方式，采用高垄或半高垄栽培方式，配套田间沟系，降低田间湿度，忌大水漫灌。

（2）药剂防治。目前尚无很好药剂，发病初期用铜制剂（如络氨铜）灌根，或使用噻菌铜等喷雾或喷淋，清除病株，生石灰处理病土；使用芽孢杆菌类生物制剂，改善土壤环境，间接控制病害。

六、辣椒病毒病

1. 症　状

有 4 种典型症状：①花叶：病叶上出现不规则褪绿、黄绿或淡绿与深绿相间的斑驳；②黄化：病叶变黄，严重时植株上部叶片全变黄色，形成上黄下绿，植株矮化并伴有明显的落叶；③坏死：茎秆、叶片或果实上出现斑驳状坏死或条纹状坏死斑；④畸形：叶片皱缩、卷曲、扭曲等，植株丛簇状、矮化，明显异于正常植株（图 4-6）。

图 4-6 辣椒病毒病症状

2. 发生特点

有 10 多种毒原可致辣椒发病，贵州省以黄瓜花叶病毒（CMV）、烟草花叶病毒（TMV）、番茄斑萎病毒（TSWV）、辣椒轻微斑驳病毒（PMMoV）等为害较重，田间通过种子带毒、接触传染、昆虫（蚜虫、蓟马等）传毒等方式传播。基本没有抗病品种，早熟品种比晚熟品种耐病；高温、干旱少雨、日照较多利于病毒病的发生流行；土壤缺肥或氮肥过多、茄科作物连作等发病重。

3. 绿色防控技术

辣椒病毒病的防控以预防为主，需要防病治虫并重，综合使用农业措施、物理防治、生物防治和药剂防治措施，才能取得较好防效。

（1）农业措施。①种子处理采用 55℃温汤浸种 20 分钟或 10% 磷酸三钠溶液浸种 20 分钟后清水洗净进行种子处理，然后播于育苗盘中。②育苗前检查修复破损防虫网，操作过程中及时关门，防止传毒媒介昆虫进入；及时清除育苗盘中的病株。③生长期注意雨季垄间排水，提高田间通风透光，拔除中心发病株。

（2）物理防治。①育苗：大棚悬挂黄板防治蚜虫，每 15 平方米挂 1 片。②定植：1 月后悬挂黄板和蓝板防治蚜虫和蓟马，稍高于植株上部叶片 20～30 厘米，规格（20～25）厘米 ×（25～30）厘米，每亩 40 片，30 天后更换 1 次板。

（3）生物防治。辣椒苗用 6% 寡糖·链蛋白（阿泰灵）可湿性粉剂 300 倍液透浇育苗盘，30 分钟后带药移栽。

（4）药剂防治。出棚前 5～7 天选择防病毒病制剂对辣椒苗普防一次，7 天后移栽；田间出现零星病株或病叶时，施用防病毒制剂 3 次，每次间隔 7～10 天；蚜虫初发期施药防治，初花期注意防治蓟马，一般 1～2 次，间隔 10 天。推荐药剂及用量见表 4-1。

表 4-1 防治辣椒病毒病推荐药剂

产品名称	防治对象	制剂量	施药方法	备注
5% 吡虫啉片剂	蚜虫	1 片 / 株	移栽时根部穴施	防控传毒昆虫
10% 啶虫脒可湿性粉剂	蚜虫	9～10 克 / 亩	喷雾	防控传毒昆虫
200 克 / 升吡虫啉可溶液剂	蚜虫	5～10 毫升 / 亩	喷雾	防控传毒昆虫
14% 氯虫·高氯氟微囊悬浮剂	蚜虫、烟青虫	11～21 毫升 / 亩	喷雾	防控传毒昆虫
60 克 / 升乙基多杀菌素悬浮剂	蓟马	10～20 毫升 / 亩	喷雾	防控传毒昆虫
21% 噻虫嗪悬浮剂	蓟马	10～18 毫升 / 亩	喷雾	防控传毒昆虫
10% 溴氰虫酰胺悬浮剂	蓟马、蚜虫等	40～50 毫升 / 亩	喷雾	防控传毒昆虫
8% 宁南霉素水剂	病毒病	75～104 毫升 / 亩	喷雾	防控传毒昆虫
0.06% 甾烯醇微乳剂	病毒病	30～60 毫升 / 亩	喷雾	防控传毒昆虫
5% 氨基寡糖素水剂	病毒病	33～50 毫升 / 亩	喷雾	防控传毒昆虫
0.5% 香菇多糖水剂	病毒病	200～300 毫升 / 亩	喷雾	防控传毒昆虫
50% 氯溴异氰尿酸可溶粉剂	病毒病	60～70 克 / 亩	喷雾	防控传毒昆虫

（杨学辉 撰写）

第二节 主要虫害识别及绿色防控技术

一、蚜 虫

1. 识别特征

蚜虫俗称腻虫或蜜虫等，体长 1.5～4.9 毫米，多数约 2 毫米。眼大，多小眼面，常有突出的 3 小眼面眼瘤。喙末节短钝至长尖。腹部大于头部与胸部之和。前胸与腹部各节常有缘瘤。腹管通常管状，长常大于宽，基部粗，向端部渐细，中部或端部有时膨大，顶端常有缘突，表面光滑或有瓦纹或端部有网纹，罕见生有或少或多的毛，罕见腹管环状或缺。身体半透明，大部分是绿色或是白色。蚜虫分有翅、无翅两种类型，体色为黑色。繁殖力很强，一年能繁殖 10 ～ 30 个世代，世代重叠现象突出。雌性蚜虫一生下来就能够生育，而且蚜虫不需要雄性就可以繁殖（图 4-7）。

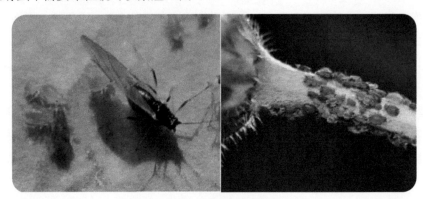

图 4-7 蚜虫形态特征

2. 发生特点

蚜虫是植食性昆虫，为害主要包括直接为害和间接为害两个方面：直接为害主要以成蚜、若蚜吸食植物叶片、茎秆、嫩头汁液，常导致叶片退绿和皱缩。间接为害指蚜虫在吸食植物汁液时，分泌蜜露覆盖在叶片上影响植株的光合作用，同时还可传播多种病毒。

3. 绿色防控技术

（1）农业措施。清洁田园，清除田间杂草；生长期及时拔除虫较多的苗，减少虫口数量。

（2）物理防治。①银灰膜驱避：在田间移栽辣椒苗时，厢面铺银灰色地膜。②色板诱杀：在田间挂黄板诱杀，每亩地挂 20 ～ 25 张黄板，黄板离地面高度 1.0 ～ 1.2 米。

（3）药剂防治。1% 苦参素水剂 800 ～ 1 000 倍液、25% 呋虫胺可分散油悬浮剂 2 000 ～ 2 500 倍、3% 啶虫脒乳油 1 000 ～ 2 000 倍液、10% 吡虫啉可湿性粉剂 1 000 ～ 2 000 倍液、50% 抗蚜威可湿性粉剂 2 000 ～ 3 000 倍液、10% 联苯菊酯悬浮剂 1 500 ～ 2 000 倍液等药剂喷雾处理。辣椒移栽后施 2 ～ 3 次，每隔 10 ～ 15 天施一次药。

二、蓟　马

1. 识别特征

蓟马属昆虫纲缨翅目。幼虫呈白色、黄色或橘色，成虫黄色、棕色或黑色；取食植物汁液或真菌。体微小，体长 0.5 ～ 2.0 毫米，很少超过 7 毫米。头略呈后口式，口器锉吸式，能锉破植物表皮，吸食汁液；触角 6～9 节，线状，略呈念珠状，一些节上有感觉器；翅狭长，边缘有长而整齐的缘毛，脉纹最多有两条纵脉；足的末端有泡状的中垫，爪退化；雌性腹部末端圆锥形，腹面有锯齿状产卵器，或呈圆柱形，无产卵器（图 4-8）。

图 4-8 蓟马为害状

2. 发生特点

辣椒蓟马主要有西花蓟马、花蓟马、黄蓟马和烟蓟马等，蓟马的若虫和成虫均能刺吸辣椒的幼嫩组织和花朵，影响植株和果实生长发育。有些植食性蓟马在取食为害的同时，还能传播植物病毒，传播病毒所造成的危害远远大于其直接取食带来的危害。

3. 绿色防控技术

（1）色板诱杀。辣椒移栽定植后，在田间挂蓝板诱杀，每亩地挂 20～25 张蓝板，蓝板离地面高度 1.0～1.2 米。

（2）药剂防治。60 克 / 升乙基多杀菌素悬浮剂 1 000～2 000 倍液，10% 吡虫啉可湿性粉剂 1 000～2 000 倍液、3% 啶虫脒乳油 1 000～2 000 倍液、1.8% 阿维菌素乳油 2 000～3 000 倍液，在辣椒移栽定植后施 2～3 次，每间隔 10～15 天施一次药。

注意事项：①根据蓟马昼伏夜出的特性，建议在下午用药。②蓟马隐蔽性强，药剂需要选择内吸性的或者添加有机硅助剂，而且尽量选择持效期长的药剂。③在高温期间种植辣椒，如果没有覆盖地膜，药剂最好同时喷雾植株中下部和地面，因为这些地方是蓟马若虫栖息地。

三、斜纹夜蛾

1. 识别特征

斜纹夜蛾属鳞翅目夜蛾科。成虫体长 14～21 毫米，翅展 37～42 毫米。前翅斑纹复杂，其斑纹最大特点是在两条波浪状纹中间有 3 条斜伸的明显白带，故名斜纹夜蛾。成虫具趋光和趋化性。卵多产于叶片背面，块产。幼虫一般 6 龄，老熟幼虫体长近 50 毫米，头黑褐色，体色则多变，一般为暗褐色，也有呈土黄、褐绿至黑褐色的，背线呈橙黄色，在亚背线内侧各节有一近半月形或似三角形的黑斑。蛹长18～20毫米，长卵形，红褐至黑褐色（图4-9）。

图4-9 斜纹夜蛾卵（上左）、幼虫（上右）、蛹（下左）和成虫（下右）

2. 发生特点

斜纹夜蛾是一类杂食性和暴食性害虫，寄主广泛，涉及99科290种植物，包括芋头、白菜、辣椒、荷花、向日葵、秋葵、菊花及烟草等。以幼虫咬食辣椒叶片、花和果实。该虫在贵州省发生代次多且世代重叠严重，是辣椒生产的主要害虫之一。

3. 绿色防控技术

（1）农业措施。清洁田园，采收后要及时清除残茬；田间发现斜纹夜蛾卵块，可直接摘除集中销毁。

（2）灯光诱杀。采用频振式太阳能杀虫灯诱杀成虫，每50亩安放1台。

（3）性诱剂诱杀。每亩挂置性诱剂诱捕器1～2个诱杀雄成虫。

（4）药剂防治。选用10亿PBI/毫升斜纹夜蛾核型多角体病毒悬浮剂1 000～2 000倍、2.2%甲胺基阿维菌素苯甲酸盐微乳剂2 500～3 000倍、150克/升茚虫威悬浮剂3 000～4 000倍、5%氯虫苯甲酰胺悬浮剂1 000～1 500倍、19%溴氰虫酰胺悬浮剂1 500～2 000倍、2.5%高效氯氟氰菊酯乳油1 500～2 000倍等药剂喷雾。

四、棉铃虫

1. 识别特征

成虫：体长15～20毫米，翅展27～38毫米。雌蛾赤褐色，雄蛾灰绿色。前翅翅尖突伸，外缘较直，斑纹模糊不清，中横线由肾形斑下斜至翅后缘，外横线末端达肾形斑正下方，亚缘线锯齿较均匀。后翅灰白色，脉纹褐色明显，沿外缘有黑褐色宽带，宽带中部 2 个灰白斑不靠外缘。

卵：近半球形，底部较平。初产时乳白色或淡绿色，逐渐变为黄色，孵化前紫褐色。

幼虫：老熟幼虫长约 40～50 毫米，初孵幼虫青灰色，以后体色多变，有淡红、黄白、淡绿和深绿 4 种。蛹：长 13～23.8 毫米，宽 4.2～6.5 毫米，纺锤形，赤褐至黑褐色（图 4-10）。

图 4-10 棉铃虫幼虫及其为害状

2. 发生特点

棉铃虫主要蛀食辣椒花、果实，也取食嫩叶。以幼虫隐藏于果实中，将果实蛀食空或成隧道，常诱发病菌侵染，造成烂果，严重时腐烂，脱果，对辣椒产量造成严重影响。

3. 绿色防控技术

（1）农业措施。采收后要及时清除残茬，做好田园清洁。

（2）性诱剂诱杀。每亩挂置性诱剂诱捕器 1～2 个诱杀雄成虫。

（3）药剂防治。20 亿 PIB/ 毫升棉铃虫核型多角体病毒悬浮剂 1 000～1 200 倍液撒于田间，8 000IU/ 微升苏云金杆菌悬浮剂 100～200 倍液、2.2% 甲胺基阿维菌素苯甲酸盐微乳剂 2 500～3 000 倍液、150 克 / 升茚虫威悬浮剂 3 000～4 000 倍液、5% 氯虫苯甲酰胺悬浮剂 1 000～1 500 倍液、19% 溴氰虫酰胺悬浮剂 1 500～2 000 倍液、2.5% 高效氯氟氰菊酯乳油 1 500～2 000 倍液喷雾。

（程英　撰写）

第五章　甘蓝、萝卜和白菜主要病虫害识别及绿色防控技术

第一节　主要病害识别及绿色防控技术

一、霜霉病

1. 症　状

该病主要发生在甘蓝、萝卜和白菜等十字花科蔬菜叶片、茎和花梗上。发病初期，幼苗叶片背面出现白色霜状霉层，叶片正面没有明显症状，发病严重时叶片及茎变黄枯死；成株被害，叶背出现白色霜霉，叶片正面出现淡绿色病斑，病斑逐渐转为黄色至黄褐色，病斑扩大常受叶脉限制而呈多角形（图5-1）。

图5-1　霜霉病症状

2. 发生特点

霜霉病病菌主要以卵孢子或菌丝体随病残体在土壤中或留种株上，或在种子上越冬。病部产生的大量孢子囊在田间借风雨、流水、农事操作及昆虫活动传播，可多次侵染。病菌孢子萌发温度为6～10℃，适宜侵染温度15～17℃、多雨高湿（相对湿度80%以上）或阴雨持续时间长易流行。早播、多肥或病毒病重等条件下发生重。田间种植过密、定植后浇水过早、过大、土壤湿度大、排水不良等容易发病。

3. 绿色防控技术

（1）农业防治。选择抗病品种、合理密植及施肥。

（2）药剂防治。在霜霉病发生初期可交替选择50%烯酰吗啉水分散粒剂1 000倍液、80%代森锰锌可湿性粉剂800～1 000倍液和25%嘧菌酯水分散粒剂、72%霜脲锰锌可湿性粉剂800倍液、72.2%霜霉威水剂600倍液等药剂防治，7～10天喷一次，共喷2～3次。

各药剂交替施用，避免病原抗药性产生。

二、黑斑病

1. 症　状

叶片上的病斑边缘呈淡绿色至暗褐色，且有明显的同心轮纹，有的病斑具黄色晕圈；茎或叶柄上的病斑呈长梭形暗褐色条状凹陷；种荚上的病斑近圆形，中心灰色，边缘褐色，周围淡褐色，有或无轮纹，湿度大时，病斑生暗褐色霉层（图5-2）。

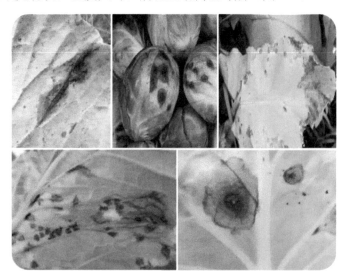

图 5-2 黑斑病症状

2. 发生特点

病菌主要以菌丝体及分生孢子在病残体上、土壤中、采种株上以及种子表面越冬。分生孢子借风雨传播，萌发产生芽管，从寄主气孔或表皮直接侵入。环境条件适宜时，病斑上能产生大量的分生孢子进行重复侵染，扩大蔓延为害。喜高湿条件，白菜黑斑病分生孢子萌发适温为 $17 \sim 20℃$，菌丝生长的温度为 $1 \sim 35℃$，适宜生长温度为 $17℃$；甘蓝黑斑病菌分生孢子的萌发温度则为 $1 \sim 40℃$，适温为 $28 \sim 31℃$，菌丝生长适温为 $25 \sim 27℃$。如果播种早，密度大，地势低洼，管理粗放，缺水缺肥，植株长势差，抗病力弱，一般发病重。

3. 绿色防控技术

（1）农业防治。选择抗病品种，合理密植。实行轮作，施足底肥，但要施经过腐熟的优质有机肥，并增施磷肥、钾肥。使植株长势好，提高植株的抗病能力。病叶、病残体要及时清除出田外深埋或烧毁。

（2）药剂防治。可使用32.5%苯甲·嘧菌酯悬浮剂1 500倍液、10%苯醚甲环唑水分散粒剂2 000倍液、70%代森锰锌可湿性粉剂500倍液、75%百菌清可湿性粉剂500～600

倍液、60% 锰锌·福美双可湿性粉剂 1 000 倍液、64% 噁霜灵可湿性粉剂 500 倍液防治。

三、病毒病

1. 症 状

病毒病在甘蓝、萝卜和白菜的苗期、成株期和采种株上均可发生。苗期染病，心叶叶脉透明，并沿叶脉两侧失绿，形成淡绿和浓绿相间的斑驳（花叶）后，心叶扭曲，病叶皱缩，植株畸形；成株期受害后，叶片表现轻微花叶，叶背主脉、侧脉上产生褐色条纹和黑褐色坏死斑点，发病严重时病株矮化、畸形、黄化。甘蓝和白菜甚至不包心结球（图5-3）。

图 5-3 病毒病症状

2. 发生特点

病毒潜育期 9 ～ 14 天，一般气温在 25℃左右，光照时间长，潜育期短；气温低于15℃，潜育期长。病毒可在采种株上越冬，也可在宿根作物（如菠菜及田边寄主杂草）的根部越冬。多种病毒（如黄瓜花叶病毒和芜菁花叶病毒）可由蚜虫或汁液接触传染，而烟草花叶病毒可由汁液接触传染。苗期如遇高温，导致幼苗抗病力减弱，易发生病毒病；若气候干旱，蚜虫滋生，也易诱发病毒病。

3. 绿色防控技术

（1）农业防治。选用抗病品种；温烫浸种，可用 52℃温水浸种 30 分钟，将种子捞出再浸入 10% 的磷酸三钠溶液中 20 分钟；适期晚播，以使苗期避开高温期；施足基肥，增施磷钾肥，控制少施氮费。苗期遇高温干旱季节，必须勤浇水，降温保湿，促进白菜植株根系生长，提高抗病能力。注意及时防治蚜虫，在苗期 7 叶前每隔 7 ～ 10 天防治蚜虫一次。

（2）药剂防治。结合用 10% 吡虫啉可湿性粉剂 5 000 倍液控制蚜虫的前提下，选用 6% 寡糖·链蛋白 500 ～ 1 000 倍液，8% 宁南霉素水剂 1 000 倍液，交替从苗期到成株期施用，每 5 ～ 7 天喷一次。

四、黑腐病

1. 症 状

黑腐病在甘蓝、花椰菜及白菜上常发生，主要为害叶片，病菌由水孔侵入，多从叶缘发生，再向内延伸呈 "V" 字形的黄褐色枯斑，在病斑的周围常具有黄色晕圈；有时病菌沿叶脉向内扩展，产生黄褐色大斑或者叶脉变黑呈网状，病菌如果从伤口侵入，可在叶片的任何部位形成不规则形的黄褐色病斑。病菌由病叶的导管（又叫维管束）发展到茎部的导管上，然后从茎部导管向上和向下扩展，引起菜株萎蔫。剖开球茎可见到导管变黑色。天气干燥时，叶片病斑干而脆。湿度大时，病部腐烂，但没有臭味。识别要点：叶片上产生"V"字形黄褐色病斑；导管（又叫维管束）变黑色；叶片腐烂时，不发生臭味，可区别于软腐病（图5-4）。

图5-4 黑腐病症状

2. 发生特点

黑腐病为细菌病害。病菌随种子、种株或病残体在土壤中越冬。播种带病种子引起幼苗发病，病菌通过雨水、灌溉水、农事操作和昆虫进行传播，多从水孔或伤口侵入。病菌生长适温为27～30℃，高温多雨，早播，与十字花科作物连作，管理粗放、积水、施用未腐熟农家肥及虫害严重的地块，病害重。

3. 绿色防控技术

（1）农业防治。重病地与非十字花科蔬菜进行2年以上轮作。使用抗病品种，并对种子进行温汤浸种和种衣剂处理；适期播种，适度蹲苗。施足腐熟粪肥，避免土壤过旱过涝。保墒保肥，隔离病菌感染，提高植株抗病能力。

（2）药剂防治。可选用53.8%氢氧化铜2 000干悬浮剂1 000倍液、20%噻菌铜可湿性粉剂600倍液连续用药2～3次，每次间隔7～10天。

五、软腐病

1. 症 状

软腐病的发病症状因受害组织和环境条件的不同略有差异。柔嫩多汁的组织染病后，开始多呈浸润半透明状，后渐呈明显的水渍状，颜色由淡黄色、灰色变为灰褐色，最后组织黏滑软腐，并发出恶臭气味；较坚实少汁的组织染病后，病斑多呈水渍状，先呈淡褐色，后变褐色，逐渐腐烂，最后病部水分蒸发，组织干缩。

在萝卜上主要为害肉质根、叶柄。肉质根染病，先从根与地面接触位置表现症状，病部颜色变淡，呈水浸状软腐，用手轻轻一拔，即可将萝卜从地表发病处拔断。叶柄基部呈湿腐状。纵切肉质根，可见心部软腐，最后溃烂一团，但外皮较正常（图5-5）。

图 5-5 软腐病症状

2. 发生特点

软腐病的病菌属革兰氏阴性菌，主要在病株上越冬，也可随种株在贮藏场所越冬。通过灌水、雨水、昆虫等传播，施用带有未腐熟病残体的肥料也可传播。病菌从寄主的伤口、自然孔口侵入，在薄壁组织中繁殖。一般在幼苗期从根部根毛区侵入寄主，潜伏在维管束组织中，遇到灌水引起的厌氧条件时发病。高畦种植、与禾本科作物轮作等措施发病较轻，早播、地势低洼、排水不良、土质黏重、大水漫灌的地块发病重。

3. 绿色防控技术

（1）农业防治。深翻暴晒。定植前深翻土层 18 ～ 20 厘米，多雨季节注意排水，实行沟灌，不用漫灌。阴天及中午不要浇水，要与葱蒜类作物轮作。

（2）防治传病媒介昆虫。田间农事操作时不要碰伤植株造成伤口。

（3）拔除病株。病穴用石灰消毒。

（4）药剂防治。可选用 53.8% 氢氧化铜 2 000 干悬浮剂 1 000 倍液、20% 噻菌铜可湿性粉剂 600 倍液连续用药 2 ～ 3 次，每次间隔 7 ～ 10 天。

六、根肿病

1. 症　状

受侵植物矮缩和黄化。发病初期根部常变形，出现纺锤状肿瘤。后期植株根部腐烂，地上部死亡。根肿病的病原真菌在土中可存活 10 年以上。根肿病在冷凉而排水不良的酸性至中性土壤中最严重。采用无病移栽苗，在净土中种植并防止污染，可防此病。也可于种植前 6 周或更早施用大量熟石灰，插秧水中使用杀菌剂，种植抗病品种（图 5-6）。

图 5-6 根肿病症状

2. 发生特点

病菌为土传病害，可在土壤中长期生存，主要以休眠孢子囊随病根在土壤中越冬越夏，从幼根或伤口侵入寄主，借雨水、灌溉水和农具等传播。一般病菌侵染后 8 ~ 10 天就可形成肿瘤。酸性土壤发病重，连年种植十字花科的地块和病田下水头的地块及施有未腐熟病残体厩肥的地块病重。可在调制种子时，带菌土粒附在种子上，导致种子传染。病原菌的发育温度为 9 ~ 30℃，最适温度为 20 ~ 24℃。孢子萌发芽管和病害进展的适温为 18 ~ 25℃。土壤呈酸性病菌易于繁殖，pH 值 7.2 以上的碱性土壤则难以繁殖。干旱年发病少。

3. 绿色防控技术

（1）农业防治。改种非十字花科作物是控制该病害的最好方法。否则实行轮作，必须实行 3 年以上轮作，有条件的地方最好种植 1 年水稻或水生作物，也可种植葱蒜类等能分泌杀菌物质的作物。选抗病品种，白菜以德高系列品种为主，麻叶均感病。适时播种，错开高温季节（夏秋季）。

（2）药剂防治。育苗时用 500 克／升氟啶胺悬浮剂 800 倍液进行种衣剂包衣，隔离漂盘育苗，培育健壮苗。禁止移栽病苗。移栽前用 500 克／升氟啶胺悬浮剂 1 000 倍液浸根 30 分钟，同时在移栽后用 500 克／升氟啶胺悬浮剂 1 000 倍液或 100 亿 CFU 枯草芽孢杆菌可湿性粉剂 500 倍液作为定根水进行灌根。移栽 10 天左右再次灌根。少施酸性化肥，100 亿 CFU／克多施用复合微生物菌肥，不间断地改良土壤。

七、甘蓝、白菜菌核病

1. 症 状

该病主要为害植株的茎基部，也可为害叶片、叶柄和叶球，苗期和成株期均可发病。植株染病后，病株茎秆上出现浅褐色凹陷病斑，后转为白色，最后皮层朽腐，纤维散离成乱麻状，茎腔中空，内生黑色鼠粪状菌核。高湿条件下，病部表面长出白色棉絮状菌丝体和黑色菌核。受害轻的植株发生烂根，致整株发育不良或烂茎，植株矮小，产量降低；受害严重的植株茎秆折断，植株枯死（图5-7）。

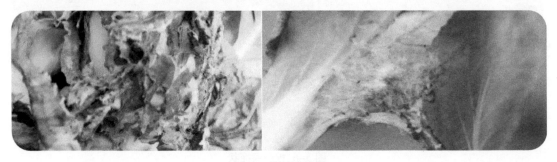

图5-7 菌核病症状

2. 发生特点

病菌以菌核在土壤中或混杂在种子间越冬或越夏，也可在采种株上越冬。菌核萌发后产生子囊盘和子囊孢子，子囊孢子成熟后，稍受震动即行喷出，随风、雨传播，特别是大风作远距离传播，也可通过地面流水传播。田间发病后，病部外表形成白色的菌丝体，通过植株间的接触进行再侵染。该病属低温高湿病害，当气温在20℃左右，相对湿度85%以上，有利于病菌的发育和侵入为害。菌核萌发的温度范围为5～20℃，以15℃左右最适宜。连作地块容易加重发病。凡地势低洼、排水不良、大水漫灌，栽培过密或偏施氮肥造成枝叶徒长、通风不良的地块均易发病。

3. 绿色防控技术

（1）农业防治。①选用良种：精选无菌良种，清除混杂在种子间的菌核及带病残屑，从根本上去除传染源，切断传播途径，并因地制宜选育抗（耐）病性品种。②水旱轮作：核盘菌菌核在土壤中可以存活4～5年，连作地发生严重，但在淹水状态下存活时间大大缩短，因此建议实行水旱轮作。③施肥时要控制氮肥施用：积极提倡测土配方施肥，采取有机肥与化学肥（包括大量元素肥和中微量元素肥）相结合的平衡施肥方式。④加强田间管理：蔬菜生长后期，厢间环境密闭，适宜核盘菌繁殖，因此应合理密植，改善田间通风透光条件，降低相对湿度，以减少病原物的接触传播，并结合中耕松土、清沟排渍等农事操作，以减轻菌核病的发生。甘蓝等蔬菜收获时，菌核大多遗落于土壤和根茬内，因此，必须做好清园工作，及时将发病植株或叶片清理出园。

（2）药剂防治。可采用25.5%异菌脲悬浮剂1 000～2 000倍液、50%多菌灵可湿性粉剂800倍液等药剂防治；也可使用40%菌核净可湿性粉剂800～1 200倍液、50%腐霉利可湿性粉剂1 000～1 500倍液等防治。生物药剂可以选择盾壳霉、哈茨木霉、假单胞杆菌和真菌病毒。

（陈小均　撰写）

第二节 主要虫害识别及绿色防控技术

一、蚜 虫

1. 症 状

蚜虫俗称腻虫、蜜虫，在蔬菜叶背或留种株的嫩梢嫩叶上为害，造成节间变短、弯曲，幼叶向下畸形卷缩，植株矮小，影响包心或结球，造成减产；留种菜受害不能正常抽薹、开花和结籽，同时传播病毒病。苗期为害，影响白菜、甘蓝、萝卜生长，严重时致苗在生长过程中枯死（图5-8）。

图5-8 蚜 虫

2. 发生特点

蚜虫每年发生约10～20代，以卵在蔬菜植株上越冬。越冬卵一般在4月开始孵化，先在越冬寄主上繁殖，5月中下旬以有翅蚜转移到春菜，再扩大到夏菜和秋菜，10月上旬开始产卵越冬。无翅胎生雌蚜喜群集于寄主的幼嫩部分为害。适宜生长温度为20～25℃，繁殖速度快，世代周期短。有翅蚜具趋黄性。

3. 绿色防控技术

（1）清洁田园。清除田间杂草。生长期及时拔除虫较多的苗，减少虫口数量。

（2）银灰膜驱避。在蔬菜生长季节，可在田间张挂银灰色塑料条，或铺银灰色地膜。

（3）黄板诱杀。棋盘式布点，按30～50块/亩黄板均匀插挂，黄板高度高出蔬菜20厘米左右，随蔬菜的生长调节黄板高度。

（4）药剂防治。1%苦参素水剂800～1 000倍液、3.2%烟碱·川楝素水剂200～300倍液、3%啶虫脒乳油1 000～2 000倍液、10%吡虫啉可湿性粉剂1 000～2 000倍液、50%抗蚜威可湿性粉剂2 000～3 000倍液、10%联苯菊酯悬浮剂1 500～2 000倍液等药剂喷雾处理。在蚜虫低龄若虫高峰期施药，在蔬菜生长周期内用药 1～2 次，也可根据田间发生情况适时增加用药次数。

二、黄曲条跳甲

1. 症 状

黄曲条跳甲俗称狗蚤虫、跳蚤虫、地蹦子等。主要为害十字花科蔬菜，受害较重的有白菜、甘蓝、萝卜、油菜、芥菜、菜花等。成虫和幼虫均能为害，以幼苗受害最重。成虫主要食叶，咬食叶肉，将叶片咬成许多小孔，幼苗被害后不能继续生长而死亡，造成缺苗毁种。幼虫生活在土中，蛀食根皮，咬断须根，致使地上部分的叶片变黄而萎蔫枯死，影响齐苗。此外，成虫和幼虫还可造成伤口，传播软腐病（图 5-9）。

图 5-9 黄曲条跳甲

2. 发生特点

以成虫在田间、沟边的落叶、杂草及土缝中越冬，越冬成虫于 3 月中下旬开始出蛰活动，在越冬蔬菜与春菜上取食活动。4 月上旬开始产卵，卵多产于根部周围的土壤中。成虫寿命长，致使世代重叠，春季第一、第二代（5—6 月）和秋季第五、第六代（9—10 月）为主害代，为害严重，春季为害重于秋季，盛夏高温季节具蛰伏现象，发生为害较少。成虫产卵喜潮湿土壤，极少在含水量低的土壤产卵。相对湿度低于 90% 时，卵孵化极少。成虫具有明显的趋黄性和趋绿性。黄曲条跳甲的适温范围 21～30℃。一般十字花科蔬菜连作地区，终年食料不断，易于大量繁殖，受害重；若与其他科蔬菜轮作，则为害轻。

3. 绿色防控技术

（1）清园灭虫。清除菜园残株落叶，铲除杂草；播种前深耕晒土。

（2）防虫网隔离栽培。可采用大棚覆盖、平棚覆盖、小拱棚覆盖等，采用不小于40目防虫网覆盖可有效隔离黄曲条跳甲为害。

（3）药剂防治。栽种前，可用3%辛硫磷颗粒剂1.5千克/亩拌土处理；或40%辛硫磷乳油灌根1～2次，在早晨或傍晚进行灌根；蔬菜生长期防治成虫，可用5%氟虫脲乳油1 000～1 500倍液、4.5%高效氯氰菊酯水乳剂2 000倍液、2.5%溴氰菊酯乳油2 500倍液等喷雾处理。喷药动作轻缓，避免惊扰成虫。

三、蛞蝓

1. 症 状

蛞蝓主要为害甘蓝、白菜、萝卜、花椰菜、菠菜、莴苣、牛皮菜、茄子、番茄、豆瓣菜、青花菜、紫甘蓝、百合、芹菜、豆类等农作物及杂草。取食幼苗、幼嫩叶片和嫩茎，将幼嫩叶片食成孔洞或缺刻，咬断幼苗、嫩茎，造成缺苗断垄，同时排泄粪便、分泌黏液污染蔬菜（图5-10）。

图5-10 蛞 蝓

2. 发生特点

蛞蝓以成虫体或幼体在作物根部湿土下越冬。入夏气温升高，活动减弱，秋季气候凉爽后，又活动为害。卵产于湿度大且隐蔽的土缝中。蛞蝓怕光，均夜间活动，从傍晚开始出动，晚上10—11时达高峰。耐饥力强，在食物缺乏或不良条件下能不吃不动。阴暗潮湿的环境易于大发生，当气温11.5～18.5℃，土壤含水量为20%～30%时，对其生长发育最为有利。

3. 绿色防控技术

（1）采用高畦栽培、地膜覆盖、破膜提苗等方法；施用充分腐熟的有机肥；清除田园，秋季耕翻破坏其栖息环境；在棚室、菜地行间设置杂草或枯叶堆诱捕虫体，定期检查，及时处理活虫。

（2）药剂防治。栽种前，可用6%蜗牛净颗粒剂＋豆粉/玉米粉充分拌匀制成毒饵进行土壤处理，深耕耙平。蛞蝓为害期，可在行间撒施生石灰 5 ～ 7 千克 / 亩、6% 四聚乙醛颗粒剂 500 ～ 600 克 / 亩。根据田间发生情况适时增加用药次数。

四、地下害虫

1. 症　状

地下害虫主要有地老虎、蝼蛄、蛴螬、金针虫、根蛆等。在土壤中为害植物地下部分、种子、幼苗或近土表主茎（图 5-11）。

图 5-11 地老虎（上左）、蝼蛄（上右）、蛴螬（下左）、金针虫（下右）

2. 发生特点

一个地区地下害虫常多种混合发生。

地老虎：一年发生 1 ～ 6 代，主要以蛹在土壤中越冬。以幼虫为害为主，春季当温度稳定在 15℃时，成虫开始大量羽化，并交尾产卵，将卵产在杂草、农作物幼苗根际周围的土缝中或幼苗上。成虫具有强烈的趋光性（黑光灯）、趋化性（糖醋液），幼虫具假死性。小地老虎喜温湿、怕寒冷，适温范围为 18 ～ 26℃；黄地老虎抗寒力较强。

蛴螬：一般每年发生 1 代或两年 1 代，主要以成虫或幼虫越冬，卵散产与土中，幼虫在土壤中为害作物地下根茎，每年春季，当温度超过 13℃以上时，潜伏在土壤深处的蛴螬开始向上移动。每年春季 3—4 月和秋季 9—10 月为害最严重，属季节性地下害虫。成虫具强烈的趋光性（黑光灯）、趋化性（趋未腐熟的有机肥，趋苘麻和蓖麻）。农林间作和果农间作，前茬大豆、花生、甘薯等，腐殖质较多的地块、淤积土田块等均发生重。

金针虫：2 ～ 3 年 1 代，以各龄幼虫或成虫在土壤中越冬，越冬深度约在土层下 20 ～ 85 厘米。成虫白天躲在田边杂草中和土块下，夜晚活动。雌性成虫不能飞翔，行动迟缓有假死性，卵产于土中 3 ～ 7 厘米深处；雄虫飞翔较强，有趋光性。该虫对未腐熟的有机肥和炕土有趋性。以春季为害最烈，秋季较轻。一般沙性地发生较重。

蝼蛄：2～3年1代，以成虫和若虫在土内筑洞越冬，深达1～16米。每洞1虫，头向下。次年气温上升即开始活动，在地表筑成约10厘米长的隧道。每次产卵10粒或更多，成堆产于15～30厘米深处的卵室内。具趋光性、趋化性（嗜食有香甜味的腐烂有机质，喜马粪等）、趋湿性（潮湿土壤）。

3. 绿色防控技术

（1）精耕细作深翻多耙，施用充分腐熟的厩肥、饼肥，可减轻多种地下害虫的为害。适时浇水。春季浇水播种后应立即覆土，不使粪肥与湿土外露，以避免招引成虫产卵。必要时在粪肥内混拌毒土。

（2）药剂防治。栽种前，可用50%辛硫磷乳油100～200克／亩拌土或煤渣15～20千克进行土壤处理，深耕耙平；地下害虫为害期，可用80%的敌百虫可湿性粉剂1千克或50%的辛硫磷乳油1千克＋麦麸100千克，加10千克水拌匀，配成毒饵，于黄昏在受害作物田间每隔一定间隔撒一小堆，或在作物根际邻近围施，每亩用5千克；或采用50%辛硫磷乳油1 000倍液、2.5%溴氰菊酯乳油2 500倍液等喷施作物根际周围土壤。

五、菜青虫

1. 症 状

成虫称粉蝶，幼虫称菜青虫，为害甘蓝、白菜、花椰菜、萝卜等。幼虫主要取食叶片，咬成孔洞或缺刻，为害严重时叶片几乎被吃尽，仅留叶脉和叶柄，影响植株生长包心，造成减产，还能导致软腐病（图5-12）。

图5-12 菜青虫（上左）、粉蝶（上右）及其为害状（下）

2. 发生特点

该虫年发生 5 ～ 8 代，多以蛹在受害菜地附近的篱笆、墙缝、树皮下、土缝里或杂草及残株枯叶间越冬。羽化成虫取食花蜜，交配产卵，成虫产卵对十字花科蔬菜有很强趋性，尤以厚叶类的甘蓝和花椰菜着卵量大，夏季多产于叶片背面，冬季多产在叶片正面。散产，每次只产 1 粒，初孵幼虫先取食卵壳，然后再取食叶片。1 ～ 2 龄幼虫有吐丝下坠习性，幼虫行动迟缓，大龄幼虫有假死性，幼虫老熟时爬至隐蔽处，先分泌黏液将臀足粘住固定，再吐丝将身体缠住后化蛹。该虫发育最适温为 20 ～ 25℃，相对湿度 76% 左右。8—10 月是幼虫为害盛期。

3. 绿色防控技术

（1）可用频振式杀虫灯、黑光灯诱杀，每 30 亩安放 1 台频振式杀虫灯，或每 15 亩安放 1 台黑光灯诱杀成虫，在灯下放一盆水，水内溶入少量洗衣粉，以便杀死掉落水中的害虫。还可每亩安放 1 ～ 2 个菜青虫性诱剂诱捕器诱杀成虫降低幼虫量。

（2）药剂防治。在菜青虫卵孵化盛期至幼虫 2 龄期，选用低毒生物制剂，如 0.5% 印楝素杀虫乳油 400 ～ 500 倍液、1% 苦参碱可溶性液剂 400 ～ 500 倍液、100 亿 CFU/ 克杀螟杆菌粉剂 500 ～ 700 倍液等喷雾防治；也可选用 1.8% 阿维菌素乳油 3 000 ～ 4 000 倍液、2.5% 高效氯氟氰菊酯乳油 1 500 ～ 2 000 倍液等喷雾防治。每间隔 7 ～ 10 天施一次药，连续防治 2 ～ 3 次。

六、小菜蛾

1. 症 状

小菜蛾也称吊丝虫，主要以幼虫为害白菜、花菜、甘蓝、花椰菜、萝卜等十字花科蔬菜。低龄幼虫仅食叶肉，留下表皮。在菜叶上形成一个个透明斑，3 ～ 4 龄幼虫可将菜叶吃成网状，或仅剩下叶脉。在苗期常集中心叶为害，影响包心（图 5-13）。

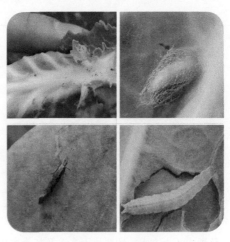

图 5-13 小菜蛾

2. 发生特点

每年约 3 ～ 6 代。幼虫、蛹、成虫各种虫态均可越冬、越夏、无滞育现象。全年发生为害呈两次高峰，分别在 5 月中旬至 6 月下旬，以及 8 月下旬至 10 月下旬（正值十字花科蔬菜大面积栽培季节）。成虫产卵期可达 10 天，一般每只雌成虫产卵 100 ～ 200 粒，卵散产或数粒一起，分布于叶背脉间凹陷处。幼虫共 4 龄，生育期 12 ～ 27 天。老熟幼虫在叶脉附近结茧化蛹，蛹期约 9 天。发育适宜温度为 20 ～ 23℃。成虫昼伏夜出，有趋光性，以晚上 7—11 时是扑灯的高峰期。世代重叠严重。此虫喜干旱条件，若十字花科蔬菜栽培面积大、连续种植，或管理粗放都有利于此虫发生。

3. 绿色防控技术

（1）清洁田园，蔬菜收获后，清除田间残株落叶，并随即翻耕，消灭越夏、越冬虫口，沟渠田边等处的杂草。

（2）移栽定植后，小菜蛾发生初期，可在田间安放小菜蛾性诱剂诱捕器，每亩安放 2 ～ 3 个，诱杀小菜蛾雄成虫。

（3）药剂防治。在小菜蛾卵孵化盛期至幼虫 2 龄期，可用 1% 苦参碱溶液 400 ～ 500 倍液、1.8% 阿维菌素乳油 2 000 ～ 3 000 倍液、2.5% 多杀霉素悬浮剂 1 000 ～ 1 200 倍液、2.5% 高效氯氟氰菊酯乳油 1 500 ～ 2 000 倍液等喷雾防治。每间隔 10 ～ 15 天施一次药，连续喷雾防治 2 ～ 3 次。根据田间发生情况适时增加用药次数。由于小菜蛾易产生抗药性，应轮换交替用药。

七、斜纹夜蛾

1. 症 状

斜纹夜蛾为害大白菜、甘蓝、油菜、萝卜、茄科、豆科、葫芦科等作物。幼虫 2 龄后开始分散为害，4 龄后进入暴食期，常将植株叶片吃光，仅留主脉，可致使叶菜失收（图 5-14）。

图 5-14 斜纹夜蛾

2. 发生特点

该虫是一类杂食性和暴食性害虫，年发生 4～5 代，一般以老熟幼虫或蛹在田埂边杂草中或 3～5 厘米深的土壤中越冬。成虫夜出活动，飞翔力较强，具趋光性（黑光灯）和趋化性（对糖醋酒等发酵物尤为敏感）。卵多产于叶背的叶脉分叉处，以茂密、浓绿的作物产卵较多，堆产，卵块常覆有鳞毛而易被发现。初孵幼虫具有群集为害习性，3 龄后开始分散，老龄幼虫有昼伏性和假死性，白天多潜伏在土缝处，傍晚爬出取食，遇惊就会落地蜷缩作假死状。该虫发育适温为 29～30℃，一般高温年份和季节有利其发育、繁殖，低温则易导致虫蛹大量死亡。

3. 绿色防控技术

（1）糖醋液诱杀。按酒∶水∶糖∶醋 =1∶2∶3∶4 配制诱虫液装入盆内，于傍晚放于田间（用支架等方法使盆高于植株），诱杀成虫。

（2）5—10 月，在田间安放斜纹夜蛾性诱剂诱捕器，每亩安放 1～2 个，诱杀斜纹夜蛾雄成虫。

（3）药剂防治。在斜纹夜蛾 1～3 龄幼虫期，可用 10 亿 PBI/ 毫升斜纹夜蛾核型多角体病毒悬浮剂 1 000～2 000 倍液、2.2% 甲胺基阿维菌素苯甲酸盐微乳剂 2 500～3 000 倍液、150 克 / 升茚虫威悬浮剂 3 000～4 000 倍液、5% 氯虫苯甲酰胺悬浮剂 1 000～1 500 倍液、19% 溴氰虫酰胺悬浮剂 1 500～2 000 倍液、2.5% 高效氯氟氰菊酯乳油 1 500～2 000 倍液等喷雾防治。每间隔 10～15 天施一次药，连续喷雾防治 2～3 次。

八、菜螟

1. 症 状

菜螟主要为害十字花科白菜类、甘蓝类、芥菜类和萝卜类等蔬菜。以初龄幼虫蛀食幼苗心叶，吐丝结网，轻则影响菜苗生长，重者可致幼苗枯死，高龄幼虫除啃食心叶外，还可蛀食茎髓和根部，并可传播细菌软腐病，引致菜株腐烂死亡（图 5-15）。

图 5-15 菜 螟

2. 发生特点

年发生 3 ～ 9 代，老熟幼虫吐丝做土茧化蛹，在田间杂草、残叶或表土层中越冬。成虫飞翔力弱，卵散产于嫩叶（尤其是新叶）叶脉处，常 2 ～ 5 粒聚在一起。幼虫共 5 龄，孵化后昼夜取食，发育历期 11 ～ 26 天，可转株为害，老熟幼虫多在菜根附近表土 3 ～ 5 厘米处化蛹。世代重叠。成虫羽化后昼伏夜出，稍有趋光性，喜高温干燥的气候环境。

3. 绿色防控技术

（1）清洁田园。夏秋季蔬菜收获后，清除田间残株落叶，并随即翻耕，可消灭部分表土和枯叶残株内的幼虫、蛹或成虫，减少下代和越冬虫源基数。

（2）茬口调节。尽量科学安排茬口，避免或减少十字花科蔬菜在夏秋季节的连作，育苗田要特别回避与十字花科菜田邻作。

（3）药剂防治。在幼虫孵化始盛期，可用 2% 甲胺基阿维菌素苯甲酸盐微乳剂 2 500 ～ 3 000 倍液、1.8% 阿维菌素乳油 3 000 ～ 4 000 倍液、5.7% 氟氯氰菊酯乳油 1 000 ～ 1 200 倍液、2.5% 高效氯氟氰菊酯乳油 1 500 ～ 2 000 倍液等药剂喷雾防治。如没有虫情测报，则以生育期幼苗 3 ～ 6 叶期，发现幼苗初见心叶被害时，为防治适期的参考指标。施药时尽量喷到心叶上，防治间隔期 7 ～ 10 天，连续喷雾防治 1 ～ 3 次，并注意药剂交替使用。

（金剑雪　程英　撰写）

第六章 马铃薯主要病虫害识别及绿色防控技术

贵州境内山峦重叠、地形地貌复杂、海拔高度悬殊、降水充沛、立体气候明显，马铃薯种植具有品种布局多样、播种季节多型和种植技术复杂的特点，因此，贵州各地马铃薯病害发生种类、流行时期和为害程度等复杂多样。目前贵州马铃薯病害主要有马铃薯晚疫病、生理性叶斑、马铃薯早疫病、马铃薯病毒病、马铃薯青枯病、马铃薯生理性早衰、马铃薯软腐病、马铃薯黄萎病、马铃薯灰霉病、马铃薯白绢病、马铃薯集壶菌、马铃薯黑胫病、马铃薯疮痂病、马铃薯环腐病等。马铃薯晚疫病是贵州发生最重的马铃薯病害，尤其在早熟品种上。一般年份马铃薯晚疫病导致减产 10%～20%；重病年份导致减产 30% 以上。马铃薯病毒病是贵州对影响产量影响最大的一类病害，近年通过有关单位进行了茎尖脱毒、加强种薯监管及良种的推广应用，病毒病得到了较好的控制，但是在部分地区病毒病的发生还是较为严重，其余病害在局部地区或部分年份发生较重。

第一节 主要病害识别及绿色防控技术

一、马铃薯晚疫病

晚疫病是马铃薯的第一大病害，广泛分布于贵州各薯区。贵州省每年都有不同程度的发生，特别是春作区早熟品种费乌瑞它，在一般年份减产 20% 左右，发生严重的年份减产 50% 以上，甚至绝收。

1. 症　状

晚疫病主要发生于马铃薯植株的叶、叶柄、茎及块茎上，在叶上往往发生于叶尖和叶缘，开始为一水渍状斑点，天气潮湿时很快扩大，病斑与健康部位无明显界限。田间湿度大时在病斑边缘有白色稀疏的霉轮，叶片背面更为明显，早 8 时左右特别明显。严重时病斑扩展到主脉或叶柄，使叶片萎蔫下垂。最后整个植株变为焦黑，呈湿腐状。天气干燥时，病斑干枯成褐色，不产生霉轮。

块茎感病时形成淡褐色或灰紫色不规则形状病斑，稍微下陷。病斑下面的薯肉呈深度不同的褐色坏死部分。病薯很容易被其他病菌侵染而发生并发症，常常由于细菌感染而形成软腐。薯块可以在田间发病，并烂在地里，也可以在田间被侵染而入窖后腐烂。

茎部很少直接受侵染，但病斑可顺叶柄扩展至茎部，在皮层上形成长短不一的褐色条斑，潮湿条件下病斑上也可以产生白色霉层，病害发生严重时，茎和其他部分一样变褐坏死（图 6-1）。

图 6-1 马铃薯晚疫病症状

2. 发生特点

（1）侵染循环。马铃薯晚疫病病菌寄生性很强，除为害马铃薯外，还为害番茄等作物。病菌主要以菌丝体在病薯中越冬，也可以卵孢子越冬。在二季作区，前一季遗留土中的病残组织和发病的自生苗成为当年下一季的初侵染源，其次为番茄等寄主植株和野外丢弃的马铃薯自生病株。病菌的孢子囊借助气流进行传播。病薯播种后，多数病芽失去发芽力或出土前腐烂，另一些病芽尚能出土形成病苗。病菌以幼苗茎基部沿皮层向上发展，形成通向地上部的茎上条斑，病苗和病菌长期共存，温湿度适宜时，病部产生孢子囊，这种病苗成为田间的中心病株。病菌借助土壤水分的扩散作用被动地在土壤内移动，还可以在病薯与健薯上繁殖（图 6-2）。

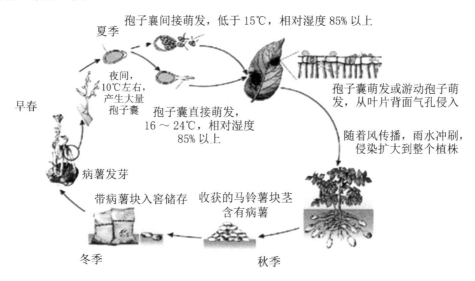

图 6-2 马铃薯晚疫病疾病循环

（资料来源：P. Wharton，http：//www. potatodiseases. org. htm，2006）

（2）发生流行规律。马铃薯晚疫病在贵州不同地区发生和流行时期不同，荔波、兴义、赤水等冬播区在 3 月中下旬开始发病，4 月上中旬流行；贵阳、黔南、遵义等春秋播两熟区 5 月中下旬开始发生，6 月上旬至 7 月中旬为流行期；毕节、六盘水等春播一熟区 5 月下旬至 6 月中旬开始发病，6 月中旬到 7 月为流行时期。由于气候条件和栽培品种的不同，该病在不同年份和品种间发生早迟和严重程度略有差异。

影响贵州马铃薯发病的主要因素如下。

一是菌源。在影响病害发生与流行的"三大要素"中，菌源是基础，由于带病种薯是晚疫病流行中最主要的初侵染来源，菌源广泛存在。贵州省马铃薯晚疫病发生较普遍，在栽种马铃薯的区域很难找到一块没有晚疫病发生的地块，因此，禁止种薯带菌难以实现，只能通过加强留种田晚疫病的防控和在播种前搞好种薯的精选来减少种薯带菌程度。

二是气候条件。马铃薯晚疫病是一种典型的流行性病害，气候条件对病害的发生和流行有极为密切的关系，是影响其发生与流行的最主要因素，以温度、湿度影响最大。在发病季节，温度条件（18 ～ 23℃）一般能够满足，如果阴雨连绵或早晚多雾、多露，病害很快就会迅速暴发流行。种植感病品种，植株又处于开花阶段，只要出现白天 22℃ 左右，相对湿度高于 95% 持续 8 小时以上，夜间 10℃ 左右，叶上有水滴，持续 11 ～ 14 小时的高湿条件，本病即可发生，发病后在适宜的条件下，10 ～ 14 天病害就会蔓延全田或引起大流行。晚疫病可以在马铃薯生长的各个时期都可以发生，并且为害严重，结薯前后如遇连绵阴雨，气温适宜的条件下，病害在 10 天内可传遍全田每一植株，损失严重。

贵州省大部分马铃薯种植区生长期的温度均适合于该病发生，该病的发生轻重主要取决于湿度，雨季早、雨量多的年份，现蕾开花阶段降雨集中且偏多的年份，晚疫病发生早并流行或偏重发生。

三是品种抗病性。不同品种对晚疫病的抗病性有很大差异。一般匍匐型、平叶光滑的品种感病。开花期最感病。在病害流行期，感病品种发病早，发病率高，且蔓延速度快；抗病品种则相反。

四是栽培管理。马铃薯晚疫病的发生与田间管理水平有很大关系，地势低洼、排水不良的田块发病较重；土壤瘠薄缺氧或黏重使植株生长衰弱，有利于病害发生；过分密植或株型高大可使田间小气候增加湿度，易于发病；偏施氮肥引起植株徒长易于发病，增施钾肥可提高植株抗病性减轻病害发生；旱地比水旱轮作稻田发病重，连作田块（或与番茄等茄科作物轮作地块）比轮作田块发病重。

3. 绿色防控技术

马铃薯晚疫病为马铃薯生产中最重要的病害，在防治上应采取"种植抗病品种为基础的综合防治"原则。

（1）选用抗病品种。马铃薯不同品种对晚疫病的抗病能力有很大差别，选用抗病品种是目前防治晚疫病最有效、最经济、最简便的方法之一。贵州省广泛种植的马铃薯品种中，田间表现较抗晚疫病的有威芋 3 号、会—2 号、合作 88 和黔芋 1 号等品种。

（2）播种前严格淘汰带病种薯。为减少病菌初侵染来源，要求播种前严格淘汰带病种薯。切种时，用 0.1% 高锰酸钾或 75% 酒精严格消毒切刀，以减少晚疫病菌的传染。切好的芽块进行药剂拌种，可以杀死种薯内部分病菌，一定程度上降低发病病情指数和推迟晚疫病的发生，通常选用广谱性杀菌药剂拌种。

（3）栽培管理。翻整地，深翻 18～22 厘米，整平耙细；科学施肥，增施腐熟的农家肥、磷钾肥，少施氮肥；采用单垄双行栽培；早熟品种经催芽可适时早播；加强田间管理，进行 3 次中耕培土，这样能够保水保墒提高地温，促进多层结薯，提高产量，也可以防止马铃薯块茎露出地面，防止植株上的病菌落到地面上侵染块茎。

（4）建立晚疫病预警系统。要积极加快晚疫病预警系统的建立，适度集中主栽品种，建立先进的以省为单位或以生态区为单位的晚疫病预警系统，可采用比利时 CARAH 预测模型预测马铃薯晚疫病的发生，此法更接近实际情况，预测结果与田间实际发病观察结果时间误差仅 2～3 天。加强马铃薯晚疫病田间监控，掌握病情发生、发展动态并发布预报，做到早防早治，流行年份开展统防统治。

（5）药剂防治。当田间出现中心病株时，立即清除中心病株。可用 10% 氟噻唑吡乙酮可分散油悬浮剂 5 000 倍液、50% 烯酰吗啉可湿性粉剂 2 000～2 500 倍液、60% 百泰可分散粒剂 1 500 倍液、68.75% 氟菌·霜霉威悬浮剂 800～1 000 倍液、52.5% 噁酮·霜脲氰水分散粒剂 2 000～3 000 倍液、58% 甲霜·锰锌可湿性粉剂 600～1 000 倍液，在病害发生前或发生初期施第一次药，以后每隔 7～10 天喷一次药。发病前可用保护剂，发病后应用内吸治疗剂或内吸治疗剂与保护剂的复配制剂，为减少抗药性的产生，最好多种药剂交替使用。

二、马铃薯早疫病

马铃薯早疫病又叫轮纹病。贵州省各地都有发生，一般在现蕾前后发生，引起病叶过早干枯而降低马铃薯产量。

1. 症 状

叶片上的症状最明显，叶柄、茎、块茎、果实等部位也可发病。叶片上初生黑褐色、形状不规则的小病斑，直径 1～2 毫米，以后发展成为暗褐色至黑色，直径 3～12 毫米，有明显的同心轮纹或近圆形病斑，有时病斑周围褪绿。潮湿时，病斑上生出黑色霉层。通常植株下部较老叶片先发病，逐渐向上部叶片蔓延。严重发生时大量叶片枯死，全株变褐死亡。发病块茎上产生黑褐色的近圆形或不规则形病斑，大小不一，大的直径可达 2 厘米。病斑略微下陷，边缘略突起，有的老病斑表面出现裂缝。病斑下面的薯肉变紫褐色，木栓化干腐，深度可达 5 毫米（图 6-3）。

图 6-3 马铃薯早疫病症状

2. 发生特点

（1）侵染循环。病原菌随病株残体、病薯越冬或度过不种植马铃薯的季节。在温湿条件适宜时，产生分生孢子，侵染下一季马铃薯幼苗，引起田间发病。病原菌还可以为害大棚和温室栽培的番茄、辣椒等蔬菜。度过冬季，侵染春夏季的大田马铃薯。在生长季节，马铃薯叶上病斑产生的孢子，可由风、雨、昆虫等分散传播，侵染四周的健康植株。叶面湿润时，降落在叶片上的孢子萌发，由气孔和伤口侵入，几天后就形成新的病斑，病斑上又产生孢子，分散传播。在一个生长季节里，可以反复发生多次侵染，以致造成全田发病。

（2）发生流行规律。病菌发育温限 1 ～ 45℃，26 ～ 28℃ 最适。分生孢子在 6 ～ 24℃水中经 1 ～ 2 小时即萌发，在 28 ～ 30℃ 水中萌发时间只需 35 ～ 45 分钟。每个孢子可产生芽管 5 ～ 10 根。降雨有利于孢子形成，雨后 2 ～ 3 天，空中飞散的孢子数量明显增多，孢子传播高峰期后 10 ～ 20 天，田间发病数量急剧增多。生长早期雨水多，有利于早疫病流行。重茬地，邻近辣椒、番茄棚室的田块，菌源较多，发病早而重。土壤瘠薄、植株脱肥、生长不良，抗病性降低，发病加重。在贵州各薯区，早疫病发生较轻。

根据田间病情调查、马铃薯品种布局、马铃薯种植状况和气象资料及马铃薯早疫病历年资料综合分析，早疫病在贵州省属于轻度发生。一般在现蕾前后发病，比晚疫病提前。主要发生区域为贵州省春作区，包括毕节地区及中低海拔的春作区。

3. 绿色防控技术

（1）加强栽培管理。选用健薯播种；合理密植，合理灌溉，控制湿度；增施有机肥，施足基肥，适时追肥，促使植株健壮，避免后期衰弱，增强抗病能力。

（2）种植抗（耐）病品种。目前无抗病品种，应加强抗病品种选育。

（3）加强田间管理。马铃薯生长期间，要加强田间管理。尤其在夏秋高温多雨季节，应注意开沟排水，做到"五沟"相通，排除明水，沥尽暗水，以降低田间湿度，抑止病害发生。结合中耕除草，进行高培土，可阻止病菌深入地下，降低薯块发病率。干旱时，要及时灌溉。以小水隔沟浇灌为宜，可防止病害的发生、蔓延。

（4）减少侵染菌源。及时拔除初见病株或摘除病叶；在收获前，茎秆必须破坏、移走或焚烧掉；块茎表皮要充分老化，收获时尽量避免损伤，减少侵染；收后及时翻地，压埋病菌，减少病源。

（5）药剂防治。在早疫病经常发生的地区，防止晚疫病的同时也要对早疫病进行防治。由于该病发展较慢，所以在大多数年份，只要不是早疫病高感品种或是极晚熟品种，只需在开花后使用第一次杀菌剂，然后两周后再施用第二次杀菌剂就可以有效防治该病。

三、马铃薯黑痣病

马铃薯黑痣病又称黑色粗皮病、茎溃疡病或立枯病，是一种重要的土传真菌性病害。贵州省以稻田种植的中晚熟品种发生严重。

1. 症　状

马铃薯黑痣病主要为害幼芽、茎基部及块茎。在马铃薯上被黑痣病菌侵染不久的幼芽出现茎溃疡，使生长点坏死，不再继续生长，往往造成不出苗或晚出苗、细弱等现象，从而影响马铃薯的产量。匍匐茎的侵染能够影响收获的马铃薯数量和大小，在严重的情况下会降低总产量。出土后染病，初时植株下部叶子发黄，茎基形成褐色凹陷斑，大小1～6厘米。茎秆上发病先在近地面处产生褐色长形病斑，后逐渐扩大，茎基全周变黑表皮腐烂。因输导组织受阻，其叶片则逐渐枯黄卷曲，植株容易斜倒死亡，此时常在土表部位出现再生气根，产生黄豆大的气生块茎。地下块茎发病多以芽眼为中心，生成褐色病斑，其后呈干腐或疮痂状龟裂导致畸形，薯块小，不光滑。遇低温阴雨，病株表面常生白色粉末，造成部分死亡。环绕在匍匐茎顶部可能导致不结薯。受侵染的植株，根量减少，形成稀少的根条。在块茎表面上形成各种大小和形状不规则、坚硬、深褐色的菌核（真菌休眠体）（图6-4）。

图6-4 马铃薯黑痣病症状

2. 发生特点

（1）侵染循环。病菌以菌核在病薯块上或残落于土壤中越冬。带菌种薯是翌年的主要初侵染源，也是远距离传播的主要途径。病菌可在幼芽经伤口或直接侵染，引起发病，造成芽腐或以后形成病苗。病菌可经风雨、灌水、昆虫和农事操作等传播，扩大为害。以后上下扩展造成地上萎蔫或地下薯块带菌，产生菌核再行越冬。

（2）发生流行规律。在低温、高湿、通气性差的土壤中有可能引起丝核菌的暴发。在土温较高（23℃左右），潮湿情况下，丝核菌入侵容易，发病严重。后期菌核形成需23～28℃的温度。土质黏重、低洼积水的返浆地，不易提高地温，易于诱发病害。病区连作地发病率较高。该菌除侵染马铃薯外，还可侵染豌豆。

3. 绿色防控技术

（1）精选无病种薯，在无病地择晴天挖收薯块，选芽眼较深、表面光滑的块茎为种薯。

（2）适期早种，冬种宜早不宜迟。

（3）精耕细作，科学栽培管理。马铃薯开花结蕾之期，即是地下薯块膨大旺盛之时，必须开淘排水、改良环境，增强抗病能力。

（4）增施有机肥料。施足人畜肥作底肥，及早追复合肥，以提高马铃薯的自身抗病性。

（5）剔除发病植株。为防二次传染，雨后天晴发现少数萎蔫、枯黄倒伏病株，即行挖除，并撒上草木灰或生石灰消毒。

（6）药剂处理。播种前用甲基硫菌灵对种薯进行拌种处理。茎叶盛期结合防治蚜虫，发病初期可喷洒70%甲基硫菌灵可湿性粉剂600倍液，效果非常显著。

四、马铃薯癌肿病

马铃薯癌肿病的病原是马铃薯集壶菌，其主要分布于冷凉和多雨的温带和高海拔地区，一旦发生严重影响马铃薯的产量和品质，且化学防治效果较差。目前在贵州的局部地区零星发生，该病在贵州省农业科研、管理和农业技术推广部门的努力下且呈逐年减轻的趋势。

1. 症　状

马铃薯集壶菌通常侵染茎基部、匍匐茎顶端和块茎芽眼上，形成黄豆大小至拳头的瘿瘤，严重时块茎可以被瘿瘤覆盖或全部取代。在潮湿条件下可发展到茎、叶片甚至花器上，瘿瘤白色到粉色或者与薯块颜色一致，随着时间推移变成黑色。病部容易被其他微生物侵染而腐烂。

孢子囊堆在生长点、芽、匍匐茎顶端或幼叶原基的分生组织表皮细胞里发展，被侵入且周围的细胞膨大，随着合子或单倍的游动孢子的侵染，导致细胞迅速分裂，引起在分生组织里的增生，并提供另外的侵染场所。瘿瘤为有大量薄壁组织构成的畸形分枝系统。在接近免疫的品种里，瘿瘤是肤浅的和似疮痂的；而在抗性品种里，在游动孢子侵染后，由于被侵染组织的坏死（过敏反应），不久死亡，感病品种感染该病后迅速形成瘿瘤（图6-5）。

图 6-5 马铃薯癌肿病症状

2. 发生特点

（1）侵染循环。病菌以休眠孢子囊在土壤或病薯上越冬和度过不良环境，当外界环境适合病菌侵染时，休眠孢子囊进行细胞核分裂，然后形成 200 ～ 300 个单倍体游动孢子，囊壁破裂后，游动孢子进入土中，并游动到新的薯块芽眼凹陷处侵入表皮细胞，被侵染的细胞不正常增生，病菌在细胞内形成薄壁的囊泡，并在其内发育成数个夏孢子囊，夏孢子囊破裂后，在夏孢子囊内形成大量的游动孢子，夏孢子囊破裂后，释放出游动孢子，然后进行再侵染侵染。在一个马铃薯的生长季节内可进行多次再侵染，在马铃薯生长后期，产生休眠孢子囊。休眠孢子囊在土壤里存活时间最长可达 38 年。接种体是通过被土壤污染的块茎、容器等传播。

（2）发生流行规律。该病仅在贵州的赫章、水城等县的部分乡镇零星发生，5 月，马铃薯结薯时，休眠孢子囊解除休眠，进行细胞核分裂，然后形成游动孢子，通过雨水侵染小薯表皮细胞，被侵染的细胞不正常增生，病菌在细胞内形成薄壁的囊泡，然后发育成夏孢子囊，并在夏孢子囊内形成大量的游动孢子，夏孢子囊破裂后，释放出游动孢子，进行再侵染。在贵州该病一般只有 1 次侵染。

该病的发生主要取决于病原菌，一旦病原菌的传入，贵州省很多地区都可以发生。因此，植物检疫措施对该病的防治极为重要。除了病原菌外，该病的发生主要与气候和品种抗病性有关。①气候：该病主要发生在气候较为冷凉，夏季气温在 18℃左右，年降水量 700 毫米以上的地区；马铃薯生长季节降水量在 600 毫米以上，并且分布均匀。②品种：马铃薯品种间抗病性差异极大，连续多年种植感病品种是造成该病严重发生的重要原因，地龙一号、烟火等地方品种较为感病，而米拉、威芋 3 号等品种较为抗病。

3. 绿色防控技术

（1）严格实行检疫措施。从国外或者疫区引种时必须在指定的隔离区种植 2 年以上，确认无病后，方可调运。严格封锁疫区，严禁马铃薯及其土壤外运。

（2）种植抗病品种。在疫区内持续种植米拉或威芋 3 号等抗病品种，可有效控制该病的发生和流行。

五、马铃薯灰霉病

马铃薯灰霉病可侵染叶片、茎秆，有时为害块茎。尤其是受到轻微霜冻或其他恶劣的天气条件造成组织损伤后易发生，1998 年在贵州荔波县受到霜冻的地块里大量发生。

1. 症　状

病斑多从叶尖或叶缘开始发生，呈"V"字形向内扩展，初时水渍状，后变青褐色，形状常不规整，有时斑上出现隐约环纹。受害残花落到叶片上产生的病斑多近圆形。湿度大时，病斑上形成灰色霉层。后期病部碎裂、穿孔。严重时病斑沿叶柄扩展，殃及茎秆，产生条状褪绿斑，病部产生大量灰霉。块茎偶有受害，收获前不明显，贮藏期扩展严重。病部组织表面皱缩，皮下萎蔫，变灰黑色，后呈褐色半湿性腐烂，从伤口或芽眼处长出霉层。有时呈干燥性腐烂，凹陷变褐，但深度常不超过 1 厘米（图 6-6）。

图 6-6　马铃薯灰霉病症状

2. 发生特点

（1）侵染循环。病菌越冬场所广泛。菌核在土壤里，菌丝体及分生孢子在病残体上、土表及土内，以及种薯上，均可越冬，成为翌年的初侵染来源。在田间，病菌分生孢子借气流、雨水、灌溉水、昆虫和农事活动传播，由伤口、残花或枯衰组织侵入，条件适宜，多次进行再侵染，扩展蔓延。

（2）发生流行规律。该病发生流行的最适温度为 16～20℃的，湿度为 95% 以上的高湿，低温高湿、早春寒、晚秋冷凉时发病重，尤其受霜冻造成叶片部分组织被冻伤部位发病重。密度过大的地块发生也较重。干燥、阳光充足时病斑扩展受到抑制。增施钾肥可降低病害的发生。收获后块茎在低温高湿条件下贮存，不利于伤口愈合，会加重染病薯块的腐烂。

在贵州该病主要发生在早春，在荔波县、三都水族自治县等冬作区主要发生在 2 月中下旬，部分年份 3 月也会流行，在贵州中部主要发生在 3 月上中旬，贵州西部及西北部高海拔地区主要发生在 4 月。

3. 绿色防控技术

（1）重病地实行粮薯轮作；高垄栽培，合理密植，减低郁蔽度；春季适当晚播，秋薯适当早收，避开冷凉气温；清除病残体，减少侵染菌源。

（2）增施钾肥，提高植株抗病性。

（3）在灰霉病发生较重的地块，可用 50% 异菌脲可湿性粉剂 25 ～ 50 克 / 亩、20% 嘧霉胺悬浮剂 25 ～ 37.5 克 / 亩、80% 腐霉利水分散粒剂 25.6 ～ 49.6 克 / 亩、10% 多抗霉素可湿性粉剂 10 ～ 14 克 / 亩，兑水 40 千克喷雾防治。

六、马铃薯黄萎病

马铃薯黄萎病是一种较为常见的土传病害，常在栽培措施不当或管理不及时的地块发生较重，近年在普定、兴义、修文和平坝等地早熟品种上有一定程度的发生。

1. 症　状

发病初期由叶尖沿叶缘变黄，从叶脉向内黄化、萎蔫，萎蔫叶片从植株下部开始，逐渐向上蔓延。湿度较大时，下部叶片可形成白色或玫瑰色的稀薄霉层，感病植株矮化；土壤湿度大时，不表现萎蔫，但植株变黄、早衰，因此马铃薯黄萎病也称为"早死病"。根茎染病初症状不明显，当叶片黄化后，根茎处维管束已褐变，后地上茎的维管束也变成褐色。块茎染病始于脐部，维管束变浅褐色至褐色（图 6-7）。

图 6-7 马铃薯黄萎病症状

2. 发生特点

（1）侵染循环。病原菌主要以病种薯、病种薯包装物及病土进行远距离传播。农事操作人畜传带，雨水和灌溉水都能近距离传播病菌。病原菌以微菌核在土壤中、病残秸秆及薯块上越冬，翌年微菌核萌发后，从伤口或幼根侵入，在体内蔓延，在维管束内繁殖，并扩展到枝叶，该病在当年不再进行重复侵染。

（2）发生流行规律。病菌发育适温 19 ～ 24℃，最高 30℃，最低 5℃，菌丝、菌核

60℃经10分钟致死。一般气温低，种薯块伤口愈合慢，病菌易于由伤口侵入。从播种到开花，日均温低于15℃持续时间长，发病早且重；如果此间气候温暖，雨水调和，病害明显减轻。地势低洼、施用未腐熟的有机肥、灌水不当及连作地发病重。

3. 绿色防控技术

（1）农业防治。选用地势高燥的田块，并深沟高畦栽培，雨停不积水，大雨过后及时清理沟系。重病地不宜再种马铃薯，一般病地也应根据实际情况改种非茄科作物，田间在发病初期应加强田间管理，合理灌溉，增施磷钾肥，以提高植株抗病能力。

（2）药剂防治。病害发生后可选用50%多菌灵可湿性粉剂500倍液、15%噁霉灵水剂450倍液、50%苯菌灵可湿性粉剂1 000倍液、50%琥胶肥酸铜可湿性粉剂350倍液灌根防治。

七、马铃薯青枯病

马铃薯青枯病是马铃薯生产中的一种重要的细菌性病害，广泛分布于热带、亚热带和温带地区，一旦发生，往往造成减产甚至绝收，在贵州修文、水城、赫章等地零星发生。

1. 症　状

马铃薯青枯病是一种细菌性的维管束病害，发病初期叶片浅绿或苍绿，下部叶片先萎蔫后全株下垂，早晚恢复，持续4～5天后，茎叶全部萎蔫死亡，植株死亡后叶片仍保持青绿色，叶片不凋落，叶脉褐变，茎出现褐色条纹，横剖可见维管束变褐，湿度大时，切面有菌液溢出。块茎染病后维管束变褐，横切薯块，挤压或湿度大时有菌脓溢出，严重时茎部可出现菌脓。品种较抗病或早期气温较低时，病程发展时间较长，植株稍矮，茎上可形成大量不定根，植株叶片呈深绿色（图6-8）。

图6-8 马铃薯青枯病症状

2. 发生特点

（1）侵染循环。马铃薯青枯病的初侵染源主要为带菌土壤、带菌种薯、病残体、带病杂草和其他寄主，病菌主要借流水和切刀进行传播，从茎基部或根部伤口侵入，也可透过导管进入相邻的薄壁细胞，致茎部出现不规则水浸状斑。病菌侵入维管束后迅速繁殖并堵塞导管，妨碍水分运输导致萎蔫。在自然条件下，青枯菌也能从没有受伤的次生根的根冠部位侵入，穿过根鞘，侵入皮层细胞间隙生长，破坏细胞间的中胶层，使细胞壁分离、变形，形成空腔，继而侵染薄壁组织，使导管附近的小细胞受刺激形成侵填体，青枯菌移入侵填体，侵填体破裂后青枯菌被释放进入导管，并在导管内大量繁殖和快速传播，从而引起植株萎蔫。

植株死亡后，病害严重的薯块腐烂释放出大量的青枯病菌在土壤中成为次年的初侵染源，发病较轻或潜伏侵染的薯块外表正常，种薯传播到新发生的地区，作为初侵染源通过切刀和水流等进行传播。

（2）发生流行规律。青枯假单胞菌在 10～40℃均可发育，最适为 30～37℃，适应 pH 值 6～8，最适 pH 值 6.6，一般酸性土发病重。田间土壤含水量高、连阴雨或大雨后转晴气温急剧升高发病重。

3. 绿色防控技术

（1）由于青枯病不侵染禾本科和十字花科作物，因此实行与十字花科或禾本科作物 4 年以上轮作，可有效降低土壤中的青枯菌数量。

（2）在青枯病发生区选用抗（耐）病品种，可有效减少青枯病的为害。

（3）加强栽培管理，采用高厢栽培，避免大水漫灌可有效减少病菌的传播；采用配方施肥技术，可有效提高植株的抗病能力；使用石灰调节 pH 值可改变微生物群落，减少青枯菌的为害。

（4）在发病初期可用 0.3% 四霉素水剂 50～65 毫升/亩、3% 噻霉酮微乳剂 75～110 克/亩、77% 氢氧化铜可湿性微粒粉剂 400～500 倍液、25% 络氨铜水剂 500 倍液、12% 绿乳铜乳油 600 倍液、47% 春雷霉素可湿性粉剂 700 倍液灌根，每株灌药液 0.3～0.5 升，隔 10 天施用一次，连续 2～3 次。

八、马铃薯环腐病

马铃薯环腐病，即细菌性环腐病。1906 年首先在德国被记载，以后在许多其他地区发现，现已成为一种世界性的马铃薯病害。通过种薯检验程序，许多国家已成功控制了环腐病。

1. 症 状

马铃薯环腐病，主要在生长季节中后期，发病初期叶片边缘稍微卷曲，叶脉间褪绿，以后逐渐变黄，呈斑驳状。发病植株一般先从下部叶片开始表现症状，逐渐向上发展，通常一穴中仅一个或两个茎出现症状。从块茎和茎基部横断面的维管束里，用手挤压能挤出乳白色的菌脓。横切病薯块茎可见维管束变成黄色或褐色，严重时整个维管束环变色，甚至皮层和髓部分离（图 6-9）。

图 6-9 马铃薯环腐病症状

2. 发生特点

（1）侵染循环。病原菌主要在染病的块茎里越冬，土壤中病原菌存活时间较短，通过块茎伤口，特别是污染的器械和容器发生侵染。病菌还可以通过茎、根、匍匐茎或植物其他部分的伤口进行侵染，但根部接种的效率最高，并有利于症状的发展。细菌定居在大的导管里，而后侵染木质部的薄壁细胞和临近的组织，引起维管束环的分离。

（2）流行条件。①温度：在春季，当被侵染的种薯在气温回升后，细菌的活力提高，这对病原物传播是最有利的。种薯的新鲜切面能提供良好的侵染场所。土温在 18～22℃时，病害发展最迅速；一般温暖、干燥天气有利于症状的发展；温度高于最适温度时，可延缓症状的出现。②品种：品种间抗性差异较大，种植抗病品种可以减轻该病的发生。

3. 绿色防控技术

（1）选用无病种薯。该病的初侵染源为带病种薯，因此在无病区调运无病种薯是未发生区防治环腐病最有效的防治方法。

（2）轮作。在发生区采用与其他作物的轮作，同时拔出马铃薯自生苗，轮作 2 年以上可有效防治该病的发生。

（3）选用抗病品种。东农 303、坝薯 8 号、克新 1 号等品种对环腐病有较好的抗病性，在病区种植抗病品种可有效预防该病发生。

九、马铃薯黑胫病

马铃薯黑胫病是为害马铃薯的一种重要病害，在马铃薯产区均有不同程度发生，在贵州发病地块病株率一般为 2%～5%，严重时可达 40%～50%。在田间造成缺苗断垄及块茎腐烂，还可在温度高的薯库内引起严重烂薯。该病在费乌瑞它品种发生严重。

1. 症　状

主要为害茎和薯块，从发芽到生长后期均可发病。

（1）薯块。薯块染病由脐部开始，呈放射状向髓部扩展，病部黑褐色或黑色，横切检查维管束呈黑褐色点状或短线状，用手挤压皮肉不分离。病轻时，脐部只呈黑点状，干燥时变硬、紧缩。但在长时间高湿度环境中，薯块变为黑褐色，腐烂发臭，严重时薯块中间烂成空腔。

（2）幼苗。幼苗染病一般在株高15～18厘米时出现症状，表现为植株矮小，生长衰弱，节间缩短，病株易从土中拔出，拔出后茎基部往往带有母薯腐烂物。发病部位茎秆常常自动开裂，横切茎可见维管束为褐色，并分泌出大量的臭味黏液；同时，叶片上卷、褪绿黄化，茎部变黑，萎蔫而死。如果病害发展较慢时，植株逐渐枯萎，结果部位上移，易长气生薯（图6-10）。

图6-10 马铃薯黑胫病症状

2. 发生特点

（1）侵染循环。带菌种薯和田间未完全腐烂的病薯是病害的初侵染源，以前者为主要初侵染源。病菌必须通过伤口才能侵入寄主，用刀切种薯是病害扩大传播的主要途径。带菌种薯播种后，在适宜条件下，细菌沿维管束侵染块茎幼芽，随着植株生长，侵入根、茎、匍匐茎和新结块茎，并从维管束向四周扩展，侵入附近薄壁组织的细胞间隙，分泌果胶酶溶解细胞壁的中胶层，使细胞离析，组织解体，呈腐烂状。在田间，种蝇幼虫和线虫可在块茎间传病。无伤口的植株或已木栓化的块茎不受侵染。

（2）发生条件及发生流行规律。病害发生程度与温湿度有密切关系。气温较高时发病重，库藏期间，库内通风不良，高温高湿，有利于细菌繁殖和为害，往往造成大量烂薯。土壤黏重而排水不良的土壤对发病有利。因黏重土壤往往土温低，植株生长缓慢，不利于寄主组织木栓化的形成，降低了抗侵入的能力，同时，黏重土壤往往土壤含水量大，有利于细菌繁殖、传播和侵入，所以发病严重。播种前，种薯切块堆放在一起，不利于切面伤口迅速形成木栓层，发病率增高。

该病通过切刀或操作造成的伤口进行初侵染，然后从种薯或根部传到茎基部，使茎基部变黑形成典型症状。贵州省冬作区 3—4 月是病害的高发期，一般没有再侵染。

3. 绿色防控技术

（1）选用抗病的品种。不同品种间的抗病性差异很大，选用抗病品种是防治马铃薯黑胫病的重要手段。

（2）选用无病种薯，建立无病留种田，采用单株选优。

（3）采用整薯播种。为了避免切刀传染，采用小整薯播种的办法，轮作连续 3 年可大大减轻为害。实践证明，小整薯播种比切块播种减轻发病率 50% ～ 80%，提前出苗率 70% ～ 95%，增产二成至三成。但小整薯要在上年从大田中选择抗病、农艺性状好的品种，在开花后收获前选择和标记健株，收获时单收单藏。

（4）切刀消毒。黑胫病主要通过切刀进行传染，所以在切薯时要做好切刀消毒。操作时准备两把刀，一盆药水，在淘汰外表有病状的薯块的基础上，先削去薯块尾部进行观察，有病的淘汰，无病的随即切种，每切一薯块换一把刀。消毒药水可用 5% 石炭酸、0.1% 高锰酸钾和 75% 酒精。

（5）适时早播，注意排水，降低土壤湿度，提高地温，促进早出苗。

（6）发现病株及时挖除。清除田间病残体，合理轮作换茬，避免连作。

（7）种薯入库前要严格挑选，入库后加强管理，库温控制在 1 ～ 4℃，防止库温过高，湿度过大。

（8）药剂防治。防治方法同本章马铃薯青枯病的药剂防治方法。

十、马铃薯疮痂病

马铃薯疮痂病是由链霉菌引起的病害，主要发生在薯块上，该病主要影响薯块质量，对产量影响较小，在贵州的毕节地区零星发生。

1. 症　状

该病主要为害马铃薯块茎，最初在块茎表面产生浅褐色小点，逐渐扩大成褐色近圆形至不定形大斑，以后病部细胞组织木栓化，使病部表皮粗糙，开裂后病斑边缘隆起，中央凹陷，呈疮痂状，病斑仅限于皮部，不深入薯内；匍匐茎也可受害，多呈近圆形或圆形的病斑。该病未见在地上部分发生（图 6-11）。

图 6-11 马铃薯疮痂病症状

2. 发生特点

（1）侵染循环。病菌在土壤中腐生或在病薯上越冬，通过幼嫩的皮孔或伤口侵入薯块，然后在外皮层扩展，最后进入侵染组织的细胞内。组织破裂后病原菌散落了土中。

（2）发生流行规律。病薯长出的植株极易发病，健薯播入带菌土壤中也能发病。适合该病发生的温度为 25 ～ 30℃；中性或微碱性砂壤土发病重；pH 值 5.2 以下很少发病；品种间抗病性有差异，白色薄皮品种易感病，褐色厚皮品种较抗病。

3. 绿色防控技术

（1）避免种植带菌种薯。

（2）与其他作物进行 2 ～ 3 年的轮作，可有效降低马铃薯疮痂病的发病率。

（3）施用过量的石灰，会提高土壤 pH 值和土壤中的钙磷比，所以避免使用过量的石灰改土。

十一、马铃薯病毒病

马铃薯病毒病是马铃薯生长过程中由于病毒侵染而引起马铃薯发病的一类病害的总称，是引起马铃薯品种退化的主要原因，在贵州各产区均有发生，常年其中在冬播区发生较重，病株率一般为 5% ～ 80%。从品种来看，种植多年自留地方品种的地块发病较重，严重的病株率达 100%。从威宁等冷凉地区调进的种薯的地块发病较轻。近年随着脱毒种薯的规模化和规范化生产和使用，政府对优良脱毒种薯的补贴、推广，以及马铃薯种薯管理力度加大，贵州马铃薯病毒病的发生逐年减轻。

1. 症 状

马铃薯病毒病症状田间表现复杂多样，常因马铃薯品种、感染病毒种类和株系、感染时期、和环境条件不同而表现不同症状，常见的症状如下。

（1）花叶。叶面出现淡绿、黄绿和浓绿相间的斑驳花叶（有轻花叶、重花叶、皱缩花叶和黄斑花叶之分），叶片基本不变小，或变小、皱缩，植株矮化。

（2）卷叶型。叶缘向上卷曲，甚至呈圆筒状，色淡，变硬革质化，有时叶背出现紫红色。

（3）坏死。叶脉、叶柄、茎枝出现褐色坏死斑或连合成条斑，甚至叶片萎垂、枯死或脱落。

（4）畸形。植株或块茎形态表现为与正常不一样，例如，蕨叶化，分枝纤细而多，缩节丛生或束顶，叶小花少等（图6-12）。

图6-12 马铃薯病毒病症状

在贵州马铃薯生产中，地上部分症状表现不明显或表现为轻花叶，薯块上主要表现为薯形变长，薯块变小，产量减少。

2. 发生特点

马铃薯病毒病的发生特点如表6-1所示。

表6-1 马铃薯病毒病发生特点

病毒	传播方式
PVA	种薯传播，蚜虫非持久传播
PVY	种薯传播，蚜虫非持久传播
PVS	种薯传播，接触传播，部分株系可通过蚜虫传播
PVX	种薯传播，接触传播，在有PVY或PVA存在时可由蚜虫传播
PLRV	种薯传播，接触传播，种子传毒，咀嚼式口器传毒

3. 绿色防控技术

贵州马铃薯病毒病在田间症状表现不明显，产量影响大，药剂防治效果差。因此，对于商品薯生产中该病的防治主要是种植优良脱毒种薯，定期更换种薯，药剂防治主要是针对种薯生产。

（1）采用无毒种薯。目前贵州省已基本完成马铃薯良种繁育基础建设，建立了完善的马铃薯种薯监管体系，种薯带毒率极低，薯农应严格按照马铃薯种薯管理规程，定期更换种薯。

（2）培育和利用抗病、耐病品种。利用基因沉默技术及其他育种技术，培育和利用抗（耐）当地主要病毒种类的优质、高产品种。

（3）防治传毒媒介，以减少传毒媒介，减少病毒感染机会。可用10%氟啶虫酰胺水分散粒剂 3.5～5 克／亩、70% 吡蚜酮水分散粒剂 5.6～8.4 克／亩、10% 烯啶虫胺水剂 1.5～2 克／亩防治蚜虫。

十二、马铃薯根结线虫病

马铃薯根结线虫病是由根结线虫为害根及块茎后，而引起受害组织膨大，而形成的一种病害，在贵州所有马铃薯产区均有发生，但一般年份发生较轻，雨水较少年份发病较重，雨季较晚的年份发病较重。

1. 症　状

植株地上部分一般不表现症状，严重时表现为生长迟缓、植株矮化的症状；根部受害以后，形成大小不一的根结；块茎受害后形成圆形、近圆形或不规则形的瘤状突起，剖开根结内部可见白色沙粒状的雌虫（图 6-13）。

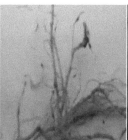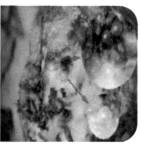

图 6-13 马铃薯根结线虫病症状

2. 发生特点

（1）侵染循环。病病原线虫以卵或幼虫在土壤或病残体中越冬，在土壤内无寄主植物存在的条件下，可存活 3 年以上。当气温达 10℃ 以上时，卵开始发育，长成一龄幼虫，呈"8"字形蜷曲在卵壳内，蜕皮后形成 2 龄幼虫，然后破壳出来，进入土壤中，并在土壤中短距离移动，寻找寄主的幼根，侵入时先用吻针刺穿细胞壁，插入细胞内，然后由食道腺分泌毒素破坏表皮细胞，然后向内移动，在根部伸长区定居，刺激植物根部的薄壁组织，使薄壁细胞过度发育，形成巨型细胞，幼虫刺吸巨型细胞的细胞质，生长发育，经过 4 次蜕皮后发育为成虫。由于线虫的影响寄主细胞分裂加快，最后形成根结。雌雄成虫发育成熟后交配，雄成虫交配后死亡，雌成虫交配后将卵产于阴门外的卵囊内，雌成虫产卵后死亡，卵在根结内或散落于土壤中孵化后继续为害。

（2）发生流行规律。①气温：气温达 10℃ 以上时，卵可孵化，温度 25～30℃ 时，25 天可完成一个世代，土温高于 40℃ 或低于 10℃ 很少活动。②土壤：根结线虫生长适宜土壤湿度 40%～70%，土壤 pH 值 4～8，土壤质地为疏松的砂土或砂壤土。③耕作制度：连作可使根结线虫发生逐年加重，与禾本科轮作可有效降低根结线虫的发生与为害。

在贵州根结线虫可侵染多种作物，周年均可发生；一般南方冬作区，2 月第一次侵染即可发生，整个生长季节可发生 2～3 次再侵染，中部冬作区 3 月，病残组织中的越冬虫卵孵化，形成 2 龄幼虫侵染幼根，4 月下旬到 5 月初开始再侵染，主要侵染薯块。

3. 绿色防控技术

轮作是控制马铃薯根结线虫病的有效措施，在贵州马铃薯种植中应因地制宜采取与水稻轮作 1 年，或与玉米等作物的轮作 2～3 年，可以有效地将马铃薯根结线虫病控制在允许的经济阈值内。

十三、冷　害

1. 症　状

幼嫩叶片的基部出现淡黄色至淡褐色，有时在受害茎上出现斑驳，幼叶上还可能出现坏死性斑点。严重的叶片迅速萎蔫、塌陷，当气温变暖时，受害部位变成水浸状，死亡后变褐（图 6-14）。

图 6-14　冷害症状

2. 发生特点

马铃薯出苗后，-0.8℃时幼苗受冷害，气温降到 -2℃时幼苗受冻害，-3℃时茎叶全部冻死。晚霜是马铃薯冷害诱因。

3. 绿色防控技术

（1）选用抗低温品种，合理调整播期。

（2）农业防治。做好田间排水渠道，以便及时排干田间渍水，降低地面水位，提高土壤通透性。

（3）切忌用块茎受冻的马铃薯作为种薯。

（4）中耕培土。在低温冻害后，中耕培土可以疏松土壤、提高土温、促进根系生长发育。

（5）施肥应在冻害解除、植株恢复缓慢生长以后进行，切忌在冻害后立即施肥。方法：对轻度受冻的田块，可喷施叶面肥，如 0.2%～0.5% 的磷酸二氢钾（60～80 千克/亩），增强植株抗性，促进生长恢复。对出苗后中度或严重受冻及尚未出苗的田块，追施沼液、粪水等速效性全肥，或每亩追施尿素 10 千克/亩，促进植株恢复块茎萌发。

（6）防病。在低温冻害后，马铃薯田间易发生黄萎病及立枯病两种土传性病害。

（7）要密切注意天气预报，如有霜冻天气出现，有条件的在霜前用地膜等覆盖物覆盖，霜后撤膜，一般每亩用地膜 10 千克或增加熏烟密度，每亩 24 ～ 25 个熏烟点。

十四、马铃薯生理性叶斑病

马铃薯生理性叶斑病是贵州马铃薯生产中的一种常见的非侵染性病害，尤其在早熟品种上发生较重。

1. 症　状

病斑褐色，有时有光泽，圆形或不规则，1 ～ 5 毫米大小，有时多个病斑重合；病斑周围无晕圈，无霉层或菌脓菌胶等病征。叶片上病斑较多，一般数十个到上百个不等。病株主要分布在迎风面的坡地，在背风的地块发生较轻，在同一植株上也是迎风面发生较重，背风面发生较轻。在风向较乱的情况下，病害的发生较为普遍和均匀。对于植株来说主要集中在植株中下部叶片上，上部叶片较少，从叶片来说，病斑一般分布较为均匀（图6-15）。

图 6-15 马铃薯生理性叶斑病症状

2. 发生特点

（1）发生原因。马铃薯生理性叶斑病是由于刮风，使叶片间互相摩擦、叶片与地面摩擦、叶片被大风吹翻转后雨滴的直接击打或雨滴溅起的泥沙击打，从而使叶肉组织受到损伤，形成水浸状小斑点，24 小时后斑点开始变褐，2 ～ 3 天后形成褐色病斑，3 ～ 4 天后从而表现出生理性叶斑病的典型症状。该病的发生与风向和风力关系极为密切，田间有大到暴雨且伴随大风天气发生 3 ～ 5 天后，易发生该病。主栽马铃薯品种生理性叶斑病的发生情况基本一致，与品种无明显相关性，但是在生长幼嫩，叶片宽大的植株上发生较重。

（2）诊断方法。该病是由不良自然环境引起的非侵染性病害，生产上一般不需要特别的防治，但是需要与其他侵染性病害进行区别。诊断方法如下：①气候条件，该病发生前 3 ～ 5 天有中到大雨，且伴随大风，这是该病突然严重发生的天气基础；②田间分布，该病在田间分布不均匀，主要集中在迎风坡地或地块的迎风面，有时风向较乱在平地发生也较重，对于植株来说主要集中在植株中下部叶片上，上部叶片较少，从叶片来说，一般分布较为均匀，不同品种和生育时期病斑分布略有不同；③症状，该病病斑早期水浸状，

2～3 天后褐色，圆形、近圆形或不规则，大小为 1～5 毫米，有时多个病斑重合，病斑边缘病健组织分界明显，无晕圈或变色，病斑为褐色坏死，表面无霉层、菌脓或菌胶等病征，室内保湿培养后无霉层、菌脓或菌胶等病征；④室内显微镜镜检时病斑上无菌丝或溢菌现象，病组织的细胞为褐色坏死，周围细胞正常。

3. 绿色防控技术

加强田间管理，增施有机肥和钾肥，促使植株生长矮健，提高植株抗逆性；病害发生后不用喷施农药进行化学防治。严重发生的地块，可喷施一次以磷钾为主要成分或能提高植株抗逆性的叶面肥。

第二节　主要虫害识别及绿色防控技术

贵州马铃薯种植具有品种布局多样、播种季节多型和种植技术复杂的特点，周年均有马铃薯的种植，马铃薯虫害发生也较为多样和复杂。在贵州马铃薯主要害虫有 12 种：桃蚜、小地老虎、蛴螬、马铃薯块茎蛾、蝼蛄、菜螟、黄蚂蚁、细胸金针虫、潜叶蝇、瘤缘蝽、茶黄螨和叶蝉。其中较为重要的有桃蚜、小地老虎和蛴螬。

一、桃　蚜

桃蚜是广食性害虫，寄主植物约有 74 科 285 种。桃蚜既可以吸取汁液为害马铃薯、降低产量，又可以作为多种病毒的传毒媒介引起马铃薯退化，是多种植物病毒的主要传播媒介。贵州马铃薯以春作区发生严重。

1. 识别特征

桃蚜体长 2.6 毫米，宽 1.1 毫米。体淡色，头部深色，体表粗糙，但背中域光滑，第七、第八腹节有网纹。额瘤显著，中额瘤微隆。触角长 2.1 毫米，第三节长 0.5 毫米，有毛 16～22 根。腹管长筒形，端部黑色，为尾片的 2.3 倍。尾片黑褐色，圆锥形，近端部 1/3 收缩，有曲毛 6～7 根。有翅孤雌蚜：头、胸黑色，腹部淡色。触角第三节有小圆形次生感觉圈 9～11 个。腹部第四至第六节背中融合为一块大斑，第二至第六节各有大型缘斑，第八节背中有 1 对小突起（图 6-16）。

图 6-16　桃蚜为害状

2. 发生特点

桃蚜可进行孤雌繁殖，繁殖速度快，从转移到第二寄主马铃薯等作物植株后，每年可繁殖 15 代左右，一般在 3 月下旬至 5 月上中旬向马铃薯迁飞，温度在 23～27℃时发育快，蚜虫数量增多，为害加大，温度低于 6℃或高于 30℃时蚜虫数量会减少，为害程度相对下降。蚜虫主要群集在马铃薯嫩叶的背面吸取汁液，严重时叶片卷曲皱缩变形，甚至干枯，严重影响顶部幼芽的正常生长，使植株的生长严重受阻。花蕾和花也是蚜虫密集的部位。在取食过程中还传播病毒，间接为害马铃薯，造成种薯退化，大幅度减产。蚜虫传播病毒的危害性远远超过了对马铃薯的直接为害。

3. 绿色防控技术

（1）清除虫源植物。播种前清洁育苗场地，拔掉杂草和各种残株；尽早铲除田园周围的杂草，连同田间的残株落叶一并焚烧。

（2）加强田间管理，创造湿润而不利于蚜虫滋生的田间小气候。

（3）黄板诱蚜。30 块 / 亩，每 30 天更换一次。

（4）蚜虫发生初期，马铃薯行间释放烟蚜茧蜂寄生蚜虫，或田间释放七星瓢虫、异色瓢虫捕食蚜虫。

（5）间作玉米。玉米高于马铃薯，起到适当遮阴、降温和防止蚜虫传毒的作用。

（6）药剂防治是目前防治蚜虫最有效的措施。实践证明，只要控制住蚜虫，就能有效预防病毒病。因此，要尽量把有翅蚜消灭在往马铃薯上迁飞之前，或消灭在马铃薯地里无翅蚜的点片阶段。喷药时要侧重叶片背面。可用 1% 苦参碱水剂 30～40 毫升 / 亩、10% 氟啶虫酰胺水分散粒剂 3.5～5 克 / 亩、70% 吡蚜酮水分散粒剂 5.6～8.4 克 / 亩、10% 烯啶虫胺水剂 1.5～2 克 / 亩，兑水 30 千克喷雾防治。

二、小地老虎

地老虎俗称地蚕、切根虫等，是鳞翅目夜蛾科昆虫幼虫部分种类的俗称。其中小地老虎是世界范围为害最重的一种害虫。在贵州马铃薯不同生产区小地老虎均有发生，特别以冬作区稻田种植发生严重。

1. 识别特征

成虫：体长 16～23 毫米，翅展 42～45 毫米，体翅暗褐色，前翅前缘及外横线至中横线呈黑褐色，其中有肾形斑、环形斑及剑形斑，各斑均环以黑边。在肾形斑外，内横线里有 1 个明显的尖端向外的楔形黑斑，在亚缘线内侧有 2 个尖端向内的黑斑，3 个楔形黑斑尖端相对，易于识别。后翅灰白色，腹部灰色。

卵：扁圆形，长 0.38～0.5 毫米，宽 0.58～0.61 毫米，表面有纵横隆脊线。初产时乳白色，渐变为淡黄色，孵化前呈褐色。

末龄幼虫：体长 37～50 毫米，头宽 3～3.5 毫米。体色较深，由黄褐至暗褐色不等，体背面有暗褐色纵带，表皮粗糙，布满大小不等的小颗粒。头部黄褐至暗褐色。腹部 1～8 节，背面各节均有 4 个毛片，呈梯形排列，后 2 个比前 2 个大 3 倍左右，气门后方的毛片也较大，至少比气门大 1 倍多。臀板黄褐色，有 2 条较明显的暗褐色纵带。

蛹：体长 18～24 毫米，红褐色至暗褐色，尾端黑色，有尾刺 1 对。

2. 发生特点

地老虎主要以幼虫为害幼苗，1～2 龄幼虫咬食子叶、嫩叶，吃成孔洞或缺刻。3 龄以后幼虫咬断幼苗茎部，使植株枯死，造成缺苗断垄。幼虫还可钻入块茎为害，降低产量和质量（图 6-17）。小地老虎一年发生 1～2 代。成虫昼伏夜出，在高温、无风、湿度较大的夜晚，活动尤盛；成虫对黑光灯、糖醋等带酸甜味的汁液特别喜好，成虫需取食花蜜补充营养。卵散产或成堆产在幼苗叶背和嫩茎或低矮的杂草上，也有产在田间枯枝上，每头雌虫平均产卵 800～1 200 粒。幼虫共 6 龄，1～2 龄幼虫大多集中在嫩叶上，咬成小米粒大小的孔洞，留下表皮如窗纸；进入 3 龄，白天藏在表土下，夜间外出活动，将叶片吃成缺刻或黄豆大的孔洞；4 龄幼虫可咬断幼苗基部嫩茎，并可将断苗拖入穴中；5～6 龄暴食期，取食量占整个幼虫期的 95%。3 龄后的幼虫有假死和互相残杀的习性，老熟幼虫潜土筑土室化蛹。小地老虎喜温暖潮湿，在地势低洼、土壤黏重、杂草丛生等地为害重，早春温暖少雨，有利小地老虎的发生为害。

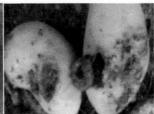

图 6-17 小地老虎为害状

3. 绿色防控技术

（1）地老虎性信息素诱捕器诱捕成虫，每亩设置 1 套。

（2）配制糖醋液诱杀成虫。糖醋液配制方法：糖 6 份、醋 3 份、白酒 1 份、水 10 份、90% 万灵可湿性粉剂 1 份调匀，在成虫发生期设置。某些发酵变酸的食物，如甘薯、胡萝卜、烂水果等加入适量药剂，也可诱杀成虫。

（3）利用黑光灯诱杀成虫。

（4）在马铃薯出苗前，选择地老虎喜食的灰菜、刺儿菜、小旋花、艾蒿、青蒿、白茅、鹅儿草等杂草堆放诱集地老虎幼虫，然后人工捕捉，或拌入药剂毒杀。

（5）早春清除菜田及周围杂草，防止地老虎成虫产卵。

（6）清晨在被害苗株的周围，找到潜伏的幼虫，每天捕捉，坚持 10～15 天。

（7）配制毒饵，播种后即在行间或株间进行撒施。①豆饼（麦麸）毒饵：豆饼（麦麸）20～25千克，压碎、过筛成粉状，炒香后均匀拌入40%辛硫磷乳油0.5千克，农药可用清水稀释后喷入搅拌，以豆饼（麦麸）粉湿润为好，然后按每亩用量4～5千克撒入幼苗周围；②青草毒饵：青草切碎，每50千克青草加入农药0.3～0.5千克，拌匀后成小堆状撒在幼苗周围，每亩用毒草20千克。

（8）药剂防治。在地老虎1～3龄幼虫期，可用5亿PIB/克甘蓝夜蛾核型多角体病毒800～1 200克/亩、5%辛硫磷颗粒剂4 200～4 800克/亩、0.2%联苯菊酯颗粒剂3 000～5 000克/亩穴施防治。

三、蛴 螬

蛴螬是鞘翅目金龟子科中金龟子幼虫的统称，俗名地狗子、白土蚕、核桃虫等，学名大黑金龟子、暗黑金龟子、铜绿金龟子等。

1. 识别特征

蛴螬体长35毫米左右，体肥胖，弯曲成马蹄形，体表有皱褶，具有棕褐色绒毛。蛹为黄白色或橙黄色，头细小，向下弯，体长20毫米左右。幼虫在地下为害马铃薯的根和块茎。可把马铃薯的根部咬食成乱麻状，把幼嫩块茎吃掉大半，在老块茎上咬食成孔洞，严重时造成田间死苗和毁灭性的灾害（图6-18）。

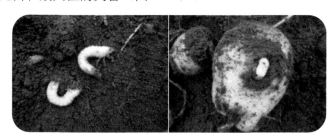

图6-18 蛴 螬

2. 发生特点

蛴螬1～2年一代，幼虫和成虫在土中越冬，成虫即金龟子，白天藏在土中，晚上8—9时进行取食等活动。蛴螬有假死和负趋光性，并对未腐熟的粪肥有趋性。白天藏在土中，晚上8—9时进行取食等活动。幼虫蛴螬始终在地下活动，与土壤温湿度关系密切，当10厘米土温达5℃时开始上升土表，13～18℃时活动最盛，23℃以上则往深土中移动，至秋季土温下降到其活动适宜范围时，再移向土壤上层。蛴螬栖居土中，咬断幼苗的根、茎，咬食和钻蛀地下茎和块茎，断口整齐平截，可造成地上部萎蔫，田间缺苗断垄或毁种。咬食马铃薯块茎时，形成缺口，降低品质甚至引起腐烂。

3. 绿色防控技术

蛴螬在土中栖息，为害时间长，常规的防治用药很难接触到虫体。

（1）农业防治。实行水、旱轮作；不施未腐熟的有机肥料，防止招引成虫来产卵；精耕细作，及时镇压土壤，清除田间杂草。

（2）毒饵诱杀。每亩地用 25% 辛硫磷胶囊剂 150～200 克拌谷子等饵料 5 千克，或 50% 辛硫磷乳油 50～100 克拌饵料 3～4 千克，撒于种沟中，亦可收到良好防治效果。

（3）药剂处理土壤。可用 2% 噻虫·氟氯氢颗粒剂 1 250～1 500 克/亩、5% 辛硫磷颗粒剂 4 200～4 800 克/亩顺垄撒施。

（4）药剂拌种。用 50% 辛硫磷乳油与水和种子按 1：30：（400～500）拌种；用 25% 辛硫磷胶囊剂等有机磷药剂或用种子重量 2% 的 35% 克百威种衣剂包衣，还可兼治其他地下害虫。

（何永福　吴石平　叶照春　李文红　撰写）

第七章　黄瓜主要病虫害识别及绿色防控技术

黄瓜是贵州省重要的蔬菜作物,在整个生育过程中存在多种病虫害,对其生产可造成一定程度影响。为此,针对黄瓜主要病害发生特点,集成主要病虫害绿色防控技术,旨在为黄瓜的绿色生产提供指导,更好地为生产基地、合作社及相关企业服务。

第一节　主要病害识别及绿色防控技术

一、黄瓜霜霉病

1. 症　状

该病主要为害黄瓜叶片,病叶正面呈褪绿的不规则形病斑,湿度大时叶片背面出现黑色霉状物。发病初期,叶片出现水浸状褪绿小点,后病斑扩大常受叶脉限制而呈多角形,最后变褐色枯斑,发病严重时多个病斑合并为一大片枯斑,叶片变黄枯死(图7-1和图7-2)。

图 7-1 黄瓜霜霉病叶片正面　　　　图 7-2 黄瓜霜霉病叶片背面

2. 发生特点

霜霉病是黄瓜重要病害之一,在贵州省各地均有发生,在适宜的发病条件,其传播流行速度很快,对黄瓜的生产威胁极大。该病是由鞭毛菌亚门假霜霉属的古巴假霜霉引起的真菌病害,病菌以孢子囊通过气流和雨水传播。

霜霉病对温度适应的范围较广,在适温范围内,高湿是病害发生流行的重要条件,湿度越大,病害越重。田间湿度大、多雨、多雾、多露、通风不良等都易于发生病害。

3. 绿色防控技术

(1) 农业防治。选择抗病品种、合理密植及施肥。

（2）药剂防治。在霜霉病发生初期可交替选择50%烯酰吗啉水分散粒剂1 000倍液、80%代森锰锌可湿性粉剂800～1 000倍液、72%霜脲锰锌可湿性粉剂800倍液、32.5%苯甲·嘧菌酯悬浮剂1 500倍液、72.2%霜霉威水剂600倍液、25%吡唑醚菌酯悬浮剂800～1 200倍液等药剂防治，7～10天喷一次，共喷2～3次。各药剂交替施用，避免病原抗药性产生。

（3）生物防治。在霜霉病发生前或初期可选择1%蛇床子素水乳剂200～300倍液、2亿CFU/克木霉菌可湿性粉剂200～300倍液、0.5%苦参碱水剂400～500倍液、10亿CFU/克枯草芽孢杆菌水乳剂800～1 000倍液等药剂防治，7～10天喷一次，共喷2～3次。

二、黄瓜白粉病

1. 症 状

该病主要为害黄瓜叶片、叶柄及茎，病叶表面呈白色粉斑，像撒了层白粉似的，又称"白毛病"。发病初期，叶片出现近圆形白色小粉点，后逐渐扩大连片布满叶片，变成灰色，后期叶片逐渐发黄萎蔫，最后变枯黄，并产生黑色小粒点即闭囊壳（图7-3和图7-4）。

 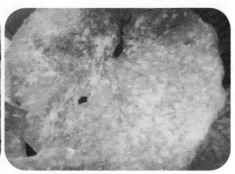

图7-3 黄瓜白粉病早期 　　　　　　　　图7-4 黄瓜白粉病后期

2. 发生特点

白粉病是黄瓜重要病害之一，在贵州省各地普遍发生，具有潜育期短、流行性强、传播快的特点，严重威胁黄瓜的生产。该病由单囊壳白粉菌和二孢白粉菌引起的真菌病害，病菌主要以闭囊壳在病残体中越冬，翌年通过气流和雨水传播。

白粉病喜温湿又耐干燥，发病最适温度为16～24℃，高湿度有利于病害的发生流行。

3. 绿色防控技术

（1）农业防治。选择抗病品种、合理密植及施肥。

（2）药剂防治。在白粉病发生初期可交替选择43%氟菌·肟菌酯悬浮剂3 000～5 000倍液、25%乙嘧酚磺酸酯水乳剂600～800倍液、75%肟菌·戊唑醇水分散粒剂3 000～5 000倍液、300克/升醚菌·啶酰菌悬浮剂800～1 000倍液、25%吡唑醚菌酯悬浮剂800～1 200倍液、40%腈菌唑可湿性粉剂3 000～5 000倍液或250克/升嘧菌酯悬浮剂 500 ～ 800 倍液等药剂防治。7 ～ 10 天喷一次，共喷 2 ～ 3 次。各药剂交替施用，避免病原抗药性产生。

（3）生物防治。在白粉病发生前或初期可选择 0.55% 小檗碱水剂 200 倍液、1 000 亿 CFU/ 克枯草芽孢杆菌可湿性粉剂 500 ～ 700 倍液、2% 苦参碱水剂 800 ～ 1 000 倍液、1% 蛇床子素水乳剂 200 ～ 300 倍液等药剂，7 ～ 10 天喷一次，共喷 2 ～ 3 次。

三、黄瓜灰霉病

1. 症　状

该病主要为害黄瓜果实、茎节及叶片。病害一般多从开败的雌花开始侵入，初始在花蒂上产生水浸状病斑，后逐渐长出灰褐色霉层，引起花器变软、萎缩、腐烂，并逐渐向幼瓜蔓延，导致瓜条发黄，后期并产生白霉并逐渐变为淡灰色，致使瓜停止生长，变软、腐烂，脱落。叶片染病时，病斑初为水浸状，后变为不规则形的淡褐色病斑，后期病斑出现灰褐色霉层（图 7-5）。

图 7-5 黄瓜灰霉病

2. 发生特点

灰霉病是黄瓜普遍病害之一，在贵州省各地均有发生。此病是由灰葡萄孢菌侵染引起的真菌病害。病菌主要以菌核、菌丝及分生孢子在病残体上或土壤中越冬，翌年分生孢子成熟后随气流、雨水、露水等传播。在连阴雨、光照不足、气温低、湿度大的天气条件下，有利于病害的发生流行。

3. 绿色防控技术

（1）农业防治。选择抗病品种、合理密植及施肥。

（2）药剂防治。在灰霉病发生初期可交替选择 40% 嘧霉胺悬浮剂 500 ～ 800 倍液、50% 嘧霉·啶酰菌水分散粒剂 800 ～ 1 000 倍液、50% 腐霉利可湿性粉剂 500 ～ 600 倍液、10% 多抗霉素可湿性粉剂 300 ～ 500 倍液、50% 啶酰菌胺水分散粒剂 1 000 ～ 1 400 倍液和

38% 唑醚·啶酰菌水分散粒剂 800 ～ 1 000 倍液等药剂防治。7 ～ 10 天喷一次，共喷 2 ～ 3 次。各药剂交替施用，避免病原抗药性产生。

（3）生物防治。在灰霉病发生前或初期选择 1 000 亿 CFU/ 克枯草芽孢杆菌可湿性粉剂 700 ～ 1 000 倍液、2% 苦参碱水剂 800 ～ 1 000 倍液、2 亿 CFU/ 克木霉菌 200 ～ 400 倍液、1.5% 苦参·蛇床素水剂 1 000 倍液等药剂防治。7 ～ 10 天喷一次，共喷 2 ～ 3 次。

四、黄瓜疫病

1. 症　状

黄瓜疫病菌侵染茎、叶和果实，以蔓茎基部及嫩茎节部发病较多。茎基部及节部发病初为暗绿色水浸状，病部缢缩，其上叶片渐枯萎，最后全株枯死。叶片受害初呈暗绿色水浸斑，渐扩大成近圆形大病斑，边缘不明显，空气湿度大时病斑扩展很快，常造成全叶腐烂。空气干燥时病斑褐色，干枯易破裂。瓜条受害形成暗绿色近圆形凹陷的水浸状病斑，很快扩展到全果，病果皱缩软腐。空气潮湿时各部位病斑表面和叶部病斑背面均能长出灰白色稀疏的霉状物（图 7-6 和图 7-7）。

図 7-6　黄瓜疫病为害果实　　　　　図 7-7　黄瓜疫病田间症状

2. 发生特点

疫病是黄瓜普遍病害之一，在贵州省主要在春季发生，具有发病蔓延速度快，常造成黄瓜大面积死亡，又称"黄瓜瘟"。此病是由鞭毛菌亚门的瓜疫霉菌侵染引起的真菌病害，病菌以菌丝体卵孢子或厚垣孢子随病残组织遗留在土壤中越冬，来年卵孢子和厚垣孢子通过雨水、灌溉水传播。雨季早，天气忽晴、忽阴、忽雨或田间湿度大易发病；地势低洼、排水不良、土质黏度重、浇水偏多地块和连作地发病重。

3. 绿色防控技术

（1）农业防治。选择抗病品种、轮作、合理密植及施肥。

（2）药剂防治。在疫病发生前或初期可交替选择 722 克 / 升霜霉威悬浮剂 400 ～ 600 倍液、50% 烯酰吗啉可湿性粉剂 1 000 ～ 1 500 倍液、18.7% 烯酰·吡唑酯水分散粒剂

400～600倍液、1%申嗪霉素悬浮剂400～1 000倍液等药剂防治。7～10天浇灌或喷雾一次，共2～3次。各药剂交替施用，避免病原抗药性产生。

五、黄瓜枯萎病

1. 症　状

黄瓜枯萎病菌主要侵染根与茎。苗期受害时，幼苗茎基部都会变为黄褐色，植株的子叶萎蔫，茎基变褐、缢缩，严重时呈猝倒死亡。成株期受害后，植株生长缓慢，叶片自基部向上逐渐萎蔫，后期主蔓基部纵裂，湿度较高情况下，病部会出现白色至粉红色霉层，并伴有树脂状物质流出，维管束变褐并不断向上发展，最后使整个植株全部枯死（图7-8和图7-9）。

图7-8 黄瓜枯萎病植株症状　　　　　图7-9 黄瓜枯萎病茎部症状

2. 发生特点

枯萎病是黄瓜主要土传病害之一，在贵州省各地均有发生，严重影响黄瓜产量及质量。此病是由尖镰孢菌黄瓜专化型侵染引起的真菌病害，病菌主要以菌丝体、厚垣孢子等在土壤、病残体中越冬，翌年随着农具、雨水、土壤等传播，通过植株根部伤口和根毛顶端细胞间隙侵入，在维管束内繁殖，并随上升液流扩散到植株的茎、叶柄和叶片等部位。

影响黄瓜枯萎病发病的重要条件是温度和湿度，土壤潮湿、久雨后遇干旱天气或时雨时晴容易发病。连作、土质黏重、地势低洼、排水不良、偏施氮肥、浇水次数过多及受害虫为害造成伤口等，也易于发生枯萎病。

3. 绿色防控技术

（1）农业防治。选择抗病品种、轮作、嫁接、合理密植及施肥。

（2）药剂防治。在枯萎病发生前或初期可交替选择1%申嗪霉素悬浮剂400～1 000倍液、6%春雷霉素可湿性粉剂150倍液～200倍液、3%甲霜·噁霉灵水剂500～600倍液、7.5%混合氨基酸铜水剂200～400倍液、70%甲硫·福美双可湿性粉剂400～500倍液等药剂防治。7～10天灌根一次，共2～3次。各药剂交替施用，避免病原抗药性产生。

（3）生物防治。每千克种子用300亿CFU/毫升枯草芽孢杆菌选悬浮种衣剂50～100

毫升进行包衣。

六、黄瓜细菌性角斑病

1. 症　状

黄瓜细菌性角斑病主要侵染叶片、茎及果实。叶部病斑与霜霉病较相似，但无霉状物，病斑初为水浸状小斑点，后渐扩大受叶脉限制成多角形，在空气潮湿时叶背病斑处常有细菌滴状脓溢出，后期病斑干枯，中心部分渐发白、变薄而脆，易脱落穿孔。茎和叶柄发病，病斑也为水浸状，有白色菌脓溢出。果实上病斑圆形，初为水浸状，后变黄褐色，易形成裂口或溃疡，也可产生白色菌脓，幼果受害常导致落果或形成畸形瓜（图7-10和图7-11）。

图7-10　黄瓜细菌性角斑病叶片早期症状　　　　**图7-11　黄瓜细菌性角斑病叶片后期症状**

2. 发生特点

黄瓜细菌性角斑病是黄瓜的重要病害之一。常在田间与黄瓜霜霉病混合发生，病斑比较接近，有时容易混淆，但黄瓜霜霉病发病初期在叶片背面产生几个多角形水渍状病斑，后期出现黑色霉状物，而细菌性角斑病在叶片背面产生针状水渍状病斑，往往几十个病斑同时发生。

黄瓜细菌性角斑病是由丁香假单胞杆菌黄瓜角斑变种引起的细菌病害，病原菌在病残体和种子内越冬成为来年的初侵染源。细菌主要从寄主的气孔或水孔侵入，由风、雨、昆虫传播。阴雨多湿、地势低洼、排水不良等有利于病害的发生。

3. 绿色防控技术

（1）农业防治。选择抗病品种、轮作、合理密植及施肥。

（2）药剂防治。在黄瓜细菌性角斑病发生前或初期可交替选择46%氢氧化铜水分散粒剂800～1 200倍液、3%噻霉酮微乳剂400～600倍液、2%春雷霉素水剂300～400倍液、2%中生·四霉素可溶液剂800～1 000倍液、3%中生菌素可湿性粉剂400～500倍液、20%噻菌铜悬浮剂300～600倍液等药剂防治。7～10天喷雾一次，共2～3次。各药剂交替施用，避免病原抗药性产生。

（3）生物防治。10亿CFU/克多黏类芽孢杆菌可湿性粉剂200～300倍液、10亿

CFU/克解淀粉芽孢杆菌可湿性粉剂1 000～1 200倍液，7～10天喷雾一次，共2～3次。

七、黄瓜病毒病

1. 症 状

黄瓜病毒病主要为害黄瓜叶片，典型症状是皱缩、矮化、畸形。受害植株叶片卷曲，植株生长受抑制，严重时生长停滞、果实弯曲。病毒病有多种表现形式：①花叶型，叶片表现为黄绿相间的花斑叶，病叶小，卷曲、皱缩；②皱缩型，叶片沿叶脉出现浓绿色隆起，叶形变小，出现蕨叶、裂片；③绿斑型，新叶产生黄色小斑点，以后变淡黄色斑纹，绿色部分呈隆起瘤状；④黄化型，叶片的叶脉间出现淡黄色褪绿斑，或全叶变鲜黄色，叶片硬化，常向叶片背面卷曲，叶脉多保持绿色（图7-12和图7-13）。

图7-12 黄瓜病毒病花叶型（左）与皱缩型（右）

图7-13 黄瓜病毒病绿斑型（左）与黄化型（右）

2. 发生特点

病毒病是黄瓜主要病害之一，具有传染速度快、寄主广等特点，随着种植面积的不断扩大，发生程度不断加重。黄瓜病毒病主要由黄瓜花叶病毒（CMV）、甜瓜花叶病毒（MMV）、烟草花叶病毒（TMV）、黄瓜绿色斑点花叶病毒（CGMMV）等单独或复合侵染。由于病毒病病原不同，加上新的病原不断出现，其发生症状复杂多样，发病初期往往不易察觉，常错过最佳防控时期，导致病害大面积流行。

病毒主要在病残株、种子中越冬，通过种子、汁液摩擦、传毒媒介昆虫及田间农事操作传播。病毒喜高温干旱的环境，高温干旱、虫害为害重、肥水不足、管理粗放、杂草丛生时，发病严重。

3. 绿色防控技术

（1）病毒检疫。对种子、种苗进行病毒病检测，规避带毒种子及种苗。

（2）农业防治。选择抗病品种、合理密植及施肥。

（3）物理防治。消毒种子、悬挂诱虫板、杀虫灯、害虫性诱剂诱杀传毒害虫。

（4）药剂防治。在病毒病发生前或初期可选择20%吗胍·乙酸铜可湿性粉剂200～300倍液、5%氨基寡糖素水剂500～600倍液、1%香菇多糖水剂500～600倍液、30%盐酸吗啉胍可溶性粉剂800～1 000倍液、8%宁南霉素水剂500～800倍液等药剂防治。7～10天喷雾一次，共2～3次。

八、黄瓜根结线虫病

1. 症　状

黄瓜根结线虫病主要为害黄瓜根部。根受害后发育不良，侧根多，在根端部形成球形或圆锥形瘤状物，大小不等，有时串生。瘤初为白色，柔软，后变为褐色至暗褐色，由于根部被破坏，影响正常的吸收机能，地上部分生育不良，叶发黄，轻者症状不明显，重者生长缓慢，植株比较矮小，生育不良，结瓜小而且少，随着病情的发展，植株逐渐萎蔫枯死。解剖根瘤，内部可见很多乳白色线虫（图7-14）。

图7-14　黄瓜根结线虫病根部症状

2. 发生特点

黄瓜根结线虫病是黄瓜重要病害之一，近年来随着设施大棚的发展及重茬种植的现象的普遍，线虫的为害程度日益加重。为害黄瓜的线虫有4种：南方根结线虫、爪哇根结线虫、花生根结线虫和北方根结线虫，均为根结线虫属线虫。

根结线虫主要在土壤中存活，以卵或2龄幼虫随病残体遗留在土中越冬，借病土、病苗和灌溉水传播。土质疏松、盐分低的土壤条件及连作有利于病害的发生。

3. 绿色防控技术

（1）农业防治。选择抗病品种、深翻土壤、合理密植及施肥。

（2）药剂防治。选择 10% 噻唑膦颗粒剂 1 500 ～ 2 000 克 / 亩、5% 阿维·噻唑膦颗粒剂 2 200 ～ 3 300 克 / 亩、1% 阿维菌素颗粒剂 1 500 ～ 2 000 克 / 亩、13% 二嗪·噻唑膦颗粒剂 2 000 ～ 2 400 克 / 亩、5% 寡糖·噻唑膦颗粒剂 3 000 ～ 4 000 克 / 亩等药剂防治，于黄瓜播种或移栽前沟施或撒施。

（3）生物防治。淡紫拟青霉生防菌肥 1 000 ～ 2 000 克 / 亩与土壤混匀，于黄瓜播种或移栽前沟施或撒施。

（黄露　吴石平　撰写）

第二节 主要虫害识别及绿色防控技术

一、瓜绢螟

1. 识别特征

瓜绢螟属磷翅目螟蛾科害虫。成虫头、胸黑色，腹部白色，第一、第七、第八节黑色。前翅、后翅白色透明，略带紫色，前翅前缘和外缘、后翅外缘呈黑色宽带。幼虫共 4 龄，头部及前胸淡褐色，胸腹部草绿色，亚背线较粗、白色，这是瓜绢螟的主要标识。成虫昼伏夜出，具弱趋光性，卵产于叶背或嫩尖上，散生或数粒在一起。初孵幼虫先在叶背或嫩尖取食叶肉，3 龄后吐丝将叶片左右缀合，匿居其中为害。老熟幼虫在被害卷叶内、附近杂草或表土 3 ～ 5 厘米处做白色薄茧化蛹（图 7-15）。

瓜绢螟成虫　　　　　　　瓜绢螟幼虫

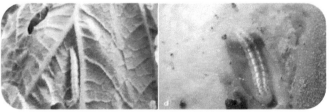

幼虫为害叶片　　　　　　幼虫为害瓜

图 7-15 瓜绢螟及其为害症状

2. 发生特点

以幼虫为害黄瓜等瓜类作物，低龄幼虫在叶背啃食叶肉，呈灰白斑。三龄后吐丝将叶或嫩梢缀合，居其中取食，使叶片穿孔或缺刻，严重时仅留叶脉。幼虫常钻入瓜内，影响产量和质量。

3. 绿色防控技术

（1）农业防治。瓜果采后将枯藤落叶收集沤埋或烧毁，可降低下一代或越冬虫口基数。提倡采用防虫网防治瓜绢螟。实行轮作制度，对种植瓜类、番茄、茄子、马铃薯的地块，应与小麦、玉米、花生、韭菜、芹菜等进行轮作，可压低虫源基数。及时翻耕土壤，适当灌水，增加土壤湿度，降低羽化率。

（2）物理防治。在成虫盛发期安装频振式杀虫灯诱杀成虫，降低田间落卵量。根据瓜绢螟的生活习性，在成虫产卵高峰期及时摘去子蔓、孙蔓的嫩叶及蔓顶。幼虫发生期，及时摘除有虫的卷叶。在化蛹高峰期及时摘去被害老叶片及基部老黄叶，集中处理，以减少田间的虫口基数。

（3）药剂防治。选择 50 克 / 升虱螨脲乳油 1 200 倍液、200 克 / 升氯虫苯甲酰胺悬浮剂 5 000 倍液、10% 溴氰虫酰胺可分散油悬浮剂 3 000 倍液进行喷雾处理。虫口密度大、为害重时，可每隔 7 ～ 10 天喷药一次，连续防治 2 ～ 3 次。一般应在傍晚或早 8 时左右喷药为宜。叶片的正反面和茎蔓处均要喷到，做到均匀、周到，不漏喷。瓜果收获前 7 天应停止用药。

二、烟粉虱

1. 识别特征

烟粉虱别名棉粉虱、甘薯粉虱，属半翅目粉虱科，全国均有分布。成虫体淡黄白色到白色。两翅合拢时呈屋脊状通常两翅中间可见到黄色的腹部。若虫共 4 龄，淡黄色至黄色（图 7-16）。

| 烟粉虱成虫 | 烟粉虱成虫为害叶片 | 为害叶片症状 |

图 7-16 烟粉虱成虫及其传播病毒为害状

2. 发生特点

烟粉虱在南方地区年发生 11 ～ 15 代，世代重叠现象严重。烟粉虱成虫可两性生殖，也可孤雌生殖。烟粉虱除刺吸植物叶片，使受害叶片褪绿萎蔫或枯死外，还可分泌蜜露诱发煤污病，最重要的是可传播双生病毒引起植物病毒病。成虫中午高温时活跃，早晨和晚上活动少，飞行范围较小，具有趋光性和趋嫩性。卵不规则散产于叶背面，叶正面少见，卵柄通过产卵器插入叶表裂缝中。成虫可在植株内或植株间进行短距离扩散，也可借风或气流进行长距离迁移，还可随现代交通工具进行远距离传播。烟粉虱适应较高温的环境，25 ～ 30℃是种群发育、存活和繁殖最适宜的温度条件。我国南方菜区和北方地区高温季节棚室蔬菜受害重。

3. 绿色防控技术

（1）农业防治。防治烟粉虱的关键性措施是培育无虫苗，压低烟粉虱的初始种群数量。冬春季育苗房要与生产温室隔开，育苗前清除残株和杂草，必要时用烟剂杀灭残余成虫。夏秋季育苗房适时覆盖遮阳网和 40 ～ 60 目防虫网防止成虫迁入。

（2）物理防治。在棚室蔬菜种植前，彻底清洁田园，并于通风口、门窗加设 40 ～ 60 目防虫网，防止烟粉虱成虫迁入为害。棚室蔬菜田烟粉虱发生初期，每亩悬挂 20 片黄板（40 厘米 × 25 厘米），悬挂高度略高于植株顶部，并随着植株生长不断调整黄板高度，可起到监测虫情和防治的作用，还可兼治蚜虫、蓟马和潜叶蝇等同期发生的其他重要害虫。

（3）药剂防治。在烟粉虱发生初期及时进行化学防治。①灌根法：幼苗定植前可用 25% 噻虫嗪水分散粒剂 4 000 倍液，每株用 30 毫升灌根，可预防或者延缓烟粉虱的发生。②喷雾法：在烟粉虱发生密度较低时（平均成虫密度 2 ～ 5 头 / 株）可选用 22.4% 螺虫乙酯悬浮剂 2 000 倍液、50% 噻虫胺水分散粒剂 7 500 倍液、10% 溴氰虫酰胺可分散油悬浮剂 1 500 倍液，一般 10 天左右喷一次，连喷 2 ～ 3 次，将药液均匀地喷洒在叶片背面，选择早上或傍晚成虫很少活动时进行，并注意轮换用药。③烟雾法：棚室内可选用敌敌畏烟剂或 20% 异丙威烟剂等，在傍晚收工时将棚室密闭，把烟剂分成几份点燃烟熏杀灭成虫。

三、瓜 蚜

1. 识别特征

瓜蚜属半翅目蚜科，全国均有分布。无翅胎生雌蚜体长不到 2 毫米，身体有黄、青、深绿、暗绿等色。触角约为身体一半长。复眼暗红色。腹管黑青色，较短。尾片青色。有翅胎生蚜体长不到 2 毫米，体黄色、浅绿或深绿。触角比身体短。翅透明，中脉三岔。卵初产时橙黄色，6 天后变为漆黑色，有光泽。卵产在越冬寄主的叶芽附近。无翅若蚜与无翅胎生雌蚜相似，但体较小，腹部较瘦。有翅若蚜 形状同无翅若蚜，二龄出现翅芽，向两侧后方伸展，端半部灰黄色（图 7-17）。

2. 发生特点

以成、若蚜群集在寄主植物的叶背、嫩尖、嫩茎处吸食汁液，分泌蜜露，使叶片卷缩，幼苗生长停滞，老叶被害后，叶片干枯以致死亡，还能传播多种植物病毒病。

图 7-17 瓜蚜为害黄瓜叶片状

3. 绿色防控技术

（1）农业防治。①破坏菜田周围蚜虫越冬场所，杀灭木槿、石榴等植物上的瓜蚜越冬卵。保护地发现冬季有越冬蚜时，应及时防治。②防虫网覆盖育苗。

（2）物理防治。利用黄板诱蚜或银灰色膜避蚜，以减轻为害。

（3）药剂防治。在瓜蚜点片发生期开始喷药防治，药剂可选用 70% 吡虫啉水分散粒剂 25 000～30 000 倍液，或 20% 苦参碱可湿性粉剂 2 000 倍液，或 20% 吡虫啉悬浮剂 4 000 倍液，或 50% 抗蚜威可湿性粉剂 2 000～3 000 倍液等喷雾防治。喷雾时喷头应向上，重点喷施叶片背面，将药液尽可能喷到瓜蚜上。阿维菌素类药剂可兼治红蜘蛛、蓟马等害虫，特别是夏菜秧苗及茄子施用杀虫素较为理想。吡虫啉类药剂可兼治蓟马，但对瓜类幼苗较敏感，高温季节慎用。保护地可用 10% 杀瓜蚜烟剂进行熏蒸，每亩次 400～500 克，在棚室内分散放 4～5 堆，暗火点燃，密闭 3 小时左右即可。

四、蓟 马

1. 识别特征

蓟马是缨翅目害虫的统称，黄瓜上主要是花蓟马和黄蓟马等，一生经历卵、若虫、伪蛹和成虫 4 个阶段。成虫体微小，体长 0.5～2 毫米，很少超过 7 毫米；黑色、褐色或黄色；头略呈后口式，口器锉吸式，能锉破植物表皮，吮吸汁液；触角 6～9 节，线状，略呈念珠状，一些节上有感觉器；翅狭长，边缘有长而整齐的缘毛，脉纹最多有两条纵脉；足的末端有泡状的中垫，爪退化；雌性腹部末端圆锥形，腹面有锯齿状产卵器，或呈圆柱形，无产卵器。

2. 发生特点

主要以若虫和成虫为害。黄瓜被害后，心叶不能正常展开甚至干枯无顶芽，嫩芽或嫩叶皱缩或卷曲，组织变硬而脆。植株生长缓慢，节间缩短，出现丛生现象。幼瓜受害后，果实硬化、畸形，茸毛变灰褐或黑褐色，生长缓慢，果皮粗糙有斑痕，布满"锈皮"，严重时造成落瓜。发生蓟马为害的黄瓜，叶片提前老化、脆硬、卷曲。此外，该虫还传播多种植物病毒，造成的危害比直接为害还严重（图 7-18）。

蓟马成虫　　　　　　　　成虫为害花朵　　　　　　　　若虫为害叶片

图 7-18 蓟马及其为害状

3. 绿色防控技术

（1）物理防治。利用性信息素 + 蓝板诱杀成虫，每 10 米左右挂一块蓝板，略高于蔬菜 10 ～ 30 厘米，以减少成虫产卵为害。

（2）药剂防治。防治方法参照第四章辣椒蓟马的绿色防控技术。

（3）生物防治。对温室黄瓜可采用 150 亿 CFU/ 克白僵菌可湿性粉剂 500 ～ 750 倍液 + 释放捕食螨的组合进行防治。

五、黄守瓜

1. 识别特征

黄守瓜属鞘翅目，叶甲科。成虫：体长 7 ～ 8 毫米。成虫体椭圆形，黄色，仅中胸、后胸及腹部腹面为黑色。前胸背板中央有一波浪形横凹沟。卵：长椭圆形，长约 1 毫米，黄色，表面有多角形细纹。幼虫：体长圆筒形，长约 12 毫米，头部黄褐色，胸腹部黄白色，臀板腹面有肉质突起，上生微毛。蛹：裸蛹，长约 9 毫米，在土室中呈白色或淡灰色（图 7-19）。

2. 发生特点

黄守瓜常十几头或数十头成虫在向阳的枯枝落叶、草丛、田埂土坡缝隙中、土块下等处群集越冬。翌年 3—4 月（春季温度达 6℃时）开始活动，瓜苗长出 3 ～ 4 片叶时，转移到瓜苗上为害，5 月至 6 月中旬为害最重。幼虫为害期为 6—8 月，以 6 月至 7 月中旬为害最重。8 月羽化为成虫，10—11 月进入越冬期。

成虫喜在温暖的晴天活动，一般以上午 10 时至下午 3 时活动最频繁，阴雨天很少活动或不活动，取食叶片时，常以身体为半径旋转咬食，使叶片留下半环形的食痕或圆洞，成虫受惊后即飞离逃逸或假死，耐饥力很强，取食后可绝食 10 天而不死亡，有趋黄习性。雌虫交尾后 1～2 天开始产卵，每雌产卵 150～2 000 粒，常堆产或散产在靠近寄主根部或瓜下的土壤缝隙中。产卵时对土壤有一定的选择性，最喜产在湿润的壤土中，黏土次之，干燥砂土中不产卵。产卵多少与温湿度有关，20℃以上开始产卵，24℃为产卵盛期，此时，湿度愈高，产卵愈多，因此，雨后常出现产卵量激增。

成虫取食瓜苗的叶和嫩茎，常常引起死苗，也为害花及幼瓜，使叶片残留若干干枯环形或半环形食痕或圆形孔洞。2 龄前幼虫主要咬食细根，3 龄以上幼虫取食主根，导致瓜苗整株枯死，也可蛀入近地面的瓜果内为害，引起腐烂，严重影响产量和品质。

黄守瓜成虫　　　　　　　　黄守瓜为害叶片症状

图 7-19　黄守瓜及其为害状

3. 绿色防控技术

（1）农业防治。①提早移栽：用温床育苗，提早移栽，待成虫活动时，瓜苗已长大，可减轻受害。②摘除部分雄花花蕾：雄花初现蕾时，摘除部分雄花花蕾，可提高产量，减少成虫。③合理间作：瓜类与甘蓝、芹菜及莴苣等间作可明显减轻受害。④人工捕捉：在瓜苗较小时，不宜使用化学农药防治，因为用药后一般只能维持 1～2 天，第三天成虫又飞来了，又得用药，这样频繁用药，会使瓜类幼苗产生药害，又增加生产成本。在早晨植株露水没干时，成虫活动不太活跃，不易飞翔，可人工捕捉，如果成虫正在杂草上取食，连草带虫一起拔除。

（2）药剂防治。①药剂驱虫：可用化学农药驱避成虫，农药不接触幼苗，既不会使瓜苗产生药害，又能防治黄守瓜的成虫，达到保苗的目的。将一头缠有纱布或棉球的木棍或竹棍蘸取稀释倍数较低的农药，把蘸有农药的纱布或棉球的一头朝上，插在瓜苗旁，每兜一根，注意与瓜苗的高度一致或略低。待纱布或棉球上的药干后，再蘸取农药，插回原处。农药可选用 4.5% 高效氯氰菊酯微乳剂 50 倍液、20% 氰戊菊酯乳油 30 倍液。蘸取的农药交替使用，驱虫效果更好。②喷雾防治成虫：可选用40%氰戊菊酯乳油8 000倍液，0.5%印楝素乳油600～800倍液、2.5%鱼藤酮乳油500～800倍液、4.5%高效氯氰菊酯微乳剂2 500倍液、2.5%溴氰菊酯乳油3 000倍液、24%甲氧虫酰肼悬浮剂2 000～3 000倍液、20%虫酰肼悬浮剂1 500～3 000倍液。③灌根防治幼虫：6—7月是防止幼虫在瓜类蔬菜根部为害的重点时期，此期要注意经常检查，发现植株地上部分枯萎时，除了考虑瓜类枯萎病外，更要及时扒开根际土壤，看植株根中是否有黄守瓜的幼虫。低龄幼虫为害细根，3龄以上幼虫蛀食主根后，地上叶子萎缩，严重的导致瓜藤枯萎，甚至全株枯死。如发现有幼虫钻入根内或咬断植株根部，及时根际灌药，可选用10%高效氯氰菊酯乳油1 500倍液、5%氯虫苯甲酰胺悬浮剂1 500倍液、24%氰氟虫腙悬浮剂900倍液、10%虫螨腈悬浮剂1 200倍液等。7～10天一次，交替使用，效益好。

（李鸿波　撰写）

第八章　豇豆主要病虫害识别及绿色防控技术

豇豆为豆科蔬菜，在豇豆整个生育过程中存在多种病害和虫害，对其生产造成一定程度影响。为此，针对豇豆主要病虫害发生特点，集成综合的防控技术，可为豇豆的绿色生产提供指导，更好地为生产基地、合作社及相关企业服务。

第一节　主要病害识别及绿色防控技术

一、豇豆根腐病

1. 症　状

病菌主要侵染根部和茎基部，一般出苗后 7 天开始发病，21 ～ 28 天进入发病高峰。先是植株下部叶片变黄，病部产生褐色或黑色斑点，由须根蔓延至主根，导致整个根系腐烂或坏死。病株易拔起，纵剖病根，维管束呈红褐色，病情扩展后向茎部延伸。主根全部染病后，地上部茎叶萎蔫或枯死；湿度大时，病部产生白色或粉色霉状物（图 8-1 和图 8-2）。

图 8-1　豇豆苗期根腐病症状　　　　　图 8-2　豇豆成株期根腐病症状

2. 发生特点

根腐病是豇豆上发生的重要土传病害之一，由菜豆腐皮镰孢菌引起，其生长适宜温度为 29 ～ 30℃，温度范围为 13 ～ 35℃。病菌通常以菌丝体或厚垣孢子在病残体或土壤中越冬。病菌可在病残体、厩肥及土壤中存活多年，无寄主时亦可腐生 10 年以上，初侵染源主要是土壤、病残和带菌有机肥。病菌接触生理状况不良的植株根部便进行初侵染，从寄主地下伤口处侵入，导致根部皮层腐烂。分生孢子通过农事作业、雨水及灌溉水等传播蔓延，生长季节只要条件适合，可连续多次进行再侵染。施用未腐熟的有机肥，追肥时撒施不均匀使植株根部受伤害；地势太低，土质黏重，雨后不及时排水，都易引起植株的生理损害，有利于病菌侵染和发病。

3. 绿色防控技术

（1）农业防治。选择抗病品种、合理密植及施肥；与非豆科作物实行 2 年以上轮作；深沟高畦，防止积水，雨后及时排水；加强田间管理，增施磷钾肥，高植株抗病力。利用地膜覆盖、育苗移栽种植长豇豆，可减轻豇豆根腐病的发生。

（2）药剂防治。根腐病是土传病害，在气候条件适宜发病的季节要提前灌药预防，发病后用药，效果较差。可用绿康威生防菌肥（200 亿 CFU/ 克）200 ～ 250 倍液、6% 寡糖·链蛋白可湿性粉剂、抗重茬微生态制剂（5 亿 CFU/ 克或毫升）4 千克 / 亩等微生态制剂苗期喷施或改善土壤，或是在发病初期用上述微生物菌剂灌根，也可用 18.7% 丙环唑·嘧菌酯悬浮剂 3 000 倍液、30% 噁霉灵水剂 600 ～ 800 倍液、50% 甲基硫菌灵·硫磺悬浮剂 600 ～ 800 倍液、80% 多菌灵可湿性粉剂 500 ～ 1 000 倍液、15% 络氨铜水剂 300 ～ 400 倍液、77% 氢氧化铜可湿性粉剂 500 ～ 600 倍液或 10% 苯醚甲环唑水分散粒剂 800 ～ 1 200 倍液灌根，隔 7 ～ 14 天后二次施用。

二、豇豆枯萎病

1. 症　状

豇豆枯萎病多从开花期开始显症，结荚盛期可造成植株大量枯死。发病植株下部叶片先变黄，后逐渐向上扩展，病叶叶脉变黑，靠近叶脉的叶肉组织变黄，导致叶片干枯或脱落，全株枯萎。植株受害初期仅见地上部叶片萎蔫，早晚可恢复，叶片边缘，尤其是叶片尖端出现不规则形水浸状病斑（图 8-3）。剖视病株茎部和根部，内部维管束变红褐色至黑褐色，严重时外部变黑褐色、根部腐烂。其与根腐病区别在于，豇豆根腐病根表皮先变红褐色，继而根系腐烂，木质部外露，病部腐烂处的维管束变褐，但地上茎部维管束一般不变色。

图 8-3 豇豆枯萎病症状

2. 发生特点

枯萎病由尖孢镰刀菌引起，病原菌以菌丝体和厚垣孢子随病残体遗落在土中越冬，病菌腐生性较强。病菌借助灌溉水、农具、肥料等传播，从伤口或根冠侵入，在维管束组织中产生菌丝，菌丝分泌出毒素或堵塞导管，致细胞死亡或植株萎蔫，后形成厚垣孢子在土壤中越冬。病菌生长发育适温为 27～30℃，最高 40℃，最低 5℃，最适 pH 值 5.5～7.7。发病适温为 20℃以上，以 24～28℃为害最严重。在适温范围内、相对湿度在 70% 以上时，病害发展迅速，如遇多雨，病害易流行。连作地、低洼潮湿地，大水漫灌或植地受涝，往往发病严重。

3. 绿色防控技术

（1）农业防治。选择抗病品种、合理密植及施肥；与非豆科作物实行 2 年以上轮作；深沟高畦，防止积水，雨后及时排水；选用抗耐病品种用占种子质量 0.5% 的 50% 多菌灵可湿性粉剂拌种，或用 40% 甲醛 300 倍液浸种 4 小时后，用清水冲洗干净再播种；加强栽培管理，豇豆地采取窄厢、高畦、深沟种植；施用腐熟有机肥，增施磷钾肥；雨后及时排水，降低田间湿度；及时拔除病株并带出田外深埋或烧毁，病穴及四周撒生石灰消毒。

（2）药剂防治。可以在定植后用绿康威生防菌肥（200 亿 CFU/ 克）200～250 倍液或抗重茬微生态制剂（5 亿 CFU/ 克或毫升）4 千克 / 亩等微生物制剂，或者 50% 多菌灵可湿性粉剂 1 500 倍液、25% 多菌灵可湿性粉剂 750 倍液作定根水灌根。也可以在发病初期用 70% 甲基硫菌灵可湿性粉剂 500～1 000 倍液、80% 多菌灵可湿性粉剂 800 倍液、10% 苯醚甲环唑水分散粒剂 300～400 倍液或 30% 噁霉灵水剂 800 倍液灌根防治豇豆枯萎病，隔 7～10 天再灌一次。

三、豇豆炭疽病

1. 症 状

豇豆炭疽病一般从叶片中部开始发生。发病初期为浅紫色或紫红色，病斑圆形或不规则圆形，4～5 天扩展成直径 5～6 毫米的棕褐色圆斑，病斑中央色淡而凹陷，呈褐色，边缘色较深而稍隆起。后期病斑表面凹陷加深，发病重时，整个叶片布满圆形或不规则圆形病斑。在茎上产生梭形或长条形病斑，初为红色，后色变淡，稍凹陷以至龟裂，病斑上密生大量黑点，即病菌分生孢子盘。该病多发生在雨季，病部往往因腐生菌的生长而变黑，加速茎组织的崩解。轻者生长停滞，重者植株死亡（图 8-4 和图 8-5）。

图 8-4 豇豆叶炭疽病病斑　　　　图 8-5 豇豆荚炭疽病病斑

2. 发生特点

豇豆炭疽病由 *Colletotrichum lindemuthianum*（Sacc. et Magn.）Br. et Cav. 引起，主要以潜伏在种子内和附在种子上的菌丝体冬。病原菌借雨水、昆虫传播，也可以菌丝体附在病残体内越冬，翌春产生分生孢子，通过雨水飞溅进行初侵染，分生孢子萌发后产生芽管，从伤口侵入或直接侵入，经 4～7 天潜育，出现症状，并进行再侵染。气温 17℃左右、空气湿度 100% 时，有利于发病；温度高于 27℃、相对湿度低于 92% 则不易发生；温度低于 13℃、湿度低于 95% 病情停止发展。该病在冷凉、多雨、多雾、多露、多湿地区，或种植过密、地势低洼、排水不良等地发病重。

3. 绿色防控技术

（1）农业防治。选择抗病品种、合理密植及施肥；加强田间管理，选土质疏松、排水良好的田块种植豇豆，使用豇豆搭架的旧架材，用硫黄熏蒸或用高锰酸钾消毒。

（2）种子处理。可用 50% 福美双可湿性粉剂按种子量的 40% 进行拌种，或用 40% 多·硫悬浮剂 600 倍液浸种 30 分钟消毒，然后洗净晾干播种。

（3）药剂防治。加强田间调查，一旦发现中心病株，立即采取防治措施进行防治。可用 20% 噻菌铜悬浮剂 400 倍液、25% 咪鲜胺乳油 1 000 倍液、75% 百菌清·乙霉威可湿性粉剂 500 倍液、80% 炭疽福美可湿性粉剂 800 倍液或 30% 醚菌酯悬浮剂 2 500 倍液喷施。上述农药交替使用，隔 5～7 天施用一次，连喷 2～3 次。

四、豇豆锈病

1. 症　状

锈病主要为害豇豆叶片，严重时也可为害茎、蔓、叶柄及豆荚。生产上，要多观察，一般多从较老的叶片开始发病，先出现稍微隆起的褪绿色黄白斑点，后逐渐扩大形成黄色晕圈的红褐色脓疱。发病严重时，叶片布满锈褐色病斑，叶片枯黄脱落，植株早衰，收荚期缩短。随着植株衰老或天气转凉，叶片上形成黑色椭圆形或不规则形病斑。偶尔在叶片正面产生栗褐色粒点，在叶片背面产生白色或黄白色的疱斑。茎蔓、叶柄及豆荚染病，症状与叶片相似。豆荚染病，形成突出表皮疱斑，失去食用价值、商品价值（图8-6和图8-7）。

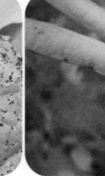

图 8-6　豇豆叶锈病病斑　　　　　　　　图 8-7　豇豆荚锈病病斑

2. 发生特点

该病由豇豆单胞锈菌引起，病菌随同病株残体留在土壤中越冬，翌年春季如遇适宜条件，萌发产生担孢子，通过气流传播至豇豆叶片，引起初侵染，然后在受害部位形成病斑，病部产生性孢子和锈孢子。锈孢子成熟后，借气流传播到豇豆健康部位，进行再侵染形成夏孢子，夏孢子通过气流传播，在田间进行重复侵染，直到产生病株残体。在植株整个生长期间，夏孢子侵染是豇豆锈病菌最主要的为害阶段和决定病害流行程度的重要时期。田间发病最适温度 23 ～ 27℃，相对湿度需要 90% 以上，一般发病潜伏期为 7 ～ 10 天。开花结荚期，日均温 24℃、连阴多雨、昼夜温差大及早晚重露多雾利于锈病快速流行；地势低洼、排水不良、种植过密、通风透光差、偏施氮肥或种植抗病性差的植株，均易造成此病的发生。

3. 绿色防控技术

（1）农业防治。选择抗病品种；与非豆科作物轮作 2 ～ 3 年，春季豆类蔬菜地与秋季豆类蔬菜地应隔一定距离，避免病菌交互侵染；加强管理，高畦栽培，合理密植，及时整枝，雨后排水，降低田间湿度；及时摘除中心病叶，防止病菌扩展蔓延；采用配方施肥技术，增施磷钾肥，提高植株抗病力；收获后及时清洁田园，清除病残株。

（2）药剂防治。预防用药是前提，下雨后及时喷施 50% 多菌灵可湿性粉剂800 ～ 1 000 倍液，或 65% 代森锌可湿性粉剂 500 倍液，即可有效的预防锈病的发生。也可在发病初期选用 15% 三唑酮可湿性粉剂 1 000 ～ 1 500 倍液，或 10% 苯醚甲环唑水分散颗粒剂 1 000 ～ 1 500 倍液等，7 ～ 10 天喷一次，连续喷 2 ～ 3 次，即可达到很好的治疗效果，喷药时重点要把药喷到植株中下部位，要轮换用药。喷药时加入 0.2% ～ 0.3% 磷酸二氢钾叶面肥，可促使植株尽快恢复长势。

五、豇豆白粉病

1. 症 状

此病主要为害叶片，也可侵染茎蔓及荚。发病初期叶背呈黄褐色斑点，扩大后呈紫褐色斑，上面覆盖一层白粉（病菌生殖菌丝产生大量分生孢子），后病斑沿叶脉发展，白粉布满整叶。严重时叶面也显症，导致叶片枯黄，引起大量落叶（图8-8）。

图8-8 豇豆叶片白粉病

2. 发生特点

豇豆白粉病的病原是蓼白粉菌，其初侵染来源主要是田间其他寄主作物或杂草染病后长出的分生孢子。分生孢子容易从孢子梗上脱落，通过气流传播至豇豆，条件适宜时萌发，从寄主表皮细胞侵入后，菌丝在表皮营外寄生并不断蔓延，再长出新的分生孢子，传播后可多次进行再侵染。白粉菌是一类很耐干旱的真菌。一般真菌引起的植物病害，多雨易诱发病害严重，而对白粉病，多雨反倒会抑制病害的发展。虽然如此，潮湿的天气和郁闭的生态条件，仍然有利于白粉病的发生。植株受干旱影响，尤其是土壤缺水，会降低对白粉病的抗性。种植密度过大，田间通风透光状况不良，施氮肥过多，管理粗放等都有利于白粉病发生，特别是植株生长中后期，生长势减弱，缺水脱肥，白粉病发生重。

3. 绿色防控技术

（1）农业防治。选用抗病品种，实行轮作，加强田间肥水管理，加强栽培控病措施，即选择地势高燥、排水良好的地块种植豇豆。多施腐熟优质有机肥，增施磷肥、钾肥，促进植株健壮生长。及时浇水追肥，防止植株生长中后期缺水脱肥。避免种植过密，使田间通风透光。注意清洁田园，及时摘除中心病叶、收获后及时清除田间病残体，集中做深埋处理。

（2）药剂防治。于抽蔓或开花结荚初期发病前喷药预防，最迟于见病时喷药控病，以保果为重点。可用3%多抗霉素可湿性粉剂600～900倍液、25%嘧菌酯悬浮剂1 000～2 500倍液于发病初期喷药。采收前7天停止用药。

六、豇豆灰霉病

1. 症　状

苗期子叶受害后，呈水浸状，变软下垂，然后在叶缘处长出灰白色霉层，即病菌的分生孢子梗和分生孢子。叶片染病均从叶缘处开始，病部呈现暗绿色水浸状病斑，病斑具较大的同心轮纹，后期易破裂；茎蔓染病，病菌多从茎蔓分枝处侵入，致病部形成凹陷暗绿色水浸斑，后扩大环绕茎蔓，染病处以上部分萎蔫死亡；荚果染病，先侵染粘附在荚果开花后败落的花瓣或荚果端部的花丝，后扩展到荚果。病斑初期呈淡褐色至褐色水浸状，然后逐渐软腐，表面生有灰色霉层（图8-9和图8-10）。

图8-9 叶片受侵染形成云状病斑　　　　图8-10 豆荚腐烂着生灰色霉层

2. 发生特点

豇豆灰霉病的发生情况与气候、栽培管理等因素相关。阳光不足、地块通风不良易发病；地块郁蔽、湿气滞留时间长，有利于病菌滋生，高湿环境是发生灰霉病的主要因素。田间种植密度过高，保护地浇水过多，湿度过大，温室不能及时放风，病害容易发生；偏施氮肥，土壤偏碱性、土壤黏重都有利于豇豆灰霉病的发生。日灼、霜霉病、鸟害、虫害等，或者冰雹、大风等造成豇豆表面损伤会进而引发灰霉病的发生。

3. 绿色防控技术

（1）农业防治。选种抗病品种可在一定程度上减轻病害的发生。豇豆要与葱蒜类蔬菜、禾本科等作物实行2～3年以上的轮作。春季早播豇豆可采用地膜覆盖栽培将播期适当提前，以避开高温和多雨季节；加强田间管理，高厢起垄栽培，栽培时做到合理密植。移栽时要施足底肥，施腐熟有机肥，在开花期可用叶面肥喷施，以达到既能促进植株健壮生长，又能控制徒长的目的；雨后及时排除田间积水，降低土壤水分含量和田间湿度，有利于根系生长。干旱过久要及时灌水，保证植株正常生长，灌水时特别要注意不能采用串灌的方式，防止病菌随灌溉水传播。科学管理大棚，灌水后应及时通风换气，降低大棚湿度、温度，避免棚内高温高湿；及时清除田间病残体，减少病害传播和蔓延。

（2）药剂防治。①种子处理：播种前将种子放在阳光下晾晒 1～2 天，然后 55℃温水浸种 15 分钟，晾干水分即可播种；或用干种重量 0.3% 的 50% 福美双可湿性粉剂拌种。②田间防治：定植后出现零星病株即开始喷药防治，可以选用的药剂有 50% 乙烯菌核利可湿性粉剂 1 500 倍液、40% 嘧霉胺悬浮剂 800～1 000 倍液、50% 腐霉利可湿性粉剂 1 500 倍液、50% 异菌脲可湿性粉剂 1 500 倍液、40% 菌核净可湿性粉剂 1 500 倍液、50% 多·霉威可湿性粉剂 1 000 倍液等，每隔 7～10 天施药一次，连续防治 2～3 次，注意药剂的轮换使用。

七、豇豆病毒病

1. 症 状

豇豆病毒病以秋豇豆发病较重。病株初在叶片上产生黄绿相间的花斑，后浓绿色部位逐渐突起呈疣状，叶片畸形。严重病株生育缓慢、矮小，开花结荚少，豆粒上产生黄绿花斑。有的病株生长点枯死，或从嫩梢开始坏死（图 8-11）。

图 8-11 豇豆病毒病症状

2. 发生特点

此病主要由豇豆蚜传花叶病毒（Cowpea aphid-borne mosaic virus，简称 CAMV）、豇豆花叶病毒（Cowpea mosaic virus，简称 CPMV）、黄瓜花叶病毒（CMV）和蚕豆萎蔫病毒（Broad bean wilt virus，简称 BBMV）4 种病毒引起，可单独侵染为害，也可 2 种或 2 种以上复合侵染。病毒主要通过蚜虫传毒、植株间汁液接触及农事操作传播至寄主植物上，从寄主伤口侵入，进行多次再侵染。病毒喜高温干旱的环境，适宜发育温度范围 15～38℃，发病最适条件为温度 20～35℃，相对湿度 80% 以下。发病潜育期 10～15 天，遇持续高温干旱天气或蚜虫发生重，易使病害发生与流行。栽培管理粗放、农事操作不注意防止传毒、多年连作、地势低洼、缺肥、缺水、氮肥施用过多的田块发病重。

3. 绿色防控技术

（1）农业防治。合理轮作；种子在播种前先用清水浸泡 3 ～ 4 小时，再放入 10% 磷酸三钠加新高脂膜 800 倍液溶液中浸种 20 ～ 30 分钟；适量播种，下种后及时喷施新高脂膜 800 倍液保温保墒，防治土壤结板，提高出苗率；选用抗病品种；前茬枯枝败叶进行焚烧或深埋后加强肥水管理，促进植株生长健壮，减轻为害，喷施碧护 5 000 倍液，抑制植株疯长，促进花芽分化，同时在开花结荚期适时喷施菜果壮蒂灵增强受精质量，提高循环坐果率，促进果实发育；覆盖 50 目的防虫网防控白粉虱，用黄板诱杀蚜虫。

（2）药剂防治。病毒病要贯彻预防为主、治疗为辅的原则。

预防措施：在病害期使用 20% 盐酸吗啉胍可湿性粉剂 50 ～ 75 克，加 75% 吡虫啉可湿性粉剂 10 ～ 15 克，兑水 45 ～ 60 千克，均匀喷雾；两次间隔期为 10 ～ 15 天。

治疗措施：8% 宁南霉素水剂 75 ～ 100 克 +75% 硫酸锌 15 ～ 20 克 +0.136% 赤·吲乙·芸苔可湿性粉剂 3 克兑水 45 ～ 60 千克均匀喷雾，每隔 7 ～ 10 天喷一次药，可有效控制病毒病。首次用药或病情严重时，可适当加大药量。

（卯婷婷　张昌容　刘少兰　撰写）

第二节　主要虫害识别及绿色防控技术

一、豆荚螟

1. 症　状

豆荚螟属鳞翅目螟蛾科。豆荚螟是为害豇豆的重要害虫之一。豆荚螟以幼虫蛀食豇豆的豆荚和种子，蛀食早期豆荚后造成落荚，蛀食后期豆荚造成种子被食，蛀孔外堆有腐烂状的绿色粪便。此外，幼虫还吐丝缀卷几张叶片在内蚕食叶肉，以及蛀食花瓣和嫩茎，造成落花、枯梢，严重影响产量和品质（图 8-12 和图 8-13）。

图 8-12　豆荚螟为害花蕾　　　　　图 8-13　豆荚螟成虫

2. 发生特点

豆荚螟一般一年发生 5～6 代，以蛹在土中越冬。气温 26℃以上为害严重，6—10 月为幼虫为害期。一般于秋季，尤其是干旱的条件下，发生数量多，为害较重。

成虫昼伏夜出，白天多躲在豆株叶背、茎上或杂草上，傍晚开始活动，有趋光性，但不强。成虫羽化后当日既能交尾，隔天就可产卵，卵产于花瓣或嫩荚上，散产或几粒一起，每雌可产 80～90 粒。幼虫孵化后，先取食卵壳，后钻入花器内，取食雌雄花蕊和幼嫩子房。豆荚螟初孵幼虫先在荚面爬行 1～3 小时，再在荚面吐丝结一白色薄茧（丝囊）躲藏其中，经 6～8 小时，咬穿荚面蛀入荚内。幼虫进入荚内后，即蛀入豆粒内为害，3 龄后转移到豆粒间取食，4～5 龄后食量增加，每天可取食 1/3～1/2 粒豆，1 粒幼虫平均取食 3～5 粒。豆荚螟喜干燥，在适温条件下，温度对其发生的轻重有很大影响，雨量多湿度大则虫口少，雨量少湿度低则虫口大。

3. 绿色防控技术

（1）农业防治。及时清除田间落花、落荚，并摘除被害的卷叶和荚，以减少虫源。

（2）物理防治。在豆田架设黑光灯，诱杀成虫。

（3）生物防治。产卵始盛期释放赤眼蜂、小茧蜂等天敌防治豆荚螟；老熟幼虫入土前，田间湿度高时，可施用白僵粉剂，减少化蛹幼虫的数量；可利用性诱剂诱杀成虫。

（4）药剂防治。0.3% 苦参碱植物杀虫剂 1 500～2 000 倍液防治；5% 氟虫脲乳油 1 000 倍液。

二、豇豆蓟马

1. 症　状

蓟马属缨翅目蓟马科害虫。目前贵州地区为害豇豆的蓟马主要有西花蓟马、黄蓟马、花蓟马等。蓟马是豇豆最主要的害虫之一，也是最顽固的害虫之一。以成虫和若虫的锉吸式口器吸食植株的幼嫩组织和器官汁液，一般可为害豇豆的花器、荚果、生长点等组织和器官。豇豆花器受侵害后花瓣显黄白色微细色斑，严重造成大量落花；荚果受侵害时，幼荚畸形或荚面出现粗糙的伤痕，且表皮发黑或出现红边；生长点叶片受蓟马为害时，造成叶片皱缩、变小、弯曲或畸形呈狗耳状，严重的叶托干枯，心叶不能伸开，生长点萎缩，茎蔓生产缓慢或停止；蓟马危害豇豆植株时还会传播多种病毒，严重影响豇豆的品质和产量（图 8-14 和图 8-15）。

图 8-14　豇豆蓟马为害花蕾　　　　　　　图 8-15　豇豆蓟马为害后的叶片

2. 发生特点

蓟马世代重叠，可同时见到各虫态的虫体，繁殖能力强，多行孤雌生殖，也有两性生殖。卵散产于叶肉组织内，每雌产卵 22～35 粒。雌成虫寿命 8～10 天。卵期在 5—6 月为 6～7 天。若虫在叶背面取食到高龄末期停止取食，落入表土化蛹。豇豆蓟马最适发育温度为 15～30℃，在此温度范围内，豇豆蓟马各虫期的发育速率随温度升高而加快。豇豆蓟马对高温敏感，高于 35℃对于豇豆蓟马发育不利。豇豆蓟马的为害期为 3 月上旬至 10 月下旬。一般高温干燥季节发生较多，往往在短时间内虫口密度迅速增加，严重为害植株生长发育，多雨季节发生相对较轻。

3. 绿色防控技术

（1）农业防治。早春清除田间杂草和枯枝败叶，集中烧毁或深埋，消灭越冬成虫和若虫。加强肥水管理，促进植株生长健壮，减轻为害。

（2）物理防治。利用蓟马趋蓝色的习性，在田间设置蓝板，诱杀成虫，蓝板高度与作物平行。

（3）生物防治。于若虫始盛期释放天敌小花蝽；田间湿度高时，可施用白僵菌粉剂。

（4）药剂防治。防治方法参照第四章辣椒上蓟马的绿色防控技术。

三、豇豆斑潜蝇

1. 症　状

斑潜蝇属双翅目潜蝇科，为害蔬菜、花卉以及其他的植物，是一种多食性害虫。为害豇豆的斑潜蝇主要是南美洲斑潜蝇和美洲斑潜蝇。斑潜蝇主要是以幼虫在豇豆叶片上取食叶肉，使叶片布满"蛇形"潜道，雌成虫刺伤叶片取食和产卵，叶绿素被破坏，影响光合作用，受害植株矮小、甚至枯萎、叶片脱落，使叶片绿色变成白色。初期造成豇豆幼苗生长缓慢，花芽不能正常分化，中后期可造成豇豆果实减少，产量降低，严重时可造成豇豆植株死亡。斑潜蝇危害造成的伤口为其他病菌提供了侵入途径及滋生场所，同时会传带多种病毒，加重对豇豆的危害（图8-16和图8-17）。

 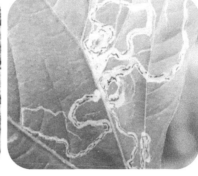

图8-16 斑潜蝇为害整株豇豆 　　　　　　图8-17 斑潜蝇幼虫

2. 发生特点

斑潜蝇在南方各地发生21～24代，无越冬现象，成虫以产卵器刺伤叶片，吸取汁液，雌虫把卵产在孔表皮下，卵经过2～5天孵化，幼虫4～7天，末龄幼虫咬破表皮在叶片或土表下化蛹，蛹经7～14天羽化为成虫，每世代夏季2～4周，冬季6～8周。斑潜蝇幼虫生长适宜温度为20～30℃，发育期4～7天，超过30℃或低于20℃，则发育缓慢，且未成熟幼虫的死亡率较高，所以，春秋此虫为害严重。成虫具有趋光、趋蜜、趋黄和趋绿性，寿命一般7～20天。成虫发生高峰一般出现在上午，雨天则栖息于叶片背面，高温时在植株下部活动。成虫飞翔能力有限，远距离传播以随寄主植物的调运为主。

3. 绿色防控技术

（1）农业防治。将豇豆与苦瓜、葱、蒜等或非寄主作物进行合理布局和轮作；清除田间的杂草，摘除病叶；豇豆收获后及时彻底地清除植株、叶片及杂草，带出田外销毁，减少虫源。

（2）物理防治。斑潜蝇成虫有趋黄性，可用黄板诱杀成虫；菜园内可采取覆盖塑料薄膜、深翻土、再覆盖塑料薄膜的方式，使地温超过60℃，以达到高温杀虫及卵的目的；在成虫始盛期至盛末期，每亩放置15个灭蝇纸诱杀成虫，3～5天更换一次。

（3）生物防治。幼虫始盛期可释放天敌昆虫姬小峰、反颚茧蜂等进行防治。

（4）药剂防治。选用0.5%印楝素乳油800倍液，昆虫生长调节剂可使用10%除虫脲悬浮剂3 000倍液、25%灭幼脲悬浮剂2 500倍液、5%氟虫脲乳油1 000倍液。

四、斜纹夜蛾

1. 症　状

斜纹夜蛾属鳞翅目夜蛾科，为多食性、暴食性的世界性害虫。斜纹夜蛾主要以幼虫为害豇豆全株，初孵幼虫群栖于卵块附近，昼夜取食叶肉，使叶片仅剩一层表皮和叶脉，呈窗纱状。2～3龄后开始分散转移为害，4龄以后昼伏夜出食量骤增，进入暴食期，取食造成叶片残缺不全，甚至将叶片全部吃光，并为害嫩茎秆或取食植株生长点，所造成的伤口和污染，极易使植株感染软腐病（图8-18、图8-19和图8-20）。

图8-18 斜纹夜蛾为害豇豆叶片　图8-19 斜纹夜蛾成虫　图8-20 斜纹夜蛾幼虫

2. 发生特点

斜纹夜蛾年发生代数为一年4～5代，以蛹在土下3～5厘米处越冬。斜纹夜蛾成虫白天潜伏在叶背面或土缝等阴暗处，夜间出来活动，成虫飞行能力强。雌成虫产卵前需取食蜜源以补充营养，雌蛾一生平均产卵3～5块，约400～700粒。卵块多产于植株中下部叶片背面，卵块上覆盖棕黄色绒毛，经5～6天就能孵出幼虫，初孵聚集叶背面。卵的孵化适温是24℃左右，幼虫在气温25℃时，历经14～20天，化蛹的适合土壤湿度是土壤含水量在20%左右，蛹期为11～18天。成虫有强烈的趋光性和趋化性，对糖、醋、酒的气味很敏感。

3. 绿色防控技术

（1）农业防治。清除杂草，收获后翻耕晒土或灌水，减少虫源；结合管理随手摘除卵块和群集为害的初孵幼虫，减少虫源。

（2）物理防治。于成虫盛发期用黑光灯诱杀成虫；利用成虫趋化性，配置糖醋液（糖：醋：酒：水=3：4：1：2）加少量敌百虫诱杀成虫。

（3）生物防治。释放性诱剂诱杀雄蛾；于成虫始盛期释放天敌叉角厉蝽捕食斜纹夜蛾幼虫。

（4）药剂防治。防治方法参照第四章辣椒上的斜纹夜蛾绿色防控技术。

（刘少兰　张昌容　卯婷婷　撰写）

第九章 茄子主要病虫害识别及绿色防控技术

茄子属于茄科蔬菜，是一种常见蔬菜，由于其市场需求量大，得到农户的广泛种植。但在茄子生产中，病虫害是制约产量提高以及影响产品品质的主要因素。为此，针对茄子主要病虫害为害情况及发生特点，集成综合的防控技术，可为茄子的绿色生产提供指导，更好地为生产基地、合作社及相关企业服务，从而保证茄子的产量及收益。

第一节 主要病害识别及绿色防控技术

一、茄子青枯病

1. 症 状

茄子被害，初期个别枝条的叶片或一张叶片的局部呈现萎垂，后逐渐扩展到整株枝条上。初呈淡绿色，变褐焦枯，病叶脱落或残留在枝条上。将茎部皮层剥开木质部呈褐色。这种变色从根颈部起一直可以延伸到上面枝条的木质部。枝条里面的髓部大多腐烂空心。用手挤压病茎的横切面，有乳白色的黏液渗出（图9-1和图9-2）。

图9-1 茄子整株受害症状　　　　**图9-2 茎秆受害症状**

2. 发生特点

青枯病是茄子在生长过程中的主要病害类型，主要发生在温度高、湿度高、多次连作等条件下。该病属于细菌性病害。病原细菌主要在土壤中越冬，次年随雨水、灌溉水传播，从寄主根茎伤口侵入，首先在导管里繁殖蔓延，以致阻塞导管或侵入邻近的薄壁组织，使之变褐腐烂。病菌生长适宜温度30～37℃。病菌脱离寄主不能存活，可在土壤中存活1～6

年。高温高湿是此病发生条件，一般高畦排水良好而发病轻，低畦不利于排水而发病重。微酸性土壤发病较重而微碱性土壤发病较轻。土壤温度常比气温更重要，一般土温 25℃左右田间出现发病高峰。

3. 绿色防控技术

（1）生态调控。调节播种期；与葱、蒜的合理轮作；加强田间管理。定植地块每亩增施石灰 50～100 千克，调节土壤酸度，使土壤酸碱度偏碱性，高畦栽培，做好田间排水，避免大水漫灌。施足基肥，生长期追施氮肥、钾肥，生长中后期停止中耕以防止伤根，收获后及时清除病残株，集中烧毁。

（2）选用抗青枯病的品种。选无病土育苗；嫁接防病。

（3）药剂防治。可选用 20 亿 CFU/ 克蜡质芽孢杆菌可湿性粉剂 100～300 倍液、3%中生菌素可湿性粉剂 600～800 倍液、5 亿 CFU/ 克荧光假单胞杆菌颗粒剂在发生初期或发病前进行灌根，间隔 7～10 天一次，连续用药 2～3 次；或用 0.1 亿 CFU/ 克多黏类芽孢杆菌细粒剂 300 倍液浸种，然后将药液泼浇于苗床上，育苗中期施用 1 050～1 400克/亩药液进行灌根。

二、茄子赤星病

1. 症　状

茄子赤星病主要为害的茄子叶片，感染初期叶片上会生出苍白色的小斑点，随后慢慢加深转变为灰褐色。随着疾病的扩展，小斑点也会逐渐转变为暗褐色或红褐色的圆斑，并且在丛生上还有很多黑色的小粒点，主要呈现轮纹状排列。在病症后期，病斑会相互融合形成不规则形状的大斑，易破裂穿孔（图 9-3）。

图 9-3　茄子赤星病症状

2. 发生特点

茄子赤星病的病原菌为茄壳针孢（茄赤星病菌），属于真菌。病菌以菌丝体和分生孢子随病残体留在土壤中越冬，第二年春天，条件适宜时，产生分生孢子，借助风雨传播蔓延，引起初侵染和再侵染。温暖潮湿，连阴雨天气多的年份或地区，茄子易发病。

3. 绿色防控技术

（1）生态调控。实行 2～3 年以上轮作；加强栽培管理，培育壮苗；施足基肥，促进早长早发，把茄子的采收盛期提前在病害流行季节之前。

（2）选用无病种苗。从无病茄子上采种。播种前，种子用 55℃温水浸 15 分钟，或 52℃温水浸 30 分钟，再放入冷水中冷却，晾干后播种；或采用 50% 苯菌灵可湿性粉剂和 50% 福美双粉剂各 1 份，泥粉 3 份混匀后，用种子重量 0.1% 拌种。苗床消毒，苗床需每年更换新土；播种时，每平方米用 50% 多菌灵可湿性粉剂 10 克，或 50% 福美双粉剂 8～10 克拌细土 2 千克制成药土，取 1/3 撒在畦面上，然后播种，播种后将其余药土覆盖在种子上面，即上覆下垫，使种子夹在药土中间。

（3）药剂防治。在发病初期用 1.5% 多抗霉素可湿性粉剂 150 倍液或 3% 多抗霉素可湿性粉剂 75 倍液进行喷雾，安全间隔期为 2 天，最多施用 3 次；或在结果后开始喷洒 75% 百菌清可湿性粉剂 600 倍液、1：1：200 倍式波尔多液，视天气和病情隔 10 天左右一次，连续防治 2～3 次。采收前 7 天停用百菌清，其他杀菌剂采前 3 天停止用药。

三、茄子褐纹病

1. 症 状

该病是茄子独有的病害，因其发病严重故而又称疫病。主要症状包括苗期猝倒、茎的病斑或溃疡，叶枯或叶斑，以及果腐。

苗期发病初期幼茎基部形成水浸状、梭形或椭圆形病斑，病斑褐色至黑褐色，稍凹陷并收缩，条件适宜时病情扩展迅速，病斑可环绕茎部 1 周，后期病部萎缩，致使幼苗猝倒死亡。稍大的苗则呈立枯病部上密生小黑粒，成株受害，叶片上出现圆形至不规则斑，斑面轮生小黑粒，主茎或分枝受害，出现不规则灰褐色至灰白色病斑，斑面密生小黑粒；严重的茎枝皮层脱落，造成枝条或全株枯死。

成株期茄子近地部茎秆最易受侵染，发病处常出现梭形或不规则形，边缘深紫褐色，中间灰白色凹陷，病斑上密生小黑点，剖开后内部组织变褐。后期茎部呈干腐或纵裂，皮层脱落露出木质部，遇风易折断，病斑多时，可连接成大的坏死区域，发病严重时，造成枝枯、茎枯或整株枯死。

茄果受害，长形茄果多在中腰部或近顶部开始发病，病斑椭圆形至不规则形大斑，斑中部下陷，边缘隆起，病部明显轮纹，其上也密生小黑粒，病果易落地变软腐，挂留枝上易失水干腐成僵果（图 9-4 和图 9-5）。

图 9-4 茄子褐纹病为害叶片症状　　图 9-5 茄子褐纹病为害果实症状

2. 发生特点

褐纹病是一种真菌性病害，病原主要以菌丝体或分生孢子器在土表的病残体上越冬，同时也可以菌丝体潜伏在种皮内部或以分生孢子粘附在种子表面越冬。病菌的成熟分生孢子器在潮湿条件下可产生大量分生孢子，分生孢子萌发后可直接穿透寄主表皮侵入，也能通过伤口侵染。病苗及茎基溃疡上产生的分生孢子为当年再侵染的主要菌源，然后经反复多次的再侵染，造成叶片、茎秆的上部以及果实大量发病。分生孢子在田间主要通过风雨、昆虫以及人工操作传播。病菌可在 12 天内入侵寄主，其潜育期在幼苗期为 3 ~ 5 天，成株期则为 7 天。种子带菌是幼苗发病的主要原因。土壤中病残体带菌多造成植株的基部溃疡，再侵染引起叶片和果实发病。该病是高温、高湿性病害。田间气温 28 ~ 30℃，相对湿度高于 80%，持续时间比较长，连续阴雨，易发病。南方夏季高温多雨，极易引起病害流行；北方地区在夏秋季节，如遇多雨潮湿，也能引起病害流行。降雨期、降水量和高湿条件是茄褐纹病能否流行的决定因素。

3. 绿色防控技术

（1）生态调控。播种或移栽前，或收获后，清除田间及四周杂草，集中烧毁或沤肥；深翻地灭茬，促使病残体分解，减少病原和虫原。选用排灌方便的田块，开好排水沟，降低地下水位，达到雨停无积水；大雨过后及时清理沟系，防止湿气滞留，降低田间湿度，这是防病的重要措施；土壤病菌多或地下害虫严重的田块，在播种前撒施或沟施灭菌杀虫的药土。适时早播，早移栽、早间苗、早培土、早施肥，及时中耕培土，培育壮苗。施用酵素菌沤制的堆肥或腐熟的有机肥，不用带菌肥料，施用的有机肥不得含有植物病残体。采用测土配方施肥技术，适当增施磷钾肥，加强田间管理，培育壮苗，增强植株抗病力，有利于减轻病害。地膜覆盖栽培，可防治土中病菌为害地上部植株。在定植后于茎基部周围地面，撒一层草木灰，可减轻基部感染发病。高温干旱时应科学灌水，以提高田间湿度，减轻蚜虫、灰飞虱为害与传毒。严禁连续灌水和大水漫灌。浇水时防止水滴溅起，是防止该病的重要措施。棚室栽培的要注意温湿度管理，采用放风排湿，控制灌水等措施降低棚内湿度。和非本科作物轮作。育苗移栽，育苗的营养土要选用无菌土，用前晒 3 周以上；

苗床床底撒施薄薄一层药土，播种后用药土覆盖，移栽前喷施一次除虫灭菌剂，这是防病的关键。适当密植，及时整枝或去掉下部老叶，保持通风透光。避免在阴雨天气整枝；及时防治害虫，减少植株伤口，减少病菌传播途径；发病时及时防治，并清除病叶、病株，带出田外烧毁，病穴施药或生石灰。

（2）种子及苗床灭菌。先用冷水将种子预浸 3～4 小时，然后用 55℃ 温水浸种 15 分钟，或用 50℃ 温水浸种 30 分钟，立即用冷水降温，晾干播种。①苗床灭菌：每平方米用50% 多菌灵可湿性粉剂或 50% 福美双可湿性粉剂 10 克拌细土 2 千克制成药土，播种时，取 1/3 药土撒在苗床上铺垫，2/3 药土盖在种子上。②种子灭菌：1% 高锰酸钾溶液浸种10 分钟，或 0.1% 硫酸铜溶液浸种 5 分钟，浸种后捞出，用清水反复冲洗后晾干播种。用50% 苯菌灵可湿性粉剂和 50% 福美双可湿性粉剂各 1 份与干细土 3 份混匀后，用种子重量的 0.1% 拌种。

（3）药剂防治。①苗期发病喷施：75% 百菌清可湿性粉剂 1 000 倍液、50% 克菌丹可湿性粉剂 500 倍液、65% 代森锌可湿性粉剂 500 倍液、70% 代森锰锌可湿性粉剂 500 倍液。每隔 5～7 天喷一次，交替使用上述不同药剂，共 2～3 次，可收到较好的防治效果。②坐果期发病喷施：75% 百菌清可湿性粉剂 600 倍液、70% 代森锌可湿性粉剂 400～500 倍液、65% 福美锌可湿性粉剂 500 倍液、硫酸铜：熟石灰：水 =1：1：200 的波尔多液。

四、茄子早疫病

1. 症 状

茄子早疫病主要为害叶片和果实。①叶片受害：病斑呈圆形或近圆形，边缘褐色、中部灰白色，具同心轮纹，病斑外围黄晕明显或不明显，但病健交界明晰；湿度大时，病部长出微细的灰黑色霉状物，出现水浸状褐色小斑点，扩展后呈圆形或椭圆形，病斑边缘深褐色、中央褐色，有同心轮纹，后期病斑中间有时破裂，发病严重时病叶脱落。②茎部受害：多在分枝处发生病斑，灰褐色、椭圆形、稍凹陷，有轮纹或不明显，严重时可造成断枝。果实发病：多在肩部产生圆形或近圆形凹陷斑，初期果肉褐色、稍凹陷，具有同心轮纹，上面长满褐色霉状物（图 9-6 和图 9-7）。

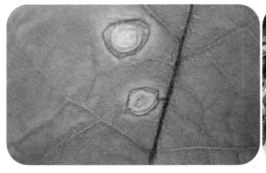

图 9-6 茄子早疫病为害叶片症状　　　　**图 9-7 茄子早疫病为害果实症状**

2. 发生特点

茄子早疫病是一种真菌性病害，病菌以菌丝体在病残体内或种皮下越冬，病残体中的病菌可存活 1 年以上，种子上的病菌可存活 2 年。病菌在田间借风雨传播，从气孔或伤口侵入，也可从表皮直接穿透侵入。病残体内的病菌在条件适宜时产生分生孢子，通过雨水反溅或气流传播引起初侵染，病部产生的新生代分生孢子凭借雨水、气流进行再侵染，从而引起流行。该病对温度适应范围广，湿度是发病的主要条件，一般温暖高湿条件发病较重。地势低洼、排水不良、连作，以及棚内湿度过高、通风透光差、管理粗放的田块发病严重。

3. 绿色防控技术

（1）生态调控。实行轮作、深翻改土，结合深翻，增施有机肥料、磷钾肥和微肥，适量施用氮肥，改善土壤结构，提高保肥保水性能，促进根系发达，植株健壮。栽植前实行火烧土壤、高温闷室，铲除室内残留病菌，栽植以后，严格实行封闭型管理，防止外来病菌侵入和互相传播病害。增施二氧化碳气肥，搞好肥水管理，调控好植株营养生长与生殖生长的关系，促进植株健壮长势，提高营养水平，增强抗病能力。全面覆盖地膜，加强通气，调节好温室的温度与空气相对湿度，使温度白天维持在 25～30℃，夜晚维持在 14～18℃，空气相对湿度控制在 70% 以下，以利于茄子正常的生长发育，不利于病害的侵染发展，达到防治病害之目的。注意观察，发现少量发病叶果，立即摘除深埋。

（2）选用抗病品种，种子严格消毒，培育无菌壮苗；定植前 7 天和当天，分别细致喷洒两次杀菌保护剂，做到净苗入室，减少病害发生。

（3）药剂防治。发病前或发病初期，可选用 50% 肟菌酯水分散粒剂 8～10 克／亩、75% 肟菌・戊唑醇水分散粒剂 10～15 克／亩、50% 啶酰菌胺水分散粒剂 20～30 克／亩、10% 苯醚甲环唑水分散粒剂 67～100 克／亩、75% 百菌清可湿性粉剂 400 倍稀释液、70% 代森锰锌 500 倍稀释液进行喷雾，间隔 1 周左右喷施一次，持续 2～3 次能够起到明显效果。

五、茄子绵疫病

1. 症　状

幼苗期发病，茎基部呈水浸状，发展很快，常引发猝倒，致使幼苗枯死。成株期叶片感病，产生水浸状不规则形病斑，具有明显的轮纹，但边缘不明显，褐色或紫褐色，潮湿时病斑上长出少量白霉。茎部受害呈水浸状缢缩，有时折断，并长有白霉。花器受侵染后，呈褐色腐烂。果实受害最重，开始出现水浸状圆形斑点，边线不明显，稍凹陷，黄褐色至黑褐色。病部果肉呈黑褐色腐烂状，在高湿条件下病部表面长有白色絮状菌丝，病果易脱落或干瘪收缩成僵果（图 9-8 和图 9-9）。

图9-8 茄子绵疫病为害叶片症状　　　　图9-9 茄子绵疫病为害茎秆及果实症状

2. 发生特点

由茄疫霉菌引起的真菌病害。病菌主要以卵孢子在土壤中病株残留组织上越冬，成为翌年的初侵染源。卵孢子经雨水溅到植株体上后萌发芽管，产生附着器，长出侵入丝，由寄主表皮直接侵入。病部产生的孢子囊所释放出的游动孢子可借助雨水或灌溉水传播，使病害扩大蔓延。高温高湿有利于病害发展。一般气温25～35℃，相对湿度85%以上，叶片表面结露等条件下，病害发展迅速而严重。此外，地势低洼、排水不良、土壤黏重、管理粗放、偏施氮肥、过度密植、连茬栽培等，也会加剧病害蔓延。

3. 绿色防控技术

（1）生态调控。与豆科类、禾谷类作物进行轮作，避免与茄子、番茄、辣椒等茄科和葫芦科作物连作，减少病菌的基数。加强田间管理，施足充分腐熟的有机肥，增施磷肥、钾肥，增强树势；收获后的病残体注意集中处理，病叶、病果要及时摘除并带出清理。

（2）选用抗病品种，在播种前用300倍的福尔马林溶液浸种15分钟或温水浸种。

（3）药剂防治。茄子定植前以50%多菌灵可湿性粉剂500倍液喷施苗床，带药定植，缓苗后以70%代森锰锌可湿性粉剂500倍液喷洒保护，初始发病出现中心病株，应立即拔除销毁并喷药防治。在结果期特别是雨季前要喷药保护，防止病害发生。可选用药剂有23.4%双炔酰菌胺悬浮剂750倍液、46%氢氧化铜水分散粒剂500倍液、1%申嗪霉素水剂250倍液、687.5克/升氟菌·霜霉威悬浮剂60～75毫升/亩、75%百菌清可湿性粉剂600倍液、70%甲基硫菌灵可湿性粉剂600倍液、58%甲霜灵锰锌可湿性粉剂500倍液等，绵疫病始发期施药进行茎叶喷雾，一般每隔7～10天喷一次，连喷2～3次。

六、茄子黄萎病

1. 症　状

茄子黄萎病多在门茄坐果后开始发生。植株半边下部叶片近叶柄的叶缘部及叶脉间发黄，渐渐发展为半边叶或整叶变黄，叶缘稍向上卷曲，有时病斑仅限于半边叶片，引起叶片歪曲。晴天高温，病株萎蔫，夜晚或阴雨天可恢复，病情急剧发展时，往往全叶黄萎，变褐枯死。症状由下向上逐渐发展，严重时全株叶片脱落，多数为全株发病，少数仍有部分无病健枝。病株矮小，株形不舒展，果小，长形果有时弯曲，纵切根茎部，可见到木质部维管束变色，呈黄褐色或棕褐色（图9-10和图9-11）。

图 9-10　茄子黄萎病田间为害症状　　　　图 9-11　茄子黄萎病为害叶片症状

2. 发生特点

病原真菌属半知菌亚门，称大丽花轮枝孢。病菌以菌丝、厚垣孢子随病残体在土壤中越冬，一般可存活6～8年。第二年从根部伤口、幼根表皮及根毛侵入，然后在维管束内繁殖，并扩展到茎、叶、果实、种子。当年一般不发生再侵染。因此，带菌土壤是本病的主要侵染源，带有病残体的肥料也是病菌的重要来源之一。病菌也可以菌丝体和分生孢子在种子内外越冬，带病种子是远距离传播的主要途径之一。病菌在田间靠灌溉水、农具、农事操作传播扩散。从根部伤口或根尖直接侵入。发病适温为19～24℃。茄子从定植到开花期，日平均气温低15℃，持续时间长，或雨水多，或久旱后大量浇水使地温下降，或田间湿度大，则发病早而重。温度高，则发病轻。重茬地发病重，施未腐熟带菌肥料发病重，缺肥或偏施氮肥发病也重。

3. 绿色防控技术

（1）生态调控。①轮作倒茬：重病地区停种茄子及其他茄科蔬菜3～4年，与韭菜、葱蒜类轮作较好，如与水稻轮作1年即可收到明显效果。②加强田间管理：选择地势平坦、排水良好的砂壤土地块种植茄子，并深翻平整。③多施腐熟的有机肥，增施磷、钾肥，促进植株健壮生长，提高植株抗性。④适时定植：要求10厘米地温稳定在15℃以上时开始定植，定植时和定植后避免浇冷水，并注意提高地温。⑤发现病株及时拔除，收获后彻底清除田间病残体集中烧毁。⑥可用嫁接育苗的方法防病，即用野生水茄、红茄作砧木，栽培茄作接穗，防治效果明显。

（2）选用抗（耐）病品种。

（3）药剂防治。可用 10 亿 CFU/ 克枯草芽孢杆菌可湿性粉剂将药剂与细沙混合均匀，在茄子移栽定植时穴施 2～3 克 / 株，然后覆土浇水或者在茄子发病初期时配制成 300～400 倍药液灌根处理，每株浇灌药液 250 毫升，可间隔 5 天后使用第二次；或选用 50% 多菌灵可湿性粉剂 500 倍药液浸种，播种前用浸种 1～2 小时，然后催芽播种。育苗苗床（营养钵）施药土防治，苗床整平后，每平方米用 50% 多菌灵可湿性粉剂 5 克，拌细土撒施于畦面，再播种；发病初期用 50% 多菌灵可湿性粉剂 500 倍液灌根，每株灌药液 0.5 千克，10 天左右灌一次，连灌 2～3 次。

七、茄子灰霉病

1. 症 状

茄子苗期、成株期均可发生灰霉病。幼苗染病，子叶先端枯死。后扩展到幼茎，幼茎缢缩变细，常自病部折断枯死，真叶染病出现半圆全近圆形淡褐色轮纹斑，后期叶片或茎部均可长出灰霉，致病部腐烂。成株染病，叶缘处先形成水浸状大斑，后变褐，形成椭圆或近圆形浅黄色轮纹斑，直径 5～10 毫米，密布灰色霉层，严重的大斑连片，致整叶干枯。茎秆、叶柄染病也可产生褐色病斑，湿度大时长出灰霉。果实染病，幼果果蒂周围局部先产生水浸状褐色病斑，扩大后呈暗褐色，凹陷腐烂，表在产生不规则轮状灰色霉状物，失去食用价值（图 9-12 和图 9-13）。

图 9-12 茄子灰霉病为害茎秆症状　　　　**图 9-13 茄子灰霉病为害果实症状**

2. 发生特点

病菌以菌丝体或分生孢子随病残体在土壤中越冬，也可以菌核的形式在土壤中越冬，成为翌年的初侵染源。发病组织上产生分生孢子，随气流、浇水、农事操作等传播蔓延，形成再侵染。多在开花后侵染花瓣，再侵入果实引发病害。也能由果蒂部侵入。病果采摘后，随意扔弃，或摘下的病枝病叶未及时带出温室或大棚，最易使孢子飞散传播病害。茄子灰霉病菌喜低温高湿。持续的较高的空气相对湿度是造成灰霉发生和蔓延的主导因素。光照不足、气温较低（16～20℃）、湿度大、结露持续时间长，均易发生灰霉病，所以，春季如遇连续阴雨天气，气温偏低，温室大棚放风不及时，湿度大，灰霉病便容易流行。植株长势衰弱时病情加重。

3. 绿色防控技术

（1）生态调控。合理轮作，可与灰霉病发生较轻的蔬菜轮作。一般十字花科蔬菜发生较轻，可以与其轮作，以减少病源。保护地加强通风降湿，可抑制灰霉病的发生。发病后要适当控制浇水，浇水的时间最好选在晴天的早晨，最好能采用膜下灌溉及管灌，避免大水漫灌。浇水后要闭棚提温，使棚温升至35℃以上，闷棚1～2小时后放风排湿。如能在浇水的前一天使用1次百菌清烟剂，会对防病更加有利。在田间出现病叶、病果及病蔓时要及时清除。清除时最好先用食品袋将其套住，以免病菌孢子飞扬。如果是茎部发病，清除时要带有足够的健康组织，并及时喷洒有效的杀菌剂，以防复发。

（2）土壤及棚舍的消毒。病菌是以菌核在土中越夏，因此可利用夏季换茬的时候，以高温处理土壤来杀死菌核。

（3）药剂防治。需要掌握3个重要的病害高发期，分别是苗期、初花期及果实膨大期。植株的苗期，可以使用对苗生长无害的药剂进行喷洒。初花期，选择使用500克／升氟吡菌酰胺·嘧霉胺悬浮剂60～80毫升／亩，间隔7～10天喷一次，发病初期选用50%硫磺·多菌灵可湿性粉剂135～166克／亩、20%二氯异氰尿酸钠可溶粉剂187.5～250克／亩，间隔7～10天喷一次，连续2～3次。

八、茄子叶霉病

1. 症　状

茄子叶霉病主要为害叶片。先中下部发生，随后逐渐向上蔓延。叶片染病初现边缘不明显的褪绿斑点，病斑背面长有榄绿色绒毛状霉，即病菌分生孢子梗和分生孢子，致病叶早期脱落。果实染病，病部呈黑色，革质，多从果柄蔓延下来，致果实现白色斑块，成熟果实病斑黄色下陷，后渐变黑色，最后成为僵果（图9-14）。

图9-14 茄子叶霉病为害叶片症状

2. 发生特点

病菌主要以菌丝体和分生孢子随病残体遗留在地面越冬，翌年气候条件适宜时，病组织上产生分生孢子，通过风雨传播，分生孢子在寄主表面萌发后从伤口或直接侵入，病部又产生分生孢子，借风雨传播进行再侵染。该病发生温度以 20 ～ 25℃，相对湿度高于 85% 时为最适宜，低于 10℃ 或高于 35℃，且干燥的条件下，发病迟缓或停止扩展。植株栽植过密，株间生长郁闭，田间湿度大或有白粉虱为害易诱发此病。

3. 绿色防控技术

（1）生态调控。合理轮作，避免重茬。加强栽培管理。栽植密度应适宜，雨后及时排水，注意降低田间湿度；收获后及时清除病残体，集中深埋或烧毁。

（2）选用抗病品种及种子消毒。种子播前应先在阳光下暴晒 2 ～ 3 天，然后用 55℃ 温水浸种 15 ～ 20 分钟，并不断搅拌，再晒干备播，或用 1% 高锰酸钾 800 倍液浸种 30 分钟，捞出冲净后催芽。

（3）药剂防治。发病初期可选用 6% 春雷霉素水剂 53 ～ 58 毫升/亩、35% 氟菌·戊唑醇悬浮剂 30 ～ 40 毫升/亩、43% 氟菌·肟菌酯悬浮剂 30 ～ 45 毫升/亩、10% 氟硅唑水乳剂 40 ～ 60 毫升/亩、10% 多抗霉素可湿性粉剂 120 ～ 140 克/亩、50% 甲基硫菌灵·硫磺悬浮剂 800 倍液，间隔 5 ～ 7 天喷药一次，喷 1 ～ 2 次。

九、茄子炭疽病

1. 症　状

茄子炭疽病主要为害果实。果实发病，表面产生近圆形、椭圆形或不规则形黑褐色、稍凹陷病斑，可汇合形成大型病斑；病部皮下的果肉微呈褐色，干腐状，严重时可导致整个果实腐烂；后期病部表面密生黑色小点，潮湿时溢出褚红色黏质物。此病与茄子褐纹病的区别在于其病征明显，偏黑褐色至黑色（图 9-15）。

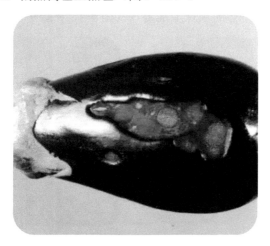

图 9-15　茄子炭疽病为害果实症状

2. 发生特点

病菌主要以菌丝和未成熟的分生孢子盘随病残体遗留在土壤中越冬，病菌也可以菌丝潜伏在种子上，种子发芽后直接侵害子叶，使幼苗发病。田间靠风雨传播。孢子产生需高温高湿的条件，田间发病的最适温度为24℃左右，空气相对湿度97%以上。低温多雨的年份病害严重，烂果多，气温30℃以上，干旱，该病停止扩展。重茬地，地势低洼、排水不良，氮肥过多，植株郁蔽或通风不良，植株生长势弱的地块发病重。

3. 绿色防控技术

（1）生态调控。采用高畦或起垄栽培，及时插杆架果，可减轻发病。合理轮作，发病地与非茄科蔬菜进行2~3年轮作。加强管理，培育壮苗，适时定植，避免植株定植过密。合理施肥，避免偏施氮肥，增施磷肥、钾肥。适时适量灌水，雨后及时排水。及时摘除枯黄病叶和底叶，带出田外集中处理。

（2）选育抗病品种。从无病果上采种，一般种子应用55℃温水浸种15分钟或52℃温水浸种30分钟。

（3）药剂防治。发病初期可选用25%苯醚甲环唑悬浮剂30~40毫升/亩、32%苯甲·嘧菌酯悬浮剂24~48毫升/亩、50%多菌灵可湿性粉剂500倍液、70%丙森锌可湿性粉剂700倍液、70%甲基硫菌灵可湿性粉剂1 000倍液、75%百菌清可湿性粉剂1 000倍液，7~10天喷一次，连续防治2~3次。

十、茄子棒孢叶斑病

1. 症 状

该病主要为害叶片、茎和果实。发病叶片上先出现灰紫黑色圆形小点，渐扩大后呈星状直径0.5~1厘米圆形或不规则形病斑，边缘不整齐，周缘紫黑色，中间略浅，有的病斑上有轮纹，能引起早期落叶。茎部染病，病斑处为淡褐色，稍候表面凹陷，最后为干腐状，表面密生黑色霉层，严重时植株上部萎蔫（图9-16和图9-17）。

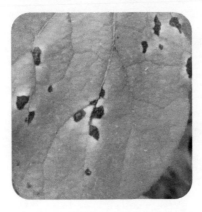 

图9-16 茄子棒孢叶斑病为害叶片症状　　**图9-17 茄子棒孢叶斑病为害果实症状**

2. 发生特点

茄子棒孢叶斑病的病原在 6～30℃均能发育，发病适宜温度 20～25℃。病原菌以菌丝体或分生孢子在病残体及种子上越冬，成为翌年初侵染源。第二年产生的分生孢子可通过风雨进行传播，侵染健康植株。该病的发生与温湿度关系密切，在温室高温高湿条件下发病严重，特别是夜间植株叶片上形成水滴的情况下，病害传播蔓延速度快。一般来说，5—6 月温室内温度较高、管理不善时该病发生较重。

3. 绿色防控技术

（1）生态调控。播种或移栽前，或收获后，清除田间及四周杂草，集中烧毁或沤肥；深翻地灭茬，促使病残体分解，减少病原和虫原。和非本科作物轮作，水旱轮作最好。选用排灌方便的田块，开好排水沟，降低地下水位，达到雨停无积水；大雨过后及时清理沟系，防止湿气滞留，降低田间湿度，这是防病的重要措施。适时早播，早移栽、早间苗、早培土、早施肥，及时中耕培土，培育壮苗。施用酵素菌沤制的堆肥或腐熟的有机肥，不用带菌肥料，施用的有机肥不得含有植物病残体。采用测土配方施肥技术，适当增施磷钾肥，加强田间管理，培育壮苗，增强植株抗病力，有利于减轻病害。地膜覆盖栽培，可防治土中病菌为害地上部植株。适当密植，及时整枝或去掉下部老叶，保持通风透光。避免在阴雨天气整枝；及时防治害虫，减少植株伤口，减少病菌传播途径；发病时及时防治，并清除病叶、病株，带出田外烧毁，病穴施药或生石灰。大棚栽培的可在夏季休闲期，棚内灌水，地面盖上地膜，闭棚几日，利用高温灭菌。高温干旱时应科学灌水，以提高田间湿度，减轻蚜虫、灰飞虱为害与传毒。严禁连续灌水和大水漫灌。浇水时防止水滴溅起，是防止该病的重要措施。

（2）选用抗病品种，选用无病、包衣的种子，如未包衣则种子须用拌种剂或浸种剂灭菌。

（3）育苗移栽。育苗的营养土要选用无菌土，用前晒 3 周以上；苗床床底撒施薄薄一层药土，播种后用药土覆盖，移栽前喷施 1 次除虫灭菌剂，这是防病的关键。

（4）土壤及种子消毒。土壤病菌多或地下害虫严重的田块，在播种前撒施或沟施灭菌杀虫的药土。播种前种子用 55℃温水浸种 15 分钟或 52℃温水浸 30 分钟，再放入冷水中冷却后催芽。

（5）药剂防治。发病初期开始喷洒 50% 甲基硫菌灵可湿性粉剂 500 倍液、50% 苯菌灵可湿性粉剂 1 500 倍液或 12.5% 烯唑醇可湿性粉剂 2 000～2 500 倍液，隔 7～10 天一次，连续防治 3～4 次。喷药防治时应注意不同作用机理的杀菌剂交替使用，以避免病菌抗药性的产生。

十一、茄子病毒病

1. 症　状

茄子病毒病常见的有花叶型、坏死斑点型和大型轮点型 3 种。花叶型表现为整株发病，叶片黄绿相间，形成斑驳花叶，老叶产生圆形或不规则形的暗绿色斑纹，心叶稍微显黄色。

坏死斑点型表现为发病植株上位叶片出现局部侵染性紫褐色坏死小斑点，大小0.5～1.0毫米，有时呈轮点状坏死，叶面皱缩，呈高低不平萎缩状。大型轮点型表现为叶片产生由黄色小点组成的轮状斑点，有时轮点也坏死（图9-18）。

图 9-18 茄子病毒病症状

2. 发生特点

此病由病毒侵染引起，主要有烟草花叶病毒、黄瓜花叶病毒、蚕豆萎蔫病毒及马铃薯病毒等单独或复合侵染。此病喜高温干旱环境，主要发病盛期春季4—6月，秋季9—10月。偏施氮肥，蚜虫防治不及时，管理粗放及连作田块发病重。

3. 绿色防控技术

（1）生态调控。选择3年以上未种过茄果类蔬菜的地块，以及远离黄瓜、番茄、辣椒的能灌能排的高燥地块种植。发病初期应及时拔除病株并在田外销毁，土壤施足有机肥，加强肥水管理。保持土壤湿润，注意通风换气。

（2）选用抗病品种，培育无病壮苗。

（3）先用清水浸种2～3小时，再用10%磷酸钠溶液浸泡20～30分钟，清水淘净后再催芽播种。

（4）药剂防治。发病初期开始喷药保护，可用1.5%苦参碱可溶液剂30～40毫升/亩、35%呋虫·哒螨灵水分散粒剂32～40克/亩、20%吡虫啉可溶液剂20～30毫升/亩或4.5%高效氯氰菊酯乳剂1 500倍液等药剂及时防治蚜虫、粉虱等传毒昆虫。可以结合使用黄色诱蚜板诱杀蚜虫，或使用防虫网，以减少用药次数。

十二、茄子褐色圆星病

1. 症 状

茄子褐色圆星病主要为害茄子叶片。发病叶片上出现圆形或近圆形的病斑，病斑初期褐色或红褐色，直径1～6毫米，后期病斑中央为灰褐色，边缘仍为褐色或红褐色，最外面常有黄白色圈。湿度大时，病斑上可见淡灰色霉层，也就是病原菌的繁殖体。病害严重时，叶片上布满病斑，病斑汇合连片，叶片易破碎、早落。后期发病严重时，病斑中部破裂穿孔（图9-19）。

图9-19 茄子褐色圆星病症状

2. 发生特点

茄子褐色圆星病的病原菌为茄生尾孢，属于真菌。病原菌以分生孢子或菌丝块在被害部位越冬，第二年在菌丝块上产出分生孢子，借助气流或雨水溅射传播蔓延。温暖多湿的天气或低洼潮湿，植株间通风不良易发病。不同品种间的抗性有差异。

3. 绿色防控技术

（1）生态调控。选用地势高燥的田块，并深沟高畦栽培，雨停不积水；使用的有机肥要充分腐熟，并不得混有上茬农作物残体；水旱轮作、育苗的营养土要选用无菌土，用前晒3周以上。合理密植，及时清除病蔓、病叶、病株，并带出田外烧毁，病穴施药或生石灰；地膜覆盖栽培，可防治土中病菌为害地上部植株。大棚栽培的可在夏季休闲期，棚内灌水，地面盖上地膜，闭棚几日，利用高温灭菌。

（2）选用抗病、包衣的种子，如未包衣，用拌种剂或浸种剂灭菌。

（3）药剂防治。及时喷药预防，发病初期可喷洒75%百菌清可湿性粉剂800倍液+70%甲基硫菌灵可湿性粉剂800倍液、50%多菌灵可湿性粉剂800倍液+70%代森锰锌可湿性粉剂800倍液、40%多·硫悬浮剂600倍液、36%甲基硫菌灵悬浮剂500倍液、50%苯菌灵可湿性粉剂1 500倍液等药剂。由于茄子叶片表皮毛多，为增加药液的附着性，可在药液中加入0.1%～0.2%的洗衣粉。每隔7～10天喷药一次，连续防治2～3次。

十三、茄子红腐病

1. 症 状

茄子红腐病主要为害地上部或茎基部及果柄，病变开始初期会变成褐色，皮层慢慢腐烂，表皮内外长有粉红色霉状物，致使植株黄化、矮小或萎凋后死亡，一般不使茄子落叶

（图 9-20）。

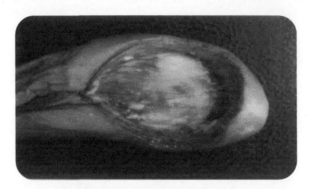

图 9-20　茄子红腐病为害果实症状

2. 发生特点

病菌以菌丝、分生孢子在病株、种子、病残体上及土壤中越冬，翌年成为初侵染源，苗期、成株均可染病。种子发芽时，分生孢子萌发，长出芽管，从伤口侵入，引起发病。发病适温 22 ～ 28℃，降雨多、相对湿度大易发病。

3. 绿色防控技术

（1）农业防治。实行 3 ～ 4 年以上轮作；深翻平整土地，增施有机肥，增加活土层，提倡施用酵素菌沤制的堆肥等微生物肥料；加强田间管理，合理排灌水，开沟排水，防止积水。

（2）药剂防治。发病初期喷淋 50% 苯菌灵可湿性粉剂 1 000 倍液或 50% 甲基硫菌灵·硫磺悬浮剂 600 ～ 700 倍液，采收前 3 天停止用药。

十四、茄子菌核病

1. 症　状

整个生育期均可发病。苗期发病始于茎基部，病部初期呈浅褐色水渍状，湿度大时，长出白色棉絮状菌丝，呈软腐状，无臭味，干燥后呈灰白色，菌丝集结为菌核，病部缢缩，茄苗枯死。成株期各部位均可发病，先从主茎基部或侧枝 5 ～ 20 厘米处开始，初呈淡褐色水渍状病斑，稍凹陷，渐变灰白色，湿度大时也长出白色絮状菌丝，皮层腐烂，在病茎表面及髓部形成黑色菌核，干燥后髓空，病部表面易破裂，纤维呈麻状外露，致植株枯死；叶片受害也先呈水浸状，后变为褐色网斑，有时具轮纹，病部长出白色菌丝，干燥后斑面易破；花蕾及花受害，表现为水渍状湿腐，终致脱落；果柄受害致果实脱落；果实受害端部或向阳面开始表现为水渍状斑，然后变褐腐，稍凹陷，斑面长出白色菌丝体，后形成菌核（图 9-21 至图 9-23）。

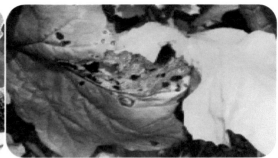

图 9-21 茄子菌核病为害茎部症状　　　　图 9-22 茄子菌核病为害叶片症状

图 9-23 茄子菌核病为害果实症状

2. 发生特点

病菌主要以菌核在土壤中及混杂在种子中越冬或越夏，在环境条件适宜时，菌核萌发产生子囊盘，子囊盘散放出的子囊孢子借气流传播蔓延，穿过寄主表皮角质层直接侵入，引起初次侵染。病菌通过病、健株间的接触，进行多次再侵染，加重为害。棚内低温高湿，茄子菌核病发病较重。病株与健株、病枝与健枝接触，或病花、病果软腐后落在植株健部均可诱发病害，成为再侵染的一个途径。菌核存活适宜干燥的土壤，可存活 3 年以上，浸在水中约成活 1 个月。病菌喜温暖潮湿的环境，发病最适宜的条件为温度 20 ～ 25℃，相对湿度 85% 以上。最适感病生育期为成株期至结果中后期。

3. 绿色防控技术

（1）农业防治。①种子处理：菌核可混在种子内远距离传播，因此不可选有病植株果实留种。播种前，种子应先过筛，去除混于其中的菌核；浸种前晒种 4 ～ 6 小时；用 8% 盐水选种，去除上浮的菌核和杂物，可重复几次；用清水洗净后播种，以免影响发芽；覆膜栽培，防止子囊盘出土。②轮作倒茬：与非茄科和芹菜等蔬菜实行 2 ～ 3 年轮作；前茬收获后深翻整地 1 次，以破坏子囊盘，使菌核不能萌发。③去除病株：不可从病区温室、大棚移植幼苗至未发病的棚室，防止菌核随育苗土传播；田间病株和落果、病叶、病花应及时带到棚外集中销毁或深埋处理，不得随地乱扔。④加强管理：保证足够的通风时间和通风量，降低空气湿度；忌大水漫灌，以免提高空气湿度；棚内温度不可过低，以免昼夜温差过小，影响茄子正常花芽分化，降低品质。

（2）药剂防治。①熏烟法：选用10%腐霉利烟剂、45%百菌清烟剂，每亩用量250克，隔7天熏一次，连续熏烟3～4次。②粉尘法：喷洒5%百菌清粉尘剂，每亩用量1千克。③喷雾法：选用25%咪鲜胺乳油1 000～1 500倍液、50%腐霉利·多菌灵可湿性粉剂1 000倍液、50%腐霉利可湿性粉剂1 500倍液、50%异菌脲可湿性粉剂1 000倍液、70%甲基硫菌灵可湿性粉剂800倍液，在茄子茎部和叶部喷雾防治，5～7天防治一次，连续防治2～3次。

十五、茄子细菌性褐斑病

1. 症 状

茄子植株中下部叶片容易发病，果实也会受害。褐斑病发病初期叶面上的病斑为小点状，水浸状，淡褐色。随病情的发展，病斑逐渐扩大，形成不规则形或近圆形斑，中央灰褐色至灰白色，边缘褐色至深褐色。褐斑病后期病斑中央有很多小黑点，病斑周围有较宽的黄色晕圈。发病重时病斑连成片或布满叶片，出现干枯或脱落（图9-24至图9-26）。

图9-24 茄子细菌性褐斑病为害叶片症状　　　图9-25 茄子细菌性褐斑病为害嫩枝症状

图9-26 茄子细菌性褐斑病为害果实症状

2. 发生特点

茄子细菌性褐斑病的病原以菌丝体或分生孢子器随病残体在土壤中越冬，主要通过水滴溅射传播，叶片间碰撞摩擦或人为操作也可以传病。病原细菌从水孔或伤口侵入。春天产生分生孢子，从伤口或气孔侵入。茄子细菌性褐斑病的病原孢子借风雨传播，进行多次重复侵染。病原菌喜高温高湿条件，温度24～28℃，相对湿度高于85%时易发病。如连阴雨、多露，利于病害流行。

3. 绿色防控技术

（1）农业防治。茄子种植地块与其他作物实行2年以上轮作；采用覆盖地膜，可减少病害初侵染；适时适量控制浇水，雨后及时排水；打去下部老叶，增加通透性。

（2）药剂防治。在茄子发病初期用药液进行灌根，药剂可用3%中生菌素可湿性粉剂600～800倍液、20亿CFU/克蜡质芽孢杆菌可湿性粉剂100～300倍液、5亿CFU/克荧光假单胞杆菌颗粒剂、30%碱式硫酸铜悬浮剂400倍液、77%氢氧化铜可湿性微粒粉剂500倍液。每7～10天灌一次，连续防治2～3次。

十六、茄子白粉病

1. 症 状

茄子白粉病主要为害叶片。发病初期叶面出现不规则褪绿黄色小斑，叶背相应部位则出现白色小霉斑，以后病斑数量增多，白色粉状物日益明显而呈白粉斑。白粉状斑可相互连合，扩展后遍及整个叶面，严重时叶片正反面全部被白粉覆盖，最后致叶组织变黄干枯（图9-27）。

图 9-27 茄子白粉病症状

2. 发生特点

病菌主要以闭囊壳在病残体上越冬，翌年条件适宜时，放射出子囊孢子进行传播，进而产生无性孢子扩大蔓延，引致该病流行。发病温度范围为16～24℃。

3. 绿色防控技术

（1）农业防治。实行轮作；科学施肥，避免过量施用氮肥，增施磷钾肥，防止徒长；

合理密植，通风、降湿，以及及时清除病叶、老叶和病残体；选用抗病品种。

（2）药剂防治。发病前可喷50%硫磺悬浮剂500倍液、75%百菌清可湿性粉剂500～600倍液、70%代森锰锌可湿性粉剂500～600倍液喷雾预防；发病初期可选用15%三唑酮乳油800倍液、25%腈菌唑乳油2 000倍液、10%苯醚甲环唑水分散粒剂1 500～2 000倍液、400克/升氟硅唑乳油5 000倍液，每隔5～7天喷一次，连续防治2～3次。药剂交替使用，避免产生抗性。

（红腐病、菌核病：陈仕红　撰写；其他病害：何秀龙　撰写）

第二节　主要虫害识别及绿色防控技术

一、朱砂叶螨

1. 识别特征和为害症状

雌虫背面观呈卵圆形，春夏活动时期，体色为黄绿色或锈红色，眼的前方淡黄色。从夏末开始出现橙红色个体，深秋时橙红色个体日渐增多，为越冬雌虫。身体两侧各有黑斑1个，其外侧3裂，内侧接近身体中部。前足体上有眼2对，成连环状。背面的表皮纹路纤细，在内腰毛和内骶毛之间纵行，形成明显的"菱形纹"。雄虫背面观略呈菱形，比雌虫小得多，体色为黄绿色或鲜红色。

虫体集聚成橘红至鲜红色的虫堆为害叶片。被害叶片上出现许多细小白点，导致失绿枯死，叶背有蜘蛛吐丝结网。主要在夏秋季或高温干旱地区（棚室）发生（图9-28）。

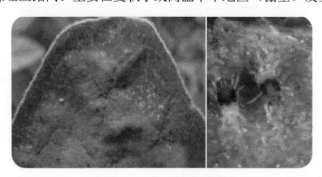

图9-28　朱砂叶螨为害状

2. 发生特点

该螨发生代数从北向南10～20代。长江流域，以受精雌成螨在土块缝隙、树皮裂缝及枯枝落叶等处越冬。越冬螨少数散居。翌年春季，气温10℃以上时开始活动，温室内无越冬现象，喜高温。雌成螨寿命30天，越冬期为5～7个月。该螨世代重叠，在高温干燥季节易暴发成灾。主要靠爬行和风进行传播。当虫口密度较大时螨成群集，吐丝串联下垂，借风吹扩散。主要是以两性生殖，也能孤雌生殖。

3. 绿色防控技术

（1）农业防治。改善栽培环境，使栽培地段通风、凉爽，适时浇水，以减缓繁殖速度；在受害地段，消除周围枯枝、落叶及杂草，冬季深翻土地，减少虫源。

（2）生物防治。保护和利用天敌。主要有小黑瓢虫、小花蝽、六点蓟马、中华草蛉、拟长毛钝绥螨、智利小植绥螨等，或利用 0.5% 藜芦碱可溶性液剂 120～140 毫升 / 亩进行喷雾防治 1 次。

（3）药剂防治。可选用 35% 呋虫·哒螨灵水分散粒剂 32～40 克 / 亩喷雾防治 1 次，或在若螨期用 240 克 / 升虫螨腈悬浮剂 20～30 毫升 / 亩，间隔 7～8 天施药一次，连续使用 2 次。

二、黄蓟马

1. 识别特征和为害症状

黄蓟马成虫体长 1.1 毫米。体黄色。头宽大于长，短于前胸；单眼间鬃间距小，位于前、后单眼的内缘连线上。触角 7 节，第三至第五节端半部较暗，第六至第七节暗褐色，第三、第四节上具叉状感觉锥，锥伸达前节基部。前胸背板中部约有 30 根鬃，前外侧有 1 对鬃较粗，后外侧有一对鬃粗而长；后角 2 对鬃较其他鬃长得多。后胸背板有一对钟形感觉孔，位于背板后部，且间距小。中胸腹板内叉骨具长刺，后胸腹板内叉骨无刺。前翅前缘鬃 28 根；前脉基鬃 7 根，端鬃 3 根；后脉鬃 14 根。腹部第五至第八背板两侧具微弯梳，第八背板后缘梳完整，梳毛细而排列均匀；第二背板侧缘各有纵排的 4 根鬃；第三、第四背板鬃 2 比鬃 3 短而细。雄成虫相似于雌成虫，但较小而淡黄，腹部第八背板缺后缘梳；腹部第三至第七腹板有腺域。

蓟马以成虫、若虫刺吸心叶、嫩茎、幼果汁液，使被害植株嫩芽、叶卷缩，心叶不能展开，出现丛生现象；幼果畸形，严重时造成落果。被害果皮粗糙有斑痕，或带有褐色波纹，或瓜皮布满"锈皮"，呈畸形（图 9-29 和图 9-30）。

图 9-29 黄蓟马为害状　　　　图 9-30 黄蓟马成虫

2. 发生特点

黄蓟马以成虫在茄科、豆科蔬菜及杂草上，或土块、土缝中，或枯枝落叶间越冬，还有少数以若虫越冬。当气温回升12℃时，越冬蓟马开始活动，先在冬茄作物取食繁殖，6月上中旬可转移到黄瓜、丝瓜、茄子、豇豆上为害。成虫活泼、敏捷、能飞喜跳，白天隐藏在瓜苗生长点和幼瓜的毛茸内。卵产于寄主生长点、嫩叶、幼瓜和幼苗组织内初孵若虫即可活动取食，活动范围小，1～2龄多在幼嫩部位活动，2龄末有自然落地钻入土中3～5厘米的习性，4龄若虫羽化为成虫。

3. 绿色防控技术

（1）农业防治。采用营养土方育苗，适时栽植，避开为害高峰期。幼苗出土后，用薄膜覆盖代替禾草覆盖，能大大降低虫口。清除田间附近野生茄科植物，也能减少虫源。

（2）生物防治。释放捕食性天敌，如微小花蝽、二叉小花蝽、南方小花蝽、亚非草蛉、白脸草蛉、蜘蛛等，或用80亿CFU/毫升CQMa421金龟子绿僵菌可分散油悬浮剂60～90毫升/亩、10%多杀霉素悬浮剂17～25毫升/亩、0.5%藜芦碱可溶液剂70～80毫升/亩在蓟马若虫发生始盛期进行施药防治。

（3）药剂防治。发现茄子受到黄蓟马为害，及时喷洒药剂防治，药剂可用20%联苯·虫螨腈悬浮剂30～40毫升/亩或240克/升虫螨腈悬浮剂20～30毫升/亩在蓟马发生初期进行喷雾。

三、茄二十八星瓢虫

1. 识别特征和为害症状

成虫体长6毫米，半球形，黄褐色，体表密生黄色细毛。前胸背板上有6个黑点，中间的2个常连成1个横斑；每个鞘翅上有14个黑斑，其中第二列4个黑斑呈一直线，是与马铃薯瓢虫的显著区别。卵长约1.2毫米，弹头形，淡黄至褐色，卵粒排列较紧密（图9-31）。幼虫共4龄，末龄幼虫体长约7毫米，初龄淡黄色，后变白色，体表多枝刺，其基部有黑褐色环纹。蛹长5.5毫米，椭圆形，背面有黑色斑纹，尾端包着末龄幼虫的蜕皮。

茄二十八星瓢虫的成虫、幼虫食害叶片、果实和嫩茎。被害叶片仅留叶脉及上表皮，形成许多不规则透明的凹纹，后变为褐色斑痕；受害果被啃食的部分会变硬，并有苦味，失去商品价值（图9-32）。

2. 发生特点

茄二十八星瓢虫在合肥、武汉地区每年发生3～4代，华北、东北地区每年发生2代，以成虫群集越冬。茄二十八星瓢虫在5月开始活动，6月上中旬为产卵盛期。成虫以上午10时至下午4时最为活跃，午前多在叶背取食，下午后转向叶面取食。成虫有假死性，并可分泌黄色黏液，幼虫夜间孵化，共4龄，2龄后分散为害。

图 9-31 茄二十八星瓢虫

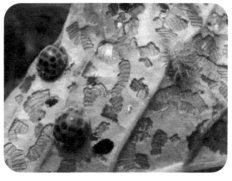

图 9-32 茄二十八星瓢虫为害状

3. 绿色防控技术

（1）农业防治。利用成虫越冬时群居的习性，查清越冬场所，可大批消灭越冬成虫。利用成虫、幼虫的假死性，进行人工捕杀，摘除卵块。

（2）生物防治。喷施 0.3% 印棟素乳油 600 倍稀释液等植物源农药，以及保护利用天敌。

（3）药剂防治。在茄二十八星瓢虫幼虫 3 龄以前，选用 4.5% 高效氯氰菊酯乳油 22 ~ 45 毫升 / 亩、10% 氯氰菊酯乳油 30 ~ 50 毫升 / 亩、2.5% 溴氰菊酯乳油 3 000 倍液进行喷雾防治。

（陈仕红　何秀龙　撰写）

第十章　生姜主要病虫害识别及绿色防控技术

生姜为姜科植物，别名姜、大姜、白姜。既是食品又是药品。种植生姜经济价值较高，丰产田每亩产量可达到 5 000 千克，经济效益在万元以上。但生姜栽培除科学管理外，病虫发生为害是影响产量和品质的重要因素，因此，搞好病虫害防治十分重要。

生姜常发生的病虫害有姜瘟、腐霉根腐病、生姜枯萎病、生姜斑点病、细菌性叶枯病、炭疽病、姜眼斑病、姜叶斑病、姜叶枯病、细菌性软腐病、姜溃疡病、茎基腐病、根结线虫病、姜螟（钻心虫）、甜菜夜蛾、小地老虎、其他地下害虫等。

第一节　主要病害识别及绿色防控技术

一、姜瘟病

1. 症　状

姜瘟病又称腐烂病、青枯病、姜软腐病，主要为害地下茎及根部，常从茎基部开始发病，病部初呈暗紫色，后呈黄褐色水浸状；病姜内部组织软化腐烂，挤压病部流出污白色汁液，有臭味；剖开病姜可见维管束呈褐色。地上部初期萎蔫，随病情的发展逐渐枯死。

（1）地上部分受害症状。在发病初期叶片萎缩、下垂、无光泽，叶片自下而上变枯黄色，边缘卷曲。地上部叶片凋萎，叶尖、叶脉先黄色后褐黄干枯，叶缘卷曲，病叶早枯。茎呈暗紫色，内部组织变褐腐烂，残留纤维（图 10-1）。

图 10-1　姜瘟病植株地上部症状

（2）地下茎受害症状。病部初为水渍状，黄褐色，失去光泽后，内部组织逐渐软化腐烂，仅留残存外皮。剖开根茎或茎基部，可见维管束变褐色，用手挤压可从维管束溢出污白色的菌脓，而后内部组织逐渐软化腐烂，皮层也逐渐变色，后期产生恶臭。被害根部也呈黄褐色，终至全部腐烂（图 10-2）。

图 10-2 姜瘟全株症状

2. 发生特点

姜瘟病的病原为茄青枯劳尔氏菌（*Ralstonia solanacearum*），属细菌。病原在土壤及种姜内越冬，并可在土壤内存活 3 年。土壤中的病原和带菌姜种是主要的侵染源。病原白伤口侵入，也可由茎、叶侵入维管束，向下扩展至根茎，并进入薄壁组织，造成组织崩溃和腐烂，全株死亡。

土壤中的姜瘟病病原是近距离传播的主要途径，带菌姜种是远距离传播的主要途径。含有病原的有机肥、被病原污染的灌溉用水均可以传播姜瘟病。播种病姜后，在田间零星发病，通过流水和地下害虫传播，造成全田发病，蔓延十分迅速。

在日均气温 20℃ 左右时开始发生，最适发病气温 25～30℃。5 厘米地温 25℃ 以上时易流行。

生姜如施基肥不足，追肥过量，氮肥过多，发病重。发病始期灌水过多利于发病；长期灌水的田块比灌跑马水的田块发病重。前茬为番茄、茄子、辣椒、马铃薯、花生的田块发病重。黏重土壤，地势低洼，排水不良，易发病。水旱轮作，利于减轻病害的发生。

3. 绿色防控技术

（1）与其他蔬菜轮作 3 年以上。选留无病种姜，从外地引进种姜，要进行药剂消毒处理，消毒药剂可用波尔多液或草木灰浸液。

（2）选择土质较疏松透气的壤土地或砂土地栽培，合理密植，加强肥水管理，施足充分腐熟的有机肥，适时适量浇水，促进植株生长，增强抗病能力，雨后及时排出田间积水；收获后及时清除田间病残体并集中带出田外销毁。

（3）播种前，可用 88% 水合霉素可溶性粉剂 1 500 倍液，50% 咪鲜胺可湿性粉剂 1 500 倍液浸种姜 30 分钟。生长期发现有地下害虫为害及时防治。

（4）发病前至发病初期，可采用下列杀菌剂进行防治：3% 中生菌素可湿性粉剂 600～800 倍液、20% 噻唑锌悬浮剂 300～500 倍液＋12% 松脂酸铜乳油 600～800 倍液、60% 琥胶肥酸铜·乙膦铝可湿性粉剂 500～700 倍液、36% 三氯异氰尿酸可湿性粉剂

1 000 ～ 1 500 倍液、2% 春雷霉素可湿性粉剂 300 ～ 500 倍液、30% 琥胶肥酸铜可湿性粉剂 500 ～ 700 倍液、12% 松脂酸铜乳油 600 ～ 800 倍液喷淋茎基部或灌根，视病情隔 7 ～ 10 天一次。

二、姜腐霉根腐病

1. 症 状

姜腐霉根腐病，俗称黄苗子、烂脖子病，一般在 5 月中旬开始发病，到了雨季进入发病高峰。如遇雨水偏多，有可能大面积发生。发病初期可见近地面茎叶处出现黄褐色病斑，后软化腐烂，导致地上部叶片黄化凋萎枯死（图 10-3）。

图 10-3 姜腐霉根腐病症状

2. 发生特点

姜腐霉根腐病的病原为群结腐霉（*Pythium myriotylum*），属鞭毛菌亚门真菌。病菌以菌丝体在种姜或在病残体上越冬，病姜种、病残体是此病的初侵染源。条件适宜时产生游动孢子借雨水和灌溉水传播。一般雨水较多，温暖潮湿的季节发病较重；常年连作地块，土质黏重，种植密度过大，田间通透性差，管理粗放，经常大水漫灌发病较重。

3. 绿色防控技术

（1）与非薯芋类蔬菜轮作 3 年以上；选留无病种姜；选择地势平坦土质较疏松的壤土地栽培，合理密植，加强肥水管理，雨后及时排除田间积水；收获后及时清除田间病残体。

（2）发病前至发病初期，可采用下列杀菌剂进行防治：72% 丙森·膦酸铝可湿性剂 800 ～ 1 000 倍液、50% 氟吗·乙铝可湿性粉剂 600 ～ 800 倍液、20% 二氯异氰尿酸钠可溶性粉剂 1 000 ～ 1 500 倍液、50% 霜脲氰可湿性粉剂 200 倍液、灌根，视病情隔 5 ～ 7 天灌一次。

三、姜枯萎病

1. 症 状

姜枯萎病又叫生姜块茎腐烂病，是生姜的一种常见病害。主要为害块茎部，表现为块茎腐烂变褐，地上部叶片常发黄枯萎死亡。姜枯萎病块茎变褐而不带水渍状半透明，挤压患部虽渗出清液但不呈乳白色混浊状，镜检病部可见菌丝或孢子，保湿后患部多长出黄白色菌丝；挖检块茎，其表面常长有菌丝体（图10-4）。

图10-4 姜枯萎病症状

2. 发生特点

姜枯萎病的病原为腐皮镰孢（*Fusarium solani*），属半知菌亚门真菌。病菌以菌丝体和厚垣孢子随病残体在土壤中越冬，翌年条件适宜时产生的分生孢子，借雨水溅射和灌溉水传播。由伤口侵入，进行再侵染。常年连作，地势低洼，排水不良，土质黏重；施用未腐熟的有机肥，雨后易积水发病都重。

3. 绿色防控技术

（1）选用密轮细肉姜、疏轮大肉姜等耐涝品种。与非薯芋类蔬菜轮作3年以上，最好水旱轮作，轮作1年就可收效。选高燥地块或高畦深沟栽培。提倡施用充分腐熟的有机肥。适当增施磷钾肥。注意田间卫生，及时收集病残株烧毁。

（2）用50%多菌灵可湿性粉剂300～500倍液浸种姜1～2小时，捞起后拌草木灰下种。

（3）发病初期，可采用下列杀菌剂或配方进行防治：3%噁霉·甲霜水剂600～800倍液、70%噁霉灵可湿性粉剂2 000倍液、4%嘧啶核苷类抗菌素水剂600～800倍液、10%混合氨基酸铜水剂400～500倍液、2%春雷霉素可湿性粉剂100倍液，兑水灌根，每株灌药液200～300毫升，视病情隔7～10天灌一次。

四、姜斑点病

1. 症 状

姜斑点病又叫姜白星病，主要为害叶片，叶斑黄白色，梭形或长圆形，细小，长2～5毫米，斑中部变薄，易破裂或成穿孔。严重时，病斑密布，全叶似星星点点，故又名白星病。病部可见针尖小点，即分生孢子器。潮湿时病斑上长出分散的黑色小粒点，干燥时病部开裂或穿孔，若许多病斑相连，可使叶片部分或全叶枯干（图10-5）。

图 10-5 姜斑点病症状

2. 发生特点

姜斑点病是由半知菌亚门真菌叶点霉属引起的一种真菌性病害。病菌分生孢子器球形至扁球形，黑褐色。分生孢子单胞，椭圆形。病菌以菌丝体和分生孢子器随病残体遗落土中越冬。越冬菌翌年产生出分生孢子传播至姜叶片上，侵染引起田间发病。发病后病部产生的分生孢子借风雨传播进行再侵染。病害再侵染频繁，条件适宜病害发展很快。病菌喜温湿条件，温暖多湿，株间郁蔽，田间湿度大，易于发病。病害发生和发展与降雨次数多少、降水量大小密切有关。

3. 绿色防控技术

（1）轮作换茬、避免连作，与水稻轮作一年效果较好。

（2）整地施肥。选地势高燥排水良好的地块起高垄种植，因病残体是主要的初侵染源，故播前应彻底搞好清园工作；结合整地晒土起高畦，施足优质有机肥料，整平畦面以利灌排；避免单独或过量施速效氮肥，增施有机肥、生物菌肥、磷钾肥和微肥；生长前期进行遮阴。

（3）喷药保护。发病初期，用 30% 嘧菌酯悬浮剂 1 000 倍液，或 30% 苯醚甲环唑·丙环唑乳油 4 000 ~ 5 000 倍液，或 50% 异菌脲可湿性粉剂 600 倍兑水喷雾，每亩用液 50 千克，对发病中心进行重点喷雾，隔 6 ~ 7 天喷一遍，连续防治 3 ~ 4 次。

五、姜炭疽病

1. 症　状

姜炭疽病主要为害叶片，发病初期从叶尖或叶缘出现褐色水浸状小斑，后向下、向内扩展成圆形或梭形至不规则形褐斑，病斑上有明显或不明显云纹，发病严重时多个病斑连成大斑块导致叶片干枯（图 10-6）。

图 10-6 姜炭疽病症状

2. 发生特点

姜炭疽病的病原菌为辣椒刺盘孢（*Colletotrichum copisci*），属半知菌亚门真菌。病菌以菌丝体和分生孢子盘在病部或随病残体在土壤中越冬，在南方，分生孢子在田间寄主作物上辗转为害，只要遇到合适寄主便可侵染，无明显的越冬期。病菌分生孢子在田间借风雨、昆虫传播。常年连作地块，种植过密，田间通透性差，管理粗放发病重。

3. 绿色防控技术

（1）与非姜科蔬菜轮作 3 年以上；高畦栽培，施足充分腐熟的有机肥，密度要适宜，避免栽植过密；加强肥水管理促进植株健壮生长；雨后及时排除田间积水，发现病叶及时摘除并带出田间；收获后彻底清除病残体集中烧毁。

（2）发病初期至收获前，可采用下列杀菌剂或配方进行防治：25% 嘧菌酯悬浮剂 2 000 倍、20% 硅唑·咪鲜胺水乳剂 2 000 ~ 3 000 倍液、20% 苯醚·咪鲜胺微乳剂 2 500 ~ 3 500 倍液、25% 咪鲜胺乳油 1 000 ~ 1 500 倍液 + 75% 百菌清可湿性粉剂 600 倍液，均匀喷雾，视病情隔 5 ~ 7 天喷一次。

六、姜细菌性叶枯病

1. 症 状

姜细菌性叶枯病叶片发病，沿叶缘、叶脉扩展，初期出现淡褐色略透明水浸状斑点，后变为深褐色斑，边缘清晰。根茎部发病初期出现黄褐色水浸状斑块，逐渐从外向内软化腐烂。

2. 发生特点

姜细菌性叶枯病的病原为野油菜黄单胞杆菌姜致病变种 *Xanthomonas campestris* pv. *zingibericola*，属细菌。病菌主要随病残体在土壤中越冬。带菌种姜是田间重要初侵染源，并可随种姜进行远距离传播。在田间病菌可借雨水、灌溉水及地下害虫传播。病菌喜高温高湿，土温 28 ~ 30℃，土壤湿度高易发病。阴雨天多发病严重，尤其在暴风雨后病情明显加重。

3. 绿色防控技术

（1）与非薯芋类蔬菜轮作 2 ～ 3 年；选择地势较高，雨后不易积水，通风性良好，土质肥沃地块种植，施足充分腐熟的有机肥；严格挑选种姜，剔除病姜；防止病田的灌溉水流入无病田，雨后及时排除田间积水；发现病株及时拔除，病穴用石灰消毒；及时防治地下害虫；收获后及时清除田间病残体，并集中销毁。

（2）发病前至发病初期，可采用下列杀菌剂进行防治：20% 噻菌铜悬浮剂 1 000 ～ 1 500 倍液、50% 氯溴异氰尿酸可溶性粉剂 1 500 ～ 2 000 倍液、12% 松脂酸铜乳油 600 ～ 800 倍液、77% 氢氧化铜可湿性粉剂 800 ～ 1 000 倍液，均匀喷雾，视病情间隔 7 ～ 10 天喷一次。

（3）发病普遍时，可采用下列杀菌剂进行防治：20% 噻唑锌悬浮剂 600 ～ 800 倍液、3% 中生菌素可湿性粉剂 600 ～ 800 倍液、30% 琥胶肥酸铜可湿性粉剂 500 ～ 600 倍液，均匀喷雾，视病情间隔 5 ～ 7 天喷一次。

七、姜眼斑病

1. 症 状

姜眼斑病的致病菌为德斯霉，为害叶片。叶片发病，初时产生褐色小斑点，扩展后病斑梭形，大小 5 ～ 10 毫米，灰白色，边缘浅褐色，周围有明显或不明显的黄色晕圈。湿度大时，病斑两面生出暗灰色至黑色霉状物。发病严重时，叶片上病斑连片，造成病叶黄枯而死。

2. 发生特点

姜眼斑病的病原为 *Drechslera spicifera*（Bain）v. Arx。病菌以分生孢子丛在病残体上并随之在土壤中越冬。翌年越冬菌产生分生孢子侵染引起田间植株发病，病株产生出大量分生孢子，借风雨传播扩散，引起再侵染，病害不断扩展蔓延。病菌喜温湿条件，温暖、多湿条件有利于病害发生和发展。地势低洼、多湿、肥料不足，特别是钾肥不足发病重。管理粗放、植株生长不良，病害明显加重。

3. 绿色防控技术

（1）选地势较高，排水良好的肥沃地块种植；做好翻耕整地，施足腐熟粪肥，冲施高钾水溶肥；适量灌水，雨后清沟排渍，降低田间湿度；病初期及时拔出病株或摘除病叶，减少田间菌源；收获后彻底清除田间病残，集中烧毁或深埋，然后深翻土壤。

（2）发病初期及时施药防治，药剂可选用 30% 氢氧化铜悬浮剂 600 倍液、12% 松脂酸铜乳油 500 倍液、30% 碱式硫酸铜悬浮剂 400 倍液、77% 氢氧化铜可湿性微粒粉剂 600 倍液或 10% 苯醚甲环唑水分散粒剂 1 000 倍液，兑水叶面喷雾。

八、姜叶斑病

1. 症　状

姜叶斑病主要为害叶片，叶片上病斑呈不规则形，中间灰白色，边缘褐色，发病严重时多个病斑融合成大斑，导致叶片干枯死亡（图10-7）。

图10-7 姜叶斑病症状

2. 发生特点

姜叶斑病病原为链格孢（*Alternaria* sp.），属半知菌亚门真菌。病菌在病部或病残体中越冬，条件适宜时病菌借气流或雨水传播，进行侵染；温暖多雨的季节发病重，种植密度过大，田间通透性差，管理粗放发病重。

3. 绿色防控技术

（1）合理密植，加强肥水管理，雨后及时排水，清除田间病残体，增施充分腐熟的有机肥。

（2）发病初期，可采用下列杀菌剂进行防治：52.5%异菌·多菌可湿性粉剂800～1 000倍液、50%甲基·硫磺悬浮剂800～1 000倍液、64%氢铜·福美锌可湿性粉剂1 000倍液、20%嘧菌酯乳油1 500～3 000倍液＋2%春雷霉素水剂300～500倍液、10%苯醚甲环唑水分散粒剂1 000倍液、50%腐霉利可湿性粉剂800～1 200倍液+50%克菌丹可湿性粉剂400～500倍液，喷雾，视病情隔7～10天喷一次。

九、姜叶枯病

1. 症　状

姜叶枯病主要为害叶片，发病初期在叶片上产生黄褐色小斑点，逐渐向整个叶片扩展易穿孔，病斑表面呈黑色小粗点状，发病严重时叶片变成褐色枯死（图10-8）。

图 10-8 姜叶枯病症状

2. 发生特点

姜叶枯病病原为姜球腔菌（*Mycosphaerella zingiberi*），属子囊菌亚门真菌。病菌以菌丝体和子囊座在病残叶上越冬，翌年条件适宜时产生子囊孢子，借风雨、昆虫和农事操作传播蔓延。高温季节遇连续阴雨或多雾重发病重；地势低，种植密度过大，田间通透性差，氮肥施用量过多发病都重。

3. 绿色防控技术

（1）与非薯芋类蔬菜轮作 3 年以上；选地势较高地块种植，精细翻耕土地，高垄栽培，施用充分腐熟的有机肥作基肥，雨后及时清除田间积水；收获后及时清除田间病残体并集中带出田外销毁。

（2）发病初期，可采用下列杀菌剂进行防治：52.5% 异菌·多菌可湿性粉剂 800 ~ 1 000 倍液、68.75% 噁酮·锰锌水分散粒剂 800 ~ 1 000 倍液、10% 苯醚甲环唑水分散粒剂 1 000 ~ 1 500 倍液，喷雾，视病情隔 7 ~ 10 天喷一次。

十、姜细菌性软腐病

1. 症 状

姜细菌性软腐病主要为害地下块茎。块状肉质茎发病，呈水渍状溃疡，用手挤压有乳白色浆液溢出。因地下部腐烂，可致使地上部迅速湿腐，病重时根、茎呈糊状软腐，致使全株枯死（图 10-9）。病株散发出恶臭味。

图 10-9 姜细菌性软腐病症状

2. 发生特点

姜细菌性软腐病病原为胡萝卜软腐欧氏杆菌胡萝卜软腐致病变种 *Erwinia carotovora* subsp. *carotora*（Jones）Bergey et al。病原细菌菌体短杆状，周生鞭毛 2～8 根，革兰氏染色阴性，在 PDA 培养基上菌落呈灰白色，变形虫状。病菌主要在病残体上或土壤中越冬。病菌主要经由伤口侵入，侵入后病菌分泌果胶酶溶解中胶层，导致细胞分崩离析，致使细胞内水分外溢，引起软腐。病菌在田间主要借雨水、灌溉水传播，再侵染频繁，田间病害发展迅速。病菌喜高温高湿条件，病菌在 2～40℃范围内均可发育，最适温度 25～30℃。病菌繁殖需要高湿度，传播和侵入需有水存在。

3. 绿色防控技术

（1）选地势高燥的地块种植，一般地块应高畦或高垄种植；精细翻耕土壤，整地并施足充分腐熟的粪肥；选用无病健康种姜，适时栽种，尽量减少伤口产生；注意地下害虫的防治；雨后及时排除田间积水，防止田间湿气滞留；发现病株及时拔（挖）除，烧毁或深埋，病植穴石灰消毒后填新土封实。

（2）发病初期及时喷洒 3% 中生菌素可湿性粉剂 600 倍液、30% 王铜悬浮剂 800 倍液、50% 琥胶肥酸铜可湿性粉剂 500 倍液或 1∶1∶160 波尔多液。

十一、姜溃疡病

1. 症 状

乍一看像钻心虫病株，但并非钻心虫。心叶枯黄，外叶正常，心叶严重的还发霉，从上至下发病，发病部分维管束变褐且茎干软腐，积压流透明液体，腐烂部位有臭味，根部和茎基都正常（图 10-10）。

图 10-10 姜溃疡病症状

2. 发生特点

生姜种植后，天气持续阴冷，致生姜前期长势差，相应的田间操作推迟，尤其是打孔、破膜的操作，造成膜下温度过高，引起烤苗现象，加之浇水或雨水致田间湿度增加，引发细菌性病害的发生。

3. 绿色防控技术

（1）要严格掌握田间打孔与破膜的时间，当膜下温度超过30℃时，要及早在膜上打孔散热，防止引发烤苗现象。如果已经出现烤苗现象，除及早透气外，要叶片喷施高钾水溶肥促进生长。

（2）发病初期可用36%三氯异氰尿酸可溶性粉剂1 000 ～ 1 500倍液、50%氯溴异氰尿酸可湿性粉剂1 000 ～ 1 500倍液等药剂进行防治，视情况每隔7 ～ 10天一次，连喷2 ～ 3次。

十二、姜茎基腐病

1. 症 状

姜茎基腐病发病初期，茎基部出现大小不等的水渍状斑，逐渐扩大，叶片发黄，发病后期病斑环绕茎基部一周，导致茎基部组织逐渐腐烂。由于水分养分运输受阻，地上部主茎由上而下干枯死亡，叶片发黑脱落，呈枯萎状，湿度大时扒开土壤，在病部和土壤中可见白色棉絮状物，严重时开始死株，危害极大（图10-11）。

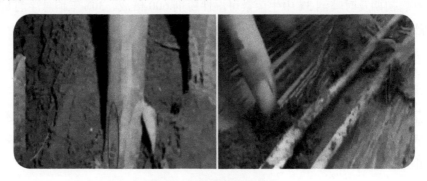

图10-11 姜茎基腐病症状

2. 发生特点

病原为群结腐霉，鞭毛菌亚门真菌。高温高湿有利于姜茎基腐病的发生，适宜的发病温度为20 ～ 25℃。生姜属喜光耐旱植物，通风和透光不良的地块易发病。黄泥壤土、黏性重的土壤发病重。宜选用土层深厚、排水良好、土质疏松、富含有机质的砂壤土，土壤pH值以6 ～ 7为宜，磷肥、钾肥能有效地促进生姜生长，提高抗病性。病菌能在土壤中长期存活，重茬连作地块田间菌源量累积，发病较重。

3. 绿色防控技术

（1）合理轮作倒茬，与禾本科作物进行2年以上轮作倒茬，防灾避害；选用无病虫、无霉烂的种姜，防止病虫传播，保证苗全苗壮；科学用肥，改良土壤，生姜喜欢透气性较好的土壤，每亩可施腐熟好的土杂肥2 500千克，增施钾肥、硼肥、锌肥。

（2）发病初期可用25%嘧菌酯悬浮剂1 500倍液喷雾或2 000倍液灌根，每株灌药液

100 ～ 150 毫升；72.2% 霜霉威盐酸盐水剂 750 倍液 +60% 噁霉·恶唑·霜霉水剂 750 倍液喷雾或 1 000 倍液灌根。

十三、姜根结线虫病

生姜根结线虫病俗称生姜癞皮病、姜蚧。随着生姜连作和大规模的种植，这种病有加重为害和扩大蔓延的趋势，并且在部分地区已上升为仅次于姜瘟病的第二大病害，对生姜的生产产生了巨大的影响，使发病重的姜失去食用价值。

1. 症 状

生姜自苗期至成株期均能发病，发病植株在根部和根茎部均可产生大小不等的瘤状根结，根结一般为豆粒大小，有时连接成串状，初为黄白色突起，以后逐渐变为褐色，呈疱疹状破裂、腐烂。由于根部受害，吸收机能受到影响，生长缓慢、叶小、叶色暗绿、茎矮、分枝小，自 7 月上中旬开始即可显现出来，8 月中下旬前后可比正常植株矮 50% 左右，但植株很少死亡（图 10-12）。

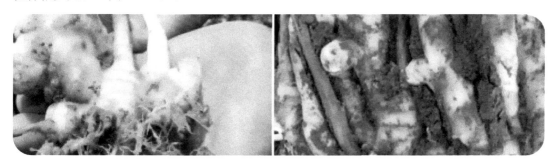

图 10-12 姜根结线虫病症状

2. 发生特点

病原主要为南方根结线虫（*Meloidogyne incongnita*）。在田间以卵或其他虫态在土壤中越冬，在干枯的大姜上可存活 3 年之久。气温达 10℃以上时，卵可孵化，幼虫多在土层 5 ～ 30 厘米处活动。根结线虫在露地栽培土壤中一年发生 5 ～ 7 代，每个雌虫产卵 300 ～ 500 粒，甚至多达 1 000 粒。温度 24 ～ 28℃时，25 天可完成一个世代，适宜土壤湿度 40% ～ 60%，适宜土壤 pH 值为 4 ～ 8。土温高于 40℃或低于 5℃很少活动。

3. 绿色防控技术

（1）合理轮作。种植生姜，最好选用新茬地，前茬作物以葱、蒜为最好。轮作栽培的作物、时间和方式，各地不尽相同，旱地多实行粮、棉、菜等轮作，水田进行水旱轮作，以 3 ～ 5 年为一周期最好；施足充分腐熟的农家肥，提高土壤透气性。

（2）药剂防治。50% 氰氨化钙颗粒剂亩用 100 千克土壤消毒；5% 丁硫克百威颗粒剂亩用 5 ～ 7 千克沟施；5 亿 CFU/ 克淡紫拟青霉颗粒剂亩用 2.5 ～ 3 千克沟施或穴施；发病初期可用 1.8% ～ 2.0% 阿维菌素乳油 800 ～ 1 000 倍液灌根；全田间发病时可亩用 5% 阿维菌素微乳剂 0.5 千克或 1.8% ~ 2% 阿维菌素乳油 1 千克随水冲施。全生育期可使用 2 ~ 3 次，能有效抑制线虫。

第二节 主要虫害识别及绿色防控技术

一、姜螟

姜螟是大姜上最主要的虫害，又名钻心虫、玉米螟，对于大姜的生产为害极为严重。老百姓还叫它"截虫子"，为杂食性害虫。除为害生姜外，还可为害玉米、甘蔗、高粱等。

1. 发生特点

以幼虫钻生姜茎秆为害，造成受害以上部分枯死，苗期受害后上部叶片枯黄凋萎或造成茎秆折断而下部叶片一般仍表现正常，所以田间调查时可以清楚看见上枯下青的植株即为姜螟为害。这时找出虫口，剥掉茎秆，一般可见到正在取食的幼虫。幼虫体长约 1 ~ 3 厘米，3 龄前幼虫呈乳白色，老熟时呈淡黄色或褐色。

2. 发生规律

姜螟 1 年发生 2 ~ 4 代。越冬幼虫一般于 3—4 月化蛹，4 月下旬至 5 月上中旬为成虫盛发期，成虫昼伏夜出，有趋光性。

姜螟的卵多产在生长较旺、叶色浓绿的寄生植物的叶背上，每只雌蛾可产卵 200 粒左右。刚孵化的幼虫，先食卵壳，后分散，或吐丝下垂，随风飘落到邻近植株为害。姜螟幼虫具有趋糖、趋湿、背光特性，3 龄以下幼虫常潜伏在心叶、叶腋处为害。心叶受害后，呈现不规则半透明的白斑或成排孔，并有细碎虫粪，这是防治适期，幼虫达到 4 龄时便开始向植株下部移动，于姜茎中上部为害。

1 头姜螟幼虫可为害 3 ~ 7 株姜苗。姜螟第一代发生在 5 月下旬至 6 月上旬，为害刚出土的姜苗。第二 2 代发生在 7 月中下旬。8 月下旬至 9 月上旬发生第三代。秋分后以老熟幼虫在姜及其他寄主茎秆内越冬。

姜螟幼虫适应温度范围广，-30℃不死，35℃仍能正常活动。在干旱天气下，雌蛾产卵少、寿命短、为害轻。姜田周围寄主多时受害重，寄主少时受害轻。姜螟喜中温高湿，高温干燥不利其发生，但是当大姜植株长到 50 厘米时，姜田开始郁闭，湿度变大，虫害也就更容易发生了，在生姜长到 20 厘米左右时，第一代姜螟开始为害，初孵幼虫先为害嫩叶，至 3 龄开始蛀茎，多在 2 ~ 3 节处蛀入，常造成心叶萎蔫或全株枯死。第二代钻心虫蛀茎多从中上部蛀入，尤以中部虫量为多（图 10-13）。

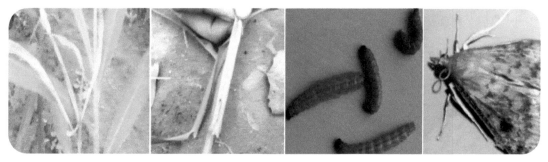

图 10-13 姜螟为害状（左一、左二）及其幼虫（右二）与成虫（右一）

3. 绿色防控技术

（1）种植诱杀作物。可以通过在姜田周围种植诱杀作物来进行预防，姜螟食性杂，除为害生姜外，还为害玉米、高粱等作物。根据这个特点，可有目的地在姜田周围栽植诱杀作物，待成虫产卵后，可进行药剂防治或拔除沤肥，此法必须及时采取措施处理已产过卵的诱杀作物。

（2）田间管理。注意姜田种植密度，及时疏除田间老叶、烂叶，降低田间湿度。人工捕捉：由于该虫钻蛀为害，一旦进入之后茎秆之后，一般药剂的防治效果不是很好，特别是老龄幼虫抗性较强，提倡用人工捕捉的方法，一般早晨发现田间有刚被钻蛀的植株，找出虫口，剥开茎秆即可发现幼虫。

（3）物理防治。利用姜螟发生在 5—7 月成虫趋光性的特点，可采用振频式杀虫灯进行诱杀。

（4）生物防治。赤眼蜂是姜螟卵期的主要天敌。在成虫产卵初期或初盛期每亩多次放蜂 1 万头为宜，每 3 天放一次，防治效果很好。

（5）药剂防治。该幼虫在 2 龄前抗药性最弱，所以应提倡治早治小，适时进行喷药防治。在螟虫未进入茎秆之前用药剂喷洒植株，可选用 2.5% 溴氰菊酯乳油 1 500 倍液、2.5% 吡虫啉可湿性粉剂 1 000 倍液、5% 甲维盐水分散粒剂 3 000 倍液、1.8% 阿维菌素乳油 1 500 倍液，以及 20% 丁醚脲·虫螨腈悬浮剂 1 500 倍液与 24.3% 甲维·丙溴磷乳油 1 500 倍液混用，进行叶面喷施，防治姜螟均能取得优异的防治效果。

二、甜菜夜蛾

1. 发生特点

甜菜夜蛾幼虫对生姜的为害最强。其幼虫一般分为 5 龄，1～2 龄幼虫群集在叶背卵块处吐丝结网，啃食叶肉。3 龄后分散为害，4 龄后食量大增，4～5 龄为为害暴食期。大龄幼虫白天潜伏在植株的根基、土缝间或草丛内，傍晚前后移到植株上取食为害，直到第二天早晨。幼虫主要取食生姜（寄主植物）的叶片，将叶片吃成空洞或缺刻，严重时整个叶片被咬食殆尽，只剩叶脉和叶柄，导致植株死亡，缺苗断垄，影响作物的产量和品质

（图 10-14）。

图 10-14 甜菜夜蛾

2. 绿色防控技术

（1）农业防治。加强农业管理，推广合理布局。晚秋与初冬，对土壤进行翻耕，并及时清除土壤中的残枝落叶，消灭部分越冬蛹，这样可以减少来年的发生量。夏季结合农事操作，进行中耕或灌溉，摘除卵块或幼虫。

（2）诱杀防治。甜菜夜蛾的成虫具有趋光、趋化等特点，并喜欢在一些开花的蜜源作物上活动、取食、产卵，据此可以对其进行诱杀防治。目前，经常使用且有效的措施主要有以下几种：灯光诱杀、性诱剂诱杀、种植诱集植物、杨树枝把诱杀等。灯光诱杀通常采用 20 瓦的黑光灯。

（3）生物防治。综合运用各种措施保护、增殖、利用天敌。目前较为常用的生物农药有 Bt 制剂等。

（4）药剂防治。选用 2.5% 甲维盐·茚虫威水分散粒剂 4 000 倍液、1.8 阿维菌素悬浮剂 1 000 倍液、4.5% 高效氯氰菊酯乳油 1 000 倍液、100 亿 CFU/毫升短稳杆菌悬浮剂 500 倍液或 20 亿 PIB/毫升棉铃虫核型多角体病毒悬浮剂 500 倍液喷雾防治。

施药技术：由于甜菜夜蛾具有潜伏叶背、结网为害的特性。因此，在进行喷药防治时必须保证植株的上下、四周都应全面喷施；施用的时间也很重要，最好在清晨和傍晚进行，且必须在卵盛期至幼虫 3 龄以前进行防治。因为甜菜夜蛾一般昼伏夜出为害，且大龄幼虫具有极强的抗药性。

三、小地老虎

1. 发生特点

小地老虎又叫土蚕、黑地蚕、切根虫等，刚孵化的小地老虎幼虫常常群集在幼苗上的心叶或叶背上取食，把叶片咬成小缺刻或网孔状。幼虫 3 龄后把幼苗近地面的茎部咬断，还常将咬断的幼苗拖入洞中，其上部叶片往往露在穴外，使整株死亡，造成缺苗断垄（图 10-15）。

图10-15 小地老虎幼虫

2. 小地老虎发生规律

（1）小地老虎一年发生3～5代，以老熟幼虫、蛹及成虫越冬。

（2）小地老虎喜温暖及潮湿的条件，最适发育温区为13～25℃，在低洼内涝、雨水充足及常年灌溉地区，如属土质疏松、团粒结构好、保水性强的壤土、黏壤土、砂壤上均适于小地老虎的发生。尤在早春菜田及周围杂草多，可提供产卵场所；蜜源植物多，可为成虫提供补充营养的情况下，将会形成较大的虫源，发生严重。

（3）小地老虎的幼虫3龄前大多在叶背和叶心里昼夜取食而不入土，3龄后白天潜伏在浅土中，夜出活动取食。苗小时齐地面咬断嫩茎，拖入穴中。5～6龄进入暴食期，占总取食量的95%。成虫昼伏夜出，尤以黄昏后活动最盛，并交配产卵，卵产在5厘米以下矮小杂草上。成虫对灯光和糖醋有趋性。3龄后的幼虫有假死性和互相残杀的特性，老熟幼虫潜入土内筑室化蛹。老熟幼虫有假死习性，受惊缩成环形。

（4）小地老虎一般在姜苗基部近土表层1～3厘米处伤害茎部及生长点，造成心叶萎蔫、变黄或猝倒。高温高湿或高温干旱对小地老虎的发生不利；阴湿、杂草多的环境有利发生。

3. 绿色防控技术

（1）农业防治。杂草是小地老虎的产卵场所和初龄幼虫的重要食源，也是幼虫转移到作物为害的桥梁。春播前应精耕细耙，清除在田蔬菜地内杂草，可消灭部分虫卵。姜出苗后每天早晨在田间发现姜苗有被为害的症状时，在为害处翻土杀灭幼虫。

（2）物理防治。可用泡桐叶或莴苣叶置于田内，清晨捕捉幼虫。可利用成虫对糖醋酒液的趋性诱杀小地老虎的成虫，糖、醋、酒、水的比例为6：3：1：10，配好后，再加上总量0.1%的90%敌百虫装入盆中，在发蛾盛期于傍晚将盆放到田间，位置略高于姜苗，每亩放2～3个盆，每日清晨捞出死蛾后盖严，傍晚揭开盖诱蛾。也可利用成虫对黑光灯的趋性在田间安装20瓦黑光灯诱杀。

（3）药剂防治。防治方法参照第五章甘蓝、萝卜和白菜主要病虫害识别及绿色防控技术中的地下害虫绿色防控技术。

四、其他地下害虫

1. 发生特点

地下害虫是农作物的大敌，食害种子、幼芽、根茎，造成缺苗，甚至毁种，导致农作物减产。常见地下害虫有蛴螬（金龟子幼虫）、金针虫（叩头虫幼虫）、蝼蛄、地老虎，这些害虫为害作物症状不同，应进行诊断、鉴别并进行防治。

（1）蛴螬。金龟子的幼虫，取食作物的幼根、茎的地下部分，常将根部咬伤或咬断，为害特点是断口比较整齐，使幼苗枯萎死亡。

（2）金针虫。叩头虫的幼虫，咬食种子、胚芽、根茎，为害特点是将幼根茎食成小孔，致使死苗、缺苗或引起块茎腐烂。

（3）蝼蛄。在地下咬食刚播下的种子或发芽的种子，并取食嫩茎、根，为害特点是咬成乱麻状，同时蝼蛄在地表层活动，形成隧道，使幼苗根与土壤分离，造成幼苗调枯死亡。

（4）地老虎。我国已知为害农作物的地老虎大约有 20 种。幼虫食性很杂，白天潜伏土中，夜晚出土为害，为害特点是将茎基部咬断，常造成作物严重缺苗断条，甚至毁种。

2. 绿色防控技术

防治方法参照第五章甘蓝、萝卜和白菜主要病虫害识别及绿色防控技术中的地下害虫绿色防控技术。

（陈明贵　撰写）

第十一章 番茄主要病虫害识别及绿色防控技术

番茄，又称西红柿，是一种适应性较强的喜光喜温蔬菜作物，因富含维生素与矿物质，深受人们喜爱。果实可以生食、煮食、加工制成番茄酱、番茄汁等。近些年随着贵州省蔬菜种植业的发展，逐渐扩大了番茄的种植面积，但在栽培过程中受环境、品种特性、栽培管理水平等诸多因素的影响，以致番茄在生长过程中产生的病虫害种类繁多，影响了番茄产业的可持续健康发展和农户的经济效益。因此，为了给种植户提供技术指导，贵州省农业科学院植物保护研究所在现有研究成果的基础上，参考国内外成功的防治经验，编写了番茄主要病虫害识别及综合防控技术，以期指导农户对番茄主要病虫害进行科学防控，为贵州省脱贫攻坚提供科技支撑。

第一节 主要病害识别及绿色防控技术

一、番茄猝倒病

1. 症状

猝倒病多发生在早春育苗床或育苗盘上，常见的症状有烂种、死苗和猝倒3种。烂种是播种后，在其尚未萌发或刚发芽时就遭受病菌侵染，造成腐烂死亡。死苗是种子萌发，抽出胚茎或子叶的幼苗，在其尚未出土前就遭受病菌侵染致死。猝倒是幼茎基部发生水渍状暗斑，继而绕茎扩展，缢缩呈细线状，幼苗地上部因失去支撑能力而倒伏地面。苗床湿度大时，在病苗或其附近床面上常密生白色棉絮状菌丝，有别于立枯病（图11-1）。

图11-1 番茄猝倒病症状

2. 发生特点

番茄猝倒病，是番茄种植初期的一种常见的真菌病害。病原瓜果腐霉，属于卵菌门的真菌。病菌以卵孢子随病残体在土壤中越冬，可腐生生活，条件适宜时卵孢子萌发，产生芽管，直接侵入幼芽，或芽管顶端膨大后形成孢子囊，以游动孢子借雨水或灌溉水传播到幼苗上从茎基部侵入，潜育期1～2天。湿度大时，病苗上产出的孢子囊和游动孢子进行再侵染。病菌虽喜34～36℃高温，但在8～9℃低温条件下也可生长，故当苗床温度低，幼苗生长缓慢，再遇高湿，则感病期拉长，很易发生猝倒病，尤其苗期遇有连阴雨天气，光照不足，幼苗生长衰弱，发病重。当幼苗皮层木栓化后，真叶长出，则逐步进入抗病阶段。

3. 绿色防控技术

（1）农业防治。采用温汤浸种，用新土育苗，要选择苗床整平、松细地势高，排水良好的地块做苗床；施足基肥，有机肥要充分腐熟；合理浇水，及时排水，保证通风透气；维护棚膜的透光性，并注意提高地温，降低土壤湿度。

（2）药剂防治。用60%硫磺·敌磺钠可湿性粉剂6～10克/平方米撒施于土壤育苗，发病初期可选用2亿CFU/克木霉菌可湿性粉剂500倍液或3亿CFU/克哈茨木霉菌可湿性粉剂250倍液对幼苗进行喷淋。

二、番茄立枯病

1. 症 状

幼茎基部受病菌侵染后产生暗褐色椭圆形病斑，发病初期白天中午叶片萎蔫，晚上和清晨又恢复；病斑逐渐凹陷，并向两侧扩展，最后绕茎基一周，皮层变色腐烂，茎干缩，叶片萎蔫不能复原，植株干枯，根部随之变色腐烂，病苗一般不倒伏；潮湿时，病斑表面和周围土壤形成蜘蛛网状淡褐色的菌丝体，后期形成菌核（图11-2）。

图11-2 番茄立枯病症状

2. 发生特点

番茄立枯病是番茄幼苗常见的真菌病害之一，该病是由立枯丝核菌侵染所致。其病原菌属半知菌亚门真菌，此菌有性阶段称丝核薄膜革菌，主要以菌丝体和菌核传播繁殖。病菌以菌丝体或菌核在土中越冬。菌丝能直接侵入寄主，通过水流、农具、带菌堆肥等传播。病菌喜高温、高湿环境，土壤水分多、施用未腐熟的有机肥、播种过密、幼苗生长衰弱、土壤酸性等的田块发病重。育苗期间阴雨天气多的年分发病重。

3. 绿色防控技术

（1）农业防治。加强苗床管理，注意提高地温，科学放风，防止苗床或育苗盘高温高湿条件出现。种子用温水浸种。

（2）药剂防治。苗床或育苗床药土处理，可用 60% 硫磺·敌磺钠可湿性粉剂 6～10 克／平方米撒施于土壤育苗。发病初期可选用 1 亿 CFU/ 克枯草芽孢杆菌微囊粒剂 300 倍液或 3 亿 CFU/ 克哈茨木霉菌可湿性粉剂 250 倍液对幼苗进行喷雾。

三、番茄灰霉病

1. 症　状

该病主要为害果实，也为害叶、茎、花序。①果实受害：侵染由残留的花及花托向果实或果柄扩展，果皮有灰白色水浸状病斑，变软腐烂；在果面、花萼及果柄上出现大量灰褐色霉层，果实失水僵化。②茎叶受害：病斑始见于叶片，由边缘向里呈"V"字形扩展，具深浅相间的不规则轮纹，表面着生少量灰霉，叶片最后枯死（图 11-3）。

图 11-3　番茄灰霉病症状

2. 发生特点

灰霉病是番茄上为害较重且常见的真菌病害，病原菌为灰葡萄胞菌，属于半知菌亚门真菌。病菌主要以菌核或菌丝体及分生孢子梗随病残体遗落在土中越夏或越冬，条件适宜时，萌发菌丝，产生分生孢子，借气流、雨水和人们生产活动进行传播。分生孢子依靠气流传播，从寄主伤口或衰老器官侵入致病。病菌为弱寄生菌，可在有机物上营腐生生活，寡照、适温（20℃左右）、相对湿度大（90%以上）有利于发病。寄主生长衰弱的，也易诱发该病。

3. 绿色防控技术

（1）农业防治。选用抗病品种。加强田间管理：涝时注意排水，降低湿度。及时清除残枝败叶，集中处理，减少病源；合理密植，保证通风透气；科学浇水，尽量在晴天上午进行，且水量要小。

（2）药剂防治。育苗期间可用15%腐霉·百菌清烟剂200～300克/亩进行温室烟熏。发现病株可选用50%腐霉利可湿性粉剂800倍液、50%异菌脲可湿性粉剂1 000倍液、20%咯菌腈悬浮剂1 500倍液、0.3%丁子香酚可溶液剂700倍液等进行喷雾防治。

四、番茄叶霉病

1. 症　状

叶霉病主要为害叶片，严重时也为害茎、花和果实，叶片发病，初期叶片正面出现黄绿色、边缘不明显的斑点，叶背面出现灰白色霉层，后霉层变为淡褐至深褐色；湿度大时，叶片表面病斑也可长出霉层。病害常由下部叶片先发病，逐渐向上蔓延，发病严重时霉层布满叶背，叶片卷曲，整株叶片呈黄褐色干枯。嫩茎和果柄上也可产生相似的病斑，花器发病易脱落。果实发病，果蒂附近或果面上形成黑色圆形或不规则斑块，硬化凹陷，不能食用（图11-4）。

图11-4　番茄叶霉病症状

2. 发生特点

番茄叶霉病是一种真菌性病害，病原为黄枝孢菌，属半知菌亚门褐孢霉属。病菌主要以菌丝体或菌丝块在病株残体内越冬，也可以分生孢子附着在种子或以菌丝体在种皮内越冬。翌年环境条件适宜时，产生分生孢子，借气流传播，从叶背的气孔侵入，还可从萼片、花梗等部分侵入，并进入子房，潜伏在种皮上。病菌喜高温、高湿环境，湿度是其发生、流行的主要因素。

3. 绿色防控技术

（1）农药防治。选用优质种子，用温水或药剂浸种，与非茄科作物 2 年以上轮作。及时清除田间病残体，翻耕土壤，减少病源；合理密植，保持通风透气，降低湿度；加强肥水管理，避免偏施氮肥，增加磷钾肥，提高作物抗病力，减轻发病。

（2）药剂防治。大棚温室处理用 15% 抑霉唑烟剂 0.3 ～ 0.5 克 / 平方米熏烟，也可高温闷棚。结果前后或发病前期，可选用 50% 甲基硫菌灵可湿性粉剂 1 000 倍液、5% 多抗霉素水剂 800 倍液、6% 春雷霉素水剂 1 300 倍液等。

五、番茄晚疫病

1. 症　状

幼苗、叶片、茎和果实均可发病，以叶片和处于绿熟期的果实受害最重。①幼苗期受害：叶片出现水浸状暗绿色病斑，并向叶柄、茎部扩散，使之变细呈黑褐色腐烂，幼苗萎蔫死亡。②成株期受害：多从下部叶片开始发病，从叶缘或叶尖开始发病，叶片表曲有水浸状淡绿色病斑，渐变褐色，坏死，再扩展至整个叶片；空气湿度大时，叶背病斑边缘有稀疏的白色霉层。③果实受害：有不规则形坏死斑，边缘云纹状（图 11-5）。

图 11-5 番茄晚疫病症状

2. 发生特点

番茄晚疫病是番茄生产上重要真菌病害之一，由疫霉菌侵染所致，属于鞭毛菌亚门疫霉属真菌。病菌以卵孢子随病残体在土壤中越冬，成为春播露地番茄晚疫病的初侵染源。病菌主要靠气流、雨水和灌溉水传播，先在田间形成中心病株，遇适宜条件，引起全田病害流行。病菌发育的适宜温度为 18 ～ 20℃，最适相对湿度 95% 以上。多雨低温天气，露水大，早晚多雾，病害即有可能流行。此外，栽培条件对病害发生影响较大。种植感病品种、种植带病苗、偏施氮肥、定植过密、田间易积水的地块，易发病。靠近发生晚疫病棚室的地块，病害重。

3. 绿色防控技术

（1）农业防治。选用抗病品种，与非茄科作物实行 2 年以上轮作。加强管理：适当控制浇水，保护地浇灌后适时通风；合理密植，及时整枝，改善通风透光条件；及时清除中心病叶或病株。

（2）药剂防治。从开花前开始及时调查，重点观察下部叶片，及时发现中心病株并加以防治。发现中心病株后及时施药。可选用的药剂有 60% 霜霉·精甲霜水剂 1 300 倍液、33.5% 喹啉铜悬浮剂 2 000 倍液、60% 唑醚·代森联水分散粒剂 1 250 倍液、40% 烯酰·氰霜唑悬浮剂 2 000 倍液、75% 百菌清水分散粒剂 600 倍液等。

六、番茄早疫病

1. 症 状

该病主要侵染番茄幼苗和成株的叶、茎、花、果。①苗期受害：茎部变黑褐色。②成株叶片受害：初期呈针尖大的黑点，后扩展为黑褐色轮纹斑，边缘有浅绿色或黄色晕环，中间有同心轮纹，且轮纹表面生毛刺状物；潮湿时，病部有黑色霉物。③青果受害：始于花萼附近，初为椭圆形凹陷褐色斑，有同心轮纹，后期果实开裂，病部较硬，密生黑色霉层（图 11-6）。

图 11-6 番茄早疫病症状

2. 发生特点

番茄早疫病又称为"轮纹病"，是为害番茄的重要真菌病害之一。该病由茄链格孢菌侵染所致，属于半知菌亚门链格孢属。病菌在土壤或种子上越冬，借风雨传播，从气孔、皮孔、伤口或表皮侵入，引起发病，病菌可在田间进行多次再侵染，结果盛期发病严重。在气温 20 ～ 25℃，相对湿度 80% 以上或阴雨天气，病害易流行。昼夜温差大、连续阴雨、通风排水不良、植株生长衰败等因素是该病发生、流行的主要原因。

3. 绿色防控技术

（1）农业防治。选种抗性品种；种子要用温水浸种；加强田间管理，实行轮作；施用充分腐熟的有机肥，增施磷钾肥，增强植株长势；合理密植；合理浇水，及时排水，保证通风透气；及时清除残枝败叶，集中处理，减少病源。

（2）药剂防治。在定植前密闭棚室后按用硫黄、锯末混匀后点燃熏烟，或采用10%百菌清烟剂600～800克/亩点燃熏烟。发病初期，可选用70%代森锰锌可湿性粉剂400倍液、50%异菌脲可湿性粉剂1 000倍液、25%嘧菌酯悬浮剂1 500倍液、40%百菌清悬浮剂600倍液等药剂防治。

七、番茄茎基腐病

1. 症　状

番茄茎基腐病在幼苗期和成株期都可发病，主要为害茎基部及根。①幼苗发病：茎基部变褐、缢缩，地上部分萎蔫下垂，病斑环绕茎一周时，幼苗枯死，不倒伏。②成株期发病：初期病部为暗褐色，后绕茎基部或根扩展，致皮层腐烂，地上叶片、花、果逐渐变色停止生长。③在果实膨大后期发病：植株迅速萎蔫枯死，似青枯症状，但无菌脓。此外，病部常有同心轮纹的椭圆形或不规则形褐色病斑，后期表面常形成淡褐色霉状物或大小不一的黑褐色菌核，有别于早疫病（图11-7）。

图11-7 番茄茎基腐病症状

2. 发生特点

番茄茎基腐病为害番茄根茎部的主要真菌病害之一，由茄病镰孢引起，属于半知类真菌。主要以菌丝体和厚垣孢子随病残体在土壤中越冬，湿度大时病菌从伤口侵入，引起发病，条件适宜时产生孢子借风雨传播进行初侵染和多次再侵染，致病害不断扩展。雨日多、湿气滞留易发病。

3. 绿色防控技术

（1）农业防治。实行轮作；选择地势高地种植，合理密植，合理灌水；雨后及时排水，保持通风透气；施用腐熟的有机肥作底肥，增施磷肥、钾肥，保证植株长势。

（2）药剂防治。用18%吡唑醚菌酯悬浮种衣剂0.27～0.33毫升/千克种子，或25克/升咯菌腈悬浮种衣剂 1.68 ～ 2.00 毫升 / 千克种子等药剂对种子进行处理。发病初期，可选用 2 亿 CFU/ 克木霉菌可湿性粉剂 500 倍液进行灌根。

八、番茄黑斑病

1. 症 状

番茄黑斑病属真菌病害，又称钉头斑病、指斑病，主要为害果实，近成熟的果实最易发病，也可为害叶片和茎部。果实染病：果面上产生圆形或椭圆形、褐色、稍凹陷、边缘整齐的病斑，后病斑扩大并互相连接成大斑块，后期病果腐烂；湿度大时，病斑上生出黑褐色霉状物（图 11-8）。

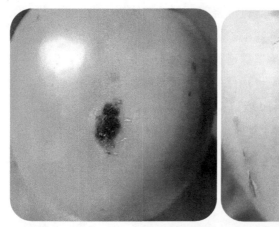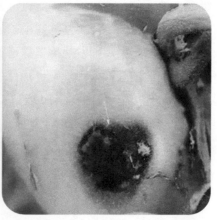

图 11-8 番茄黑斑病症状

2. 发生特点

番茄黑斑病是一种真菌性病害，由真菌半知菌亚门番茄链格孢侵染引起。病菌以菌丝体或分生孢子丛和分生孢子随病残体遗落土中越冬，翌年春天以分生孢子借气流传播蔓延，进行初侵染和再侵染。该菌寄生性较弱，寄主范围广，通常植株生长衰弱或果实有伤口容易发病。病菌喜高温、高湿环境，发病最适宜的气候条件为温度 25 ～ 30℃，相对湿度 85% 以上。地势低洼、管理粗放、肥水不足、植株生长差的田块发病重；高温多雨的年份发病严重。

3. 绿色防控技术

（1）农业防治。实行轮作；选择地势高地种植，合理密植，合理灌水，保持通风透气；及时清除田间病残体，翻耕土壤，减少病源；加强肥水管理，适时追肥和喷施叶面肥，提高植株长势，减轻发病。

（2）药剂防治。进入雨季时，发病前，可选用 50% 甲基硫菌灵可湿性粉剂 1 200 倍液、40% 多菌灵可湿性粉剂 400 倍液、250 克 / 升嘧菌酯悬浮剂 1 250 倍液或 10% 苯醚甲环唑水分散粒剂 1 500 倍液等药剂。

九、番茄假黑斑病

1. 症 状

主要为害果实，成熟的果实最易发病，是番茄生长后期的一种重要病害，各地均有分布。假黑斑病只为害果实，成熟的果实最易发病。多在果梗附近、果面被日光灼伤处或裂果的裂痕处产生不规则形、大小不一、凹陷、黑褐色病斑，果面发硬，其上密生一层黑色霉状物。条件适宜时病斑扩大至果实 1/3 ～ 1/2 大小。后期病果易因杂菌侵染而腐烂（图 11-9）。

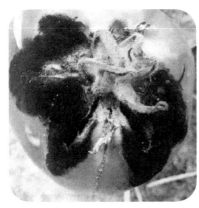

图 11-9 番茄假黑斑病症状

2. 发生特点

番茄假黑斑病为真菌性病害，病原菌为链格孢菌。病原菌在病残体上越冬，条件适宜时借风雨传播。病原菌腐生性强，寄主范围广，多从伤口处或衰弱部位侵入。发病的适宜温度为 23 ～ 27℃，相对湿度 90% 以上。在成熟期若浇水过多或通风不及时会加重发病。收获末期发病重，伤果裂果多发病重。

3. 绿色防控技术

（1）农业防治。及时摘除病果，清理落地果，减少病源；强水肥管理，控制好棚室内的湿度，及时通风排湿。

（2）药剂防治。发病初期，可选用 50% 甲基硫菌灵可湿性粉剂 1 200 倍液、40% 多菌灵可湿性粉剂 400 倍液、250 克 / 升嘧菌酯悬浮剂 1 250 倍液等防治，一般盛花期开始喷施连用 2 ～ 3 次。发病初期及时喷药防治，药剂可选用 75% 百菌清可湿性粉剂 800 倍液或 50% 异菌脲可湿性粉剂 1 000 倍液。

十、番茄炭疽病

1. 症 状

炭疽病主要为害果实，尤其是成熟果实，各地均有分布。该病是一种潜伏侵染病害，未着色的果实染病后并不显出症状,直至果实成熟时才表现症状。成熟果实发病,初期果实表面生水浸状透明小斑点,扩大成圆形或近圆形、褐色、稍凹陷病斑,具同心轮纹,其上密生小黑点,斑边缘颜色深;湿度大时,分泌淡红色黏质物;后期果实腐烂、脱落(图11-10)。

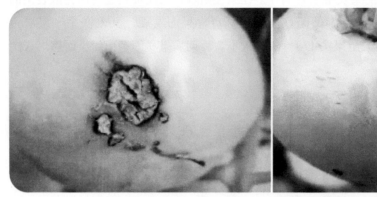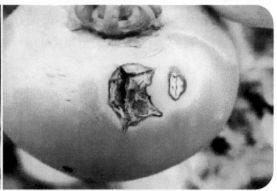

图 11-10 番茄炭疽病症状

2. 发生特点

番茄炭疽病是番茄一种较常见的真菌病害,病原菌是番茄刺盘孢,属于半知菌亚门的一种真菌。病原菌主要以菌丝体和分生孢子盘在病残体上越冬,翌年气温回升遇有降雨或湿度大时长出分生孢子,通过风雨溅散,灌水以及昆虫传播。分生孢子萌发长出芽管从果实的皮孔或伤口处进行初侵染。病菌的菌丝体还可以在种子内越冬,播种带菌种子可引起植株直接发病。炭疽病有潜伏侵染的现象,即幼果期病菌虽易侵入果实,但因幼果水分较少,酸度较高,外界温度条件也不是最适宜时,病菌侵入后暂时呈慢扩展或不扩展的潜伏状态,待果实接近成熟,水分增多,糖含量增大,外界温度上升到适宜时,症状就显现出来。初侵染发病后长出大量新的分生孢子,通过传播后对植株上层的幼果就可以频频进行再侵染。

3. 绿色防控技术

(1)农业防治。种子用55℃温水浸种,或用咯菌腈悬浮种衣剂拌种;与非茄果类蔬菜实行3年以上轮作,采用高畦或起垄栽培;及时清除病残果,带出田外集中处理。

(2)药剂防治。绿果期及时喷药预防,发病初期应加强,药剂可选用32%苯甲·嘧菌酯悬浮剂1 250倍液、40%苯醚甲环唑悬浮剂2 400倍液等喷雾防治。

十一、番茄根霉果腐病

1. 症 状

根霉果腐病主要为害果实,近成熟或成熟后没有及时采收的近地面果实易染病。果实染病:迅速出现大面积软化;湿度大时,病部长出较密的白色霉层,一段时间后白色霉层上生出黑蓝色球状的菌丝体，病果迅速腐烂，严重影响了番茄果实的贮藏（图 11-11）。

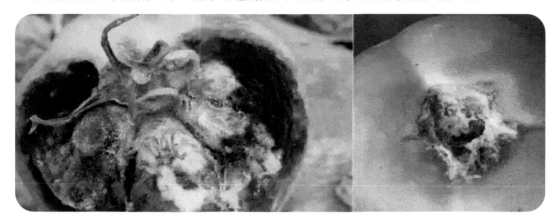

图 11-11 根霉果腐病症状

2. 发生特点

番茄根霉果腐病是番茄果实贮藏期间主要的真菌性病害，病原菌为匍枝根霉，属接合菌亚门真菌。病原菌寄生性弱，但分布十分普遍，可在多种多汁的蔬菜、水果的残体上营腐生生活。孢囊孢子可附着在棚室墙壁、门窗、塑料棚骨架、架杆等处越冬，遇有适宜的条件，病菌从伤口或生活力衰弱的部位侵入。分泌大量果胶酶，分解细胞间质，致病部软化腐败，破坏力很大。病菌产孢量大，可借气流传播蔓延，进行再侵染。该菌喜温暖潮湿的条件，适宜生长温度 24 ~ 29℃，相对湿度高于 80%。生产上遇有连续连阴雨天气或棚室浇水过量、湿度大放风不及时易发病。果实过熟或落地的采种田发病重。

3. 绿色防控技术

（1）农业防治。果实成熟后及时采收，尤其进入雨季或生育后期要避免果实过熟；控制田间或棚室内的相对湿度，防止该病发生蔓延；加强田间管理，减少各种伤口，以减少病菌侵入。

（2）药剂防治。发病初期，可选用 50% 甲基硫菌灵可湿性粉剂 1 200 倍液、40% 多菌灵可湿性粉剂 400 倍液或 10% 苯醚甲环唑水分散粒剂 1 500 倍液等药剂防治，注意保护果实，采收前 3 天停止用药。

十二、番茄绵疫病

1. 症 状

绵疫病主要为害果实，也为害叶片，为害严重。该病一般是接近地面的果实先发病，初期在果实腰部或脐部出现水渍状圆形病斑，有时长少量白霉，后形成同心轮纹状斑，变为深褐色，皮下果肉也变褐（图 11-12）。

图 11-12 番茄绵疫病症状

2. 发生特点

番茄绵疫病是番茄的重要真菌病害，病原菌常见有寄生疫霉、辣椒疫霉和茄疫霉 3 种，均属鞭毛菌亚门真菌。病菌以卵孢子或厚垣孢子随病残体在田间越冬，成为第二年的初侵染源。病菌借雨水溅到近地面的果实上，萌发侵入果实发病，病部产生孢子囊，游动孢子通过雨水、灌溉水传播再侵染。病菌发育适温为 0℃，相对湿度高于 95%，菌丝发育好。7—8 月高温多雨，在低洼地，土质黏重地块，发病重。早春棚室灰霉病与绵疫病在番茄上的为害部位、霉层颜色等略微不同，但其发病的条件基本相同，在低温高湿的环境中，容易混合发生。

3. 绿色防控技术

（1）农业防治。与非茄科作物轮作，避免与茄子、辣椒、马铃薯等茄科蔬菜连作或邻作。采收后彻底清洁田园，病残体带出田外集中销毁。采用地膜覆盖栽培，避免病原通过灌溉水或雨水反溅到植株下部叶片或果实上。及时摘除病果，深埋或烧毁。

（2）药剂防治。绵疫病发病迅速，进入多雨高温季节，一旦发现病害应立即喷药防治。可用 4% 嘧啶核苷类抗菌素水剂 400 倍液、70% 代森锰锌可湿性粉剂 400 倍液等药剂，隔 7 ~ 10 天喷一次，上述药剂轮换使用，连续喷 3 ~ 4 次，注意喷施地面和下部果实，防治效果更佳。

十三、番茄白粉病

1. 症　状

白粉病叶主要发生在叶片、叶柄、茎及果实上。①叶片发病：主要为害中下部叶片，初期叶面生褪绿色小点，后扩大为不规则形粉斑，细看有稀疏霉层，随着病斑扩大连片或覆盖全叶面，白色霉层逐渐明显，致全叶变褐干枯而死。有时粉斑也可发生于叶背面，叶正面为边缘不明显的黄绿色斑，后期病叶变褐枯死。②叶柄、茎、果实发病：病部表面也产生白粉状霉斑（图 11-13）。

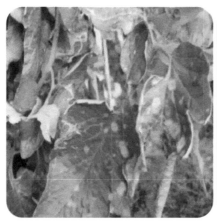

图 11-13 番茄白粉病症状

2. 发生特点

番茄白粉病是为害番茄的一种普通病害，病原菌无性阶段为半知菌亚门的拟粉孢属的番茄粉孢；有性阶段为子囊菌亚门内丝白粉菌属的鞑靼内丝白粉菌。该菌主要以无性态分生孢子作为初侵染源与再侵染源，依靠气流辗转传播为害，完成病害周年循环，无明显越冬现象。通常温暖潮湿的天气及环境有利于发展，尤其在温室或大棚保护地栽培，病害发生普遍而较严重。病菌孢子耐旱力特强，在高温干燥天气亦可侵染致病。

3. 绿色防控技术

（1）农业防治。选择抗病品种，种子消毒采用温汤浸种，或将吸足水的种子用 1% 磷酸三钠或 2% 氢氧化钠浸后用清水冲洗干净即可播种。培育壮苗严格选用没有种过茄果类作物的土壤作营养土，提倡营养钵、穴盘等培育壮苗。与非茄科蔬菜实行轮作，可减轻连作障碍。采收后及时清除病残体，减少越冬菌源。

（2）药剂防治。在番茄白粉病发病初期可采用 45% 石硫合剂固体 300 倍液、75% 百菌清可湿性粉剂 600 倍液、50% 甲基硫菌灵可湿性粉剂 1 200 倍液、20% 三唑酮乳油 1 800 倍液等喷雾防治，连防 2 ～ 3 次，每次间隔 7 ～ 10 天。

十四、番茄枯萎病

1. 症 状

枯萎病先从番茄下部叶片开始发黄枯死，依次向上蔓延，有时植株一侧叶片发黄发病，另一侧为茎叶正常生长，发病严重时整株叶片黄褐枯死，但不脱落。茎基部接近地面处呈水浸状，高湿时产生粉红色、白色或蓝绿色霉状物。拔出病株，切开病茎基部，可见维管束变为褐色。该病发生较慢，一般 15 ～ 30 天枯死，无乳白色黏液流出，区别于青枯病（图 11-14）。

图 11-14 番茄枯萎病症状

2. 发生特点

番茄枯萎病又称萎蔫病，多数在番茄开花结果期发生，是一种防治困难的土传维管束病害，常与青枯病并发。病原菌为番茄尖镰孢菌番茄专化型，属半知菌亚门真菌。病菌存在于土壤中，也可通过带菌种子进行远距离传病，病菌多在分苗、定植时从根系伤口、自然裂口、根毛侵入，到达维管束，在维管束内繁殖，堵塞导管，阻碍植株吸水吸肥，导致叶片萎蔫、枯死。高温高湿有利于病害发生。土温 25～30℃，土壤潮湿、偏酸、地下害虫多、土壤板结、土层浅，发病重。番茄连茬年限多，施用未腐熟粪肥或追肥不当烧根，植株生长衰弱，抗病力降低，病情加重。

3. 绿色防控技术

（1）农业防治。种植番茄前应选择抗病品种，番茄收货后首先拔除田间杂草，带出田间集中进行沤肥或烧毁处理。若选择的种子未包衣，则需要进行温汤浸种消毒。与其他蔬菜进行轮作，并避开茄科作物。

（2）药剂防治。发现病株时，可用 1.2 亿 CFU/ 克解淀粉芽孢杆菌 B1619 水分散粒剂 20～32 千克 / 亩撒施，或 4% 嘧啶核苷类抗菌素水剂 400 倍液、98% 噁霉灵可溶粉剂 2 000 倍液灌根处理，每隔 7 天灌根一次，共灌 3 次。

十五、番茄菌核病

1. 症 状

菌核病主要为害叶片、果实和茎。①叶片受害：多从叶缘开始，初期为淡绿色水浸状病斑，后变为灰褐色，蔓延快，致全叶腐烂枯死；湿度大时长出少量白霉。②果实及果柄受害：始于果柄，并向果面蔓延，致未成熟果实似水烫过，受害果实上可产生白霉，后可产生黑色菌核。③茎受害：多从叶柄基部侵入，灰白色、稍凹陷、边缘水浸状病斑，病部表面往往生白霉，霉层聚集后，在茎表面生黑色菌核，后期表皮纵裂，髓部形成大量的菌核，严重时植株枯死。④果实受害：主要为害未成熟果实，由果柄开始水渍状淡褐色逐渐扩展至整个果实，表面生白色棉絮状菌丝和黑色菌核，果实软腐（图11-15）。

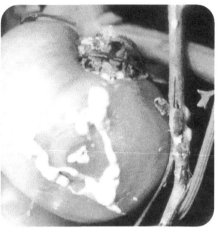

图 11-15 番茄菌核病症状

2. 发生特点

番茄菌核病是一种真菌病害，病原为核盘菌，属子囊菌亚门真菌。菌核在土中或混在种子中越冬或越夏。落入土中的菌核能存活 1 ～ 3 年，是此病主要初侵染源。土中或病残体上的菌核，遇有适宜条件萌发，形成子囊盘，放射出子囊孢子，借风雨随种苗或病残体进行传播蔓延。此外，此病还能以菌丝通过染有菌核病的灰菜、马齿苋等杂草传播到附近的番茄植株上。湿度是子囊孢子萌发和菌丝生长的限制因子，相对湿度高于 85% 子囊孢子方可萌发，也利于菌丝生长发育。因此，此病在早春或晚秋保护地容易发生和流行。

3. 绿色防控技术

（1）农业防治。深翻，使菌核不能萌发。实行轮作，培育无病苗。未发病的温室或大棚忌用病区培育的幼苗，防止菌核随育苗土传播。及时清除田间杂草，有条件的覆盖地膜，抑制菌核萌发及子囊盘出土。发现子囊盘出土，及时铲除，集中销毁。加强管理，注意通风排湿，减少传播蔓延。

（2）药剂防治。发病初期喷洒 80% 多菌灵可湿性粉剂 800 倍液、40% 菌核净可湿性粉剂 500 倍液、50% 菌核·福美双可湿性粉剂 800 倍液等药剂。

十六、番茄煤污病

1. 症 状

煤污病主要为害叶片和果实。①叶片发病：病初在叶面和叶背产生平铺状白色霉堆，以后渐变成灰黑色至黑褐色的霉堆。病严重时霉层可布满整个叶片。②果实发病：霉斑稍小，炭黑色，霉斑层薄，用手可以抹去（图11-16）。

图 11-16 番茄煤污病症状

2. 发生特点

番茄煤污菌是为害番茄的真菌病害之一，病原菌为多主枝孢（草本枝孢）和大孢枝孢，均属半知菌亚门真菌。病原菌主要以菌丝和分生孢子在病叶上、土壤内及植物残体上越过休眠期，翌春产生分生孢子，借风雨以及蚜虫、介壳虫、粉虱等传播蔓延，阴蔽、湿度大的棚室或梅雨季节易发病。

3. 绿色防控技术

（1）农业防治。在前茬作物收获后及时清除病残体，以减少田间菌源。棚室栽培番茄要通风透气，雨后及时排水，防止湿气滞留。

（2）物理防治。及时防治蚜虫、粉虱等传播介体，用黄板诱虫，可以有效预防病害的发生。

（3）药剂防治。在番茄煤污病点片发生阶段喷 80% 克菌丹水分散粒剂 600 倍液、50% 甲基硫菌灵可湿性粉剂 1 200 倍液等药剂，隔 15 天喷一次，根据发病情况防治 1 ~ 2 次。采收前 3 天停止用药。

十七、番茄煤霉病

1. 症 状

煤霉病主要为害叶片、叶柄及茎。叶片背面生淡黄绿色近圆形或不定形病斑，边缘不明显，斑面上生褐色绒毛状霉，即病菌分生孢子梗及分生孢子。霉层扩展迅速，可覆盖整个叶背，叶正面出现淡色至黄色周缘不明显的斑块，后期病斑褐色，发病严重的，病叶枯萎，叶柄或茎也常长出褐色绒毛状霉层（图 11-17）。

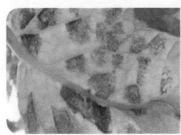

图 11-17 番茄煤霉病症状

2. 发生特点

番茄煤霉病是番茄常见真菌病害之一，田间有时与叶霉病同时混发，也易与叶霉病混淆。病原菌为煤污假尾孢真菌，属真菌界半知菌亚门；病菌主要以菌丝体及分生孢子随病株残余组织遗留在田间越冬。在环境条件适宜时，菌丝体产生分生孢子，通过雨水反溅及气流传播至寄主上，引起初次侵染；并在病部产生新生代分生孢子，成熟后脱落，借风雨传播进行多次再侵染，加重为害。病菌喜高温高湿的环境，适宜发病的温度范围15～38℃；最适发病环境温度为25～32℃，相对湿度90%以上；最适感病生育期为成株期至坐果期；发病潜育期5～10天。遇雨或连阴雨天气，特别是阵雨转晴，或气温高、田间湿度大利于分生孢子的产生和萌发，保护地多在植株郁闭、灌水过多、放风不好、棚室内湿度过大时发生，光照不足有利于病害发展。

3. 绿色防控技术

（1）农业防治。露地选择通风、远离保护地番茄的高燥田块栽植，深沟高畦，适当密植，采用配方施肥技术，提高植株抗病力。

（2）药剂防治。发病初期，选用20%多抗霉素可湿性粉剂2 000倍液、50%甲基硫菌灵可湿性粉剂1 200倍液、40%多菌灵可湿性粉剂400倍液等，每隔10天喷一次，连续2～3次。

十八、番茄细菌性斑点病

1. 症　状

番茄细菌性斑点病主要为害茎、叶和果实。①叶发病：近地面老叶先发病，初期叶背出现水浸状暗绿色小斑，扩展成近圆形或不规则形边缘明显黄褐色病斑，有黄晕圈，内部较薄，具油脂状光泽。②茎发病：先出现水浸状褪绿斑点，后上下扩展稍隆起裂开后呈疮痂状。③果发病：主要为害着色前的幼果和青果，初期出现圆形四周有窄隆起的白色小点，后中间凹陷呈暗褐色或黑褐色，形成边缘隆起的疮痂状病斑（图11-18）。

图11-18 番茄细菌性斑点病症状

2. 发生特点

番茄细菌性斑点病是番茄生产中的一种重要细菌病害。病原菌可以在种子、病残体和杂草上越冬，成为翌年初侵染来源。其中种子带菌是远距离传播的重要途径。秧苗带菌也可成为主要的初侵染来源。病残组织上的病菌可以在土壤中存活 9 个月以上。病菌借风、灌溉水、雨水、土杂肥及农事操作等传播，也可借介体昆虫传播，引起再次侵染。

3. 绿色防控技术

（1）农业防治。重病地与非茄科作物轮作。及时清洁田园，深埋或烧毁病残体。种子用 1% 次氯酸钠溶液浸种，再用清水冲洗干净后浸种催芽，或用温汤法消毒种子。

（2）药剂防治。发病初期可选用 0.3% 四霉素水剂 1 200 倍液、77% 氢氧化铜水分散粒剂 2 500 倍液，100 亿 CFU/ 克枯草芽孢杆菌可湿性粉剂 1 000 倍液等药剂。

十九、番茄溃疡病

1. 症　状

番茄整个生育期均可发病。①幼苗染病：真叶从下向上打蔫，叶柄或胚轴上出现凹陷坏死斑，横剖病茎可见维管束变褐，髓部出现空洞。②成株期染病：常从植株下部叶片边缘枯萎，逐渐向上卷起，随后全叶发病，叶片青褐色，皱缩，干枯，垂悬于茎上而不脱落，似干旱缺水枯死状。③茎部染病：出现褪绿条斑，溃疡状，内部中空且维管束变褐，后期下陷或开裂，茎变粗，生出许多疣刺或不定根。湿度大时，有污白色菌脓溢出。④果实染病：产生圆形小病斑，稍隆起，乳白色，后中部变褐，呈"鸟眼状"。病重时许多病斑连片，使果实表面十分粗糙（图 11-19）。

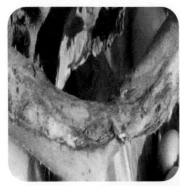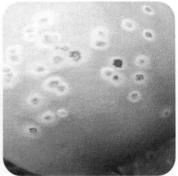

图 11-19 番茄溃疡病症状

2. 发生特点

番茄溃疡病是一种细菌性病害。病菌主要靠雨水及灌溉水传播。此外，进行整枝、绑架、摘果等农事操作时也可接触传播。病菌可从各种伤口侵入，包括损伤的叶片、幼根，也可通过植株茎部、花柄、叶片侵入。湿度大时，还能经气孔、水孔侵入。溃疡病菌较耐低温，1 ~ 33℃范围均能发育。最适温度 25℃左右，喜较高湿度，大雾、重露、多雨等因素有利病害发生，尤其是暴风雨后病害明显加重，连续阴雨或暴风雨，可造成病害流行。

3. 绿色防控技术

（1）农业防治。加强检疫，严防病区的种子、种苗或病果传播病害。种子可用温汤浸种或次氯酸钠浸种。发病初期及时整枝打杈，摘除病叶、老叶，收获后清洁田园，清除病残体，并带出田外深埋或烧毁；与非茄科蔬菜实行轮作，以减少田间病菌数量。

（2）发病初期，可选用 77% 氢氧化铜水分散粒剂 2 500 倍液、77% 硫酸铜钙可湿性粉剂 600 倍液等药剂，以灌根防治为主，喷雾防治只起辅助作用。

二十、番茄软腐病

1. 症　状

软腐病多出现在生长期，主要为害茎和果实。①茎染病：近地面茎部先出现水渍状污绿色斑块，后扩大为圆形或不规则形、微隆起褐斑，有浅色窄晕环，髓部腐烂，后期茎枝干缩中空，病茎枝上端的叶片变色、萎垂。②果染病：主要在成熟期，多从果实虫伤、日灼伤处开始发病，初期为圆形褪绿小白斑点，后变为污褐色病斑；随果实着色，扩展到全果，但外皮仍保持完整，内部果肉腐烂水状，有恶臭（图 11-20）。

图 11-20 番茄软腐病症状

2. 发生特点

软腐病是一种细菌性病害。病菌主要随病残体在土中越冬，菜株生长期间，藉昆虫、雨水、灌溉水等传播，从伤口侵入。为害茎秆的，多从整枝伤口侵入；为害果实的，主要从害虫（烟青虫幼虫）的蛀孔侵入。病菌侵入后，分泌果胶酶，使寄主细胞间的中胶层溶解，细胞分离，引起软腐。

3. 绿色防控技术

（1）农业防治。加强田间管理，整枝抹芽宜早；合理轮作；选用抗病品种；采用温水浸种或用高锰酸钾浸种。

（2）药剂防治。发病初期，可选用 100 亿 CFU/ 克枯草芽孢杆菌可湿性粉剂 1 000 倍液、50% 氯溴异氰尿酸可溶粉剂 1 200 倍液、5% 大蒜素微乳剂 1 000 倍液等药剂防治。

二十一、番茄髓部坏死病

1. 症 状

发病初期植株上部叶褪绿和萎蔫，严重时病茎表面着生褐色至黑褐色斑，外部变硬，下部茎坏死。纵剖病茎可见髓部变成黑绿色坏死，维管束变褐。这些病变多发生在植株外部无病变的地方，这可与溃疡病的髓部病变处茎外部有明显的病症区别。湿度大时菌脓从茎伤口和不定根溢出，这也可区别于溃疡病。病茎髓部坏死处无腐臭味，茎外面则长出许多不定根，当下部茎被感染后常造成全株死亡（图11-21）。

图11-21 番茄髓部坏死病症状

2. 发生特点

该病是一种细菌性病害。病菌在种子内外或随病残体在土中越冬，在土中可存活1～3年。种子或种苗带菌是远距离传播的主要途径。病菌经寄主的根、茎伤口侵入，有的在维管束内扩展，堵塞导管，致使叶片萎蔫，或使茎秆出现不规则斑。也可从嫩果的表皮直接侵染。借助雨水飞溅、浇水、整枝、打杈、采收等农事操作传播。温暖潮湿气候，如多雨多露、连续阴雨、暴雨后暴晴等天气，雨后排水不良的地块，钻蛀性害虫及暴风雨造成伤口多，管理粗放，通风不良，植株衰弱等易发病且较重。有喷灌的大棚或温室，果实易发病。酸性土壤发生加重。

3. 绿色防控技术

（1）农业防治。在常发生田块可使用石灰氮等进行高温闷棚。也可撒施敌克松后进行深耕翻地，或施用生石灰，既杀菌又调节土壤的酸碱度。在催芽前将番茄种子用温水浸种，或次氯酸钠、农用硫酸链霉素浸种。与非茄科作物实行轮作，水旱轮作效果最显著。

（2）药剂防治。防治细菌性病害最有效的方法是前期预防。可在缓苗后使用30%琥胶肥酸铜可湿性粉剂300倍液灌根，隔5～7天灌一次，连灌2～3次。若出现病死株应及时将其清除，并在病株种植穴处撒生石灰消毒，对其他健株进行喷药防治，以防扩散，药剂可用2%中生·四霉素可溶液剂1 000倍液、36%春雷·喹啉铜悬浮剂2 000倍液、3%中生菌素可溶液剂800倍液等；对中心发病区，可用上述药剂灌根封锁。

二十二、番茄青枯病

1. 症 状

青枯病苗期虽可染病，但不显症，多在开花结果期开始发病。先是顶端叶片萎蔫下垂，后下部叶片凋萎，中部叶片最后凋萎；也有一侧叶片先萎蔫或整株叶片同时萎蔫的。初期病株白天萎蔫，傍晚复原，病叶变浅。发病后如果气温较低、连阴雨或土壤含水量较高时，病株可持续 1 周后枯死，但叶片仍保持绿色或稍淡，故称青枯病。病茎表皮粗糙，茎中下部有不定根或不定芽；湿度大时，病茎上可见初为水浸状后变褐的斑块，维管束变褐，横切病茎，用手挤压溢出白色菌液。青枯病与枯萎病的区别重要特征是发病迅速，严重的病株 7 ～ 8 天即死亡（图 11-22）。

图 11-22 番茄青枯病症状

2. 发生特点

番茄青枯病又称细菌性枯萎病，是为害番茄的一种主要病害。青枯病发病急，蔓延快，发生严重时会引起植株成片死亡，造成严重减产，甚至绝收。病原通过雨水、灌溉水、地下害虫、操作工具等传播，多从寄主根部或茎基部皮孔和伤口侵入。前期属于潜伏状态，条件适宜时，即可在维管束内迅速繁殖。并沿导管向上扩展，致使导管堵塞，茎、叶因得不到水分的供应而萎蔫。高温高湿易诱发青枯病发生。连阴雨天过后天气转晴，易引起病害流行。病原菌适于在微酸性土壤中生存。土温 25℃时，病菌活动最盛，田间容易出现发病高峰。中耕伤根，低洼积水，控水过重，干湿不均，均可加重病害发生。

3. 绿色防控技术

（1）农业防治。实行轮作；高畦种植，注意雨后排水；合理施用氮肥，增施钾肥，施用充分腐熟的有机肥或草木灰；及时清除病残体，发现病株及时排除，并撒施生石灰。

（2）药剂防治。发病前用 5 亿 CFU/ 克荧光假单胞杆菌颗粒剂 300 倍液、3% 中生菌素可湿性粉剂800倍液、20%噻森铜可湿性粉剂300倍液悬浮剂等灌根预防。

二十三、番茄病毒病

1. 症 状

①曲叶型：又称黄化卷叶病毒（TY病毒病），为近年来发现的毁灭性番茄病害。上部叶片黄化变小，叶片边缘上卷，叶片皱缩，增厚，卷曲；上部节位开花困难，或无花序着生；染病植株生长缓慢或停滞，明显矮化。②花叶型：为最常见的症状。叶片出现黄绿相间或深绿、浅绿相间的斑驳，有时叶脉透明；严重时叶片狭窄或扭曲畸形，引起落花、落果。果实小，植株矮化。③条斑型：可发生在叶、茎、果实上。叶片上有茶褐色的斑点或云纹斑，有的叶脉坏死，并由主脉向支脉发展；茎蔓上呈褐色长条形斑；果实畸形，果面具暗褐色凹陷斑块或水烫状坏死枯斑；严重时植株萎缩变黄，最后枯死，甚至绝收。④蕨叶型：顶部叶片特别狭窄或呈螺旋形下卷，并自上而下变成蕨叶状，有时几乎无叶肉；花瓣增大，形成"巨花"，开花后很少结果；病果畸形，果心呈褐色；植株不同程度矮生。除以上症状外，还有巨芽型、黄顶型等，田间经常几种症状混合发生（图11-23）。

图11-23 番茄病毒病症状

2. 发生特点

番茄病毒病是为害番茄的主要病害之一，田间症状多样，病原种类较多。病原主要有烟草花叶病毒、黄瓜花叶病毒、番茄斑萎病毒、番茄黄化曲叶病毒等。烟草花叶病毒可在多种植物上越冬，也可附着在番茄种子上、土壤中的病残体上越冬，田间越冬的寄主残体、杂草等均可成为该病的初侵染源。该病毒主要通过汁液接触传染，只要寄主有伤口，即可侵入。黄瓜花叶病毒主要由蚜虫传播，此外用汁液摩擦接种也可侵染。番茄斑萎病毒主要由蓟马传播。番茄黄化曲叶病毒主要由烟粉虱传播。冬季病毒多在杂草上越冬，春季传播昆虫迁飞传毒，引致发病。

番茄病毒病的发生与环境条件关系密切，一般高温干旱天气利于病害发生。此外，施用过量的氮肥，植株组织生长柔嫩或土壤瘠薄、板结、黏重以及排水不良发病重。番茄病毒的毒源种类在一年里往往有周期性的变化。因此，生产上防治时应针对病毒的来源，采取相应的措施，才能收到较满意的效果。

3. 绿色防控技术

（1）农业防治。选种抗病品种；适时播种，加强肥水管理，增强植株长势；种子处理：用高锰酸或磷酸三钠溶液浸泡种子，用清水冲净后催芽播种。

（2）物理防治。及时防治蚜虫、蓟马、烟粉虱等为害。防虫网隔离育苗，以避免苗期感染病毒；利用蚜虫、烟粉虱等传毒昆虫的趋黄性，在番茄地悬挂黄板诱杀害虫。

（3）生物防治。通过挂置丽蚜小蜂等天敌昆虫的虫卵板，可以有效抑制温室烟粉虱发生。

（4）药剂防治。发病初期可选用 5% 氨基寡糖素水剂 700 倍液、20% 吗胍·乙酸铜可湿性粉剂 400 倍液、0.5% 香菇多糖水剂 400 倍液或 80% 盐酸吗啉胍可湿性粉剂 1 000 倍液等药剂防治。

二十四、番茄根结线虫病

1. 症 状

该病主要发生在番茄的须根及侧根上，发病严重的植株生长矮小，甚至早衰枯死。番茄染根结线虫病后，根系发育不良，主根和侧根萎缩、畸形，上面形成大小不等的瘤状物，即虫瘿，呈白色串状。剖开虫瘿，可见其中藏有很多黄白色卵圆形雌线虫。地上部植株生长缓慢，僵老直立，叶缘发黄或枯焦。严重的停止生长，后枯死（图 11-24）。

图 11-24 番茄根结线虫病症状

2. 发生特点

根结线虫在寄主枯死后雌成虫在根结内产出的卵囊团中的 2 龄幼虫，随病残体在约 20 厘米深的土壤中越冬。一般存活 1 ～ 3 年。翌年离开卵囊团的 2 龄幼虫，从嫩根侵入，并刺激细胞膨胀，形成根结，而幼虫在根结内继续发育、成熟，并交配产卵。初孵幼虫留在卵内，2 龄幼虫离开卵块，钻出寄主到土中越冬或再侵染。根结线虫多分布在 20 厘米以上的土层内。通过病土、浇水和农事活动传播。土壤湿度是影响其发生与繁殖的重要因素。土壤湿度 40% ～ 70%，繁殖最快，也适宜其在土中的存活和积累。

3. 绿色防控技术

（1）农业防治。与非寄主作物轮作，降低土中根结线虫量，减轻对下茬的为害。

（2）药剂防治。采用无土育苗是避免根结线虫为害的一条重要措。采用方法是将用 20% 异硫氰酸烯丙酯可溶液剂 2 ～ 3 升 / 亩等药剂沟施覆土后盖上塑料布熏蒸。移栽前用 1% 阿维菌素缓释粒剂 2 250 ～ 2 500 升 / 亩或 10% 噻唑膦颗粒剂 2 000 ～ 2 500 升 / 亩均匀撒于土表或畦面，再翻入 15 ～ 20 厘米耕层，移栽或移栽缓苗后使用 6% 阿维·噻唑膦微囊悬浮剂 2 000 ～ 2 500 毫升 / 亩或 20% 噻唑膦水乳剂 750 ～ 1 000 毫升 / 亩灌根。

二十五、番茄脐腐病

1. 症　状

果实发病，初期顶部出现一个或几个凹陷的斑点，后变为暗绿色或深灰色水浸状，最后收缩或萎陷，在胎座的顶端形成一个凹陷的革质状枯斑，附近的果皮变黑褐色。有时病斑中心有同心轮纹，果皮和果肉柔软，不腐烂，严重时扩散到小半个果实。多发生在第一、第二穗果上，同一个花序上的果实几乎同时发病；潮湿时病部常产生黑绿色或粉红色霉状物；病果会提早变红成熟，并且比正常的果实小（图 11-25）。

图 11-25　番茄脐腐病症状

2. 发生特点

番茄脐腐病，又称蒂腐病，是番茄的一种常见生理性病害之一，露地栽培发生普遍，温室栽培有时也会发生。此病是由水分供应失调、缺钙、缺硼等原因导致的生理性病害。一般在第一穗果坐果之后，植株处于生育旺盛阶段。遇干旱，特别是大棚栽培，为预防灰霉病或菌核病的发生，采取降湿栽培措施，当叶片蒸腾需消耗大量水分，导致果实，特别是脐部的水分被叶片夺走，果实内部水分失调，果实的生长发育受阻，形成脐腐。也因偏施氮肥，造成植株氮营养过剩，植株生长过旺，使番茄不能从土壤中吸收足够的钙和硼，致使脐部细胞生理紊乱，失去控制水分的能力而引起脐腐病的。

3. 绿色防控技术

（1）保持良好的通风透光条件，降低湿度；结果期根系温度维持在 18 ～ 20℃，控制温度；避免一次性大量施用铵态氮肥和钾肥，均衡供水。

（2）发病初期，及时向幼果喷施 0.4% 的氯化钙水溶液，也可以用高效钙。在番茄幼果坐果后 1 周到 1 个月内喷施为宜。

二十六、番茄日灼病

1. 症　状

日灼病主要为害果实，尤其是果实的果肩部易发生日灼。果实呈有光泽似透明革质状，后变白色或黄褐色斑块。有的出现皱纹，干缩变硬后凹陷，果肉变成褐色块状。当日灼部位受病菌侵染或寄生时，长出黑霉或腐烂，叶上发生日灼，初期叶绿素褪色，后叶的一部分变成漂白状，最后变黄枯死或叶缘枯焦（图 11-26）。

图 11-26　番茄日灼病症状

2. 发生特点

番茄日灼病是一种生理性病害。日灼多因果实膨大期，天气干旱，土壤缺水，处在发育前期或转色期以前的果实，受强烈日光照射，致果皮温度上升，蒸发消耗水分增多，果面温度过高而灼伤。一般在果实的向阳面易发生日灼。

3. 绿色防控技术

（1）选择耐热的品种，耐热品种的叶量相对多一些，整体耐热性比较强，叶子能把果实遮住。

（2）在栽培上，第一片叶子长出的方向就是花序长出的方向，基本上整株会顺着一个方向上去，所以在定植的时候，把第一片叶的方向对向窄行里面，从而控制住结果的方向，避免大面积接触阳光，防治日灼。

（3）施肥，氮肥的使用量要适当要控制。既要发苗让叶子长起来，又让它不至于旺长。

二十七、番茄筋腐病

1. 症 状

番茄筋腐病主要发生在果实膨大期至成熟期，在第一、第二穗果上最为常见，病果在转红期症状明显。典型症状是果实着色不匀，维管束变褐。发病轻的果实表皮内维管束变褐，纵剖可发现从果柄附近到果脐部出现一道黑褐色条纹，果面外形变化不大，但维管束变褐部位表皮着色延迟，难以转红。发病较重的果实，果内维管束全部成黑褐色，果实表面出现绿斑，严重时发病部位呈淡褐色，果肉变硬，部分果实成空腔（图11-27）。

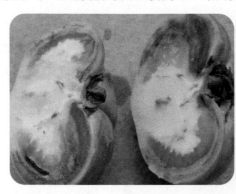

图 11-27 番茄筋腐病症状

2. 发生特点

番茄筋腐病是温室番茄生产中常见的一种生理性病害。①筋腐病的发生与番茄品种有关。②土壤中氮肥尤其是氨态氮过多，番茄体内缺钾、硼、钙等元素容易发生该病。③施用未腐熟的有机肥也易发生该病。④光照不足、低温多湿，特别是结果期间低温寡照，再加上植株茂密、通风不良，二氧化碳含量不足，影响光合产物积累和正常的新陈代谢功能，导致维管束变褐并木质化。⑤土壤板结，通透性差，或土壤湿度太大，地温太低等，妨碍根系对营养物质和水分的吸收也易发生该病。

3. 绿色防控技术

（1）选用抗病品种，一般粉果型较红果型抗病，小果型比大果型抗病。

（2）轮作倒茬。对发病重的棚室可进行轮作倒茬，以缓和土壤养分的失衡。

（3）增施腐熟有机肥、钾肥和微生物菌肥，改善土壤物理性状，提高土壤蓄水能力和通透性。在番茄结果期注意喷施多元微肥和钾钙叶面肥，10～15天一次，连喷2～3次。

（4）合理密植、适当稀植，适时整枝，改善通风透光条件。

（王莉爽　撰写）

第二节 主要虫害识别及绿色防控技术

一、美洲斑潜蝇

1. 识别特征

成虫：小，体长 1.3 ～ 2.3 毫米，浅灰黑色，胸背板亮黑色，体腹面黄色，雌虫体比雄虫大。

幼虫：蛆状，初无色，后变为浅橙黄色至橙黄色，长 3 毫米。

蛹：椭圆形，橙黄色，腹面稍扁平，大小（1.7 ～ 2.3）毫米 ×（0.5 ～ 0.75）毫米（图 11-28）。

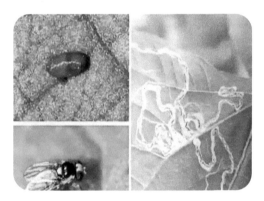

图 11-28 美洲斑潜蝇为害状

2. 发生特点

幼虫和成虫钻食为害番茄叶片，取食叶肉，形成的蛇形弯曲隧道先细后宽，内部填充黑色虫粪，成虫刺伤叶片取食汁液并产卵。美洲斑潜蝇 1 年可发生 10 代以上。成虫具有明显的趋化性、趋绿性和趋光性。成虫具有一定的飞翔能力，吸取叶片汁液并将卵产于叶肉组织；幼虫主要取食植物的栅栏组织，老龄幼虫突破隧道表皮而化蛹。该虫随寄主植物的叶片和茎蔓进行传播。

3. 绿色防控技术

（1）农业防治。清除销毁田间带虫叶片，减少虫源；深翻土地，降低蛹的羽化。

（2）物理防治。悬挂黄板和灭蝇纸诱杀；利用寄生蜂等天敌进行防治。

（3）药剂防治。幼虫 2 龄前（虫道很小时），在上午 10—12 时叶面露水干后成虫与幼虫均活跃期间防治效果较好。采用 1% 甲氨基阿维菌素苯甲酸盐（甲维盐）微乳剂 15 ～ 20 毫升 / 亩、1.8% 阿维菌素乳油 2 500 ～ 3 000 倍液、20% 阿维·单杀微乳剂 1 000 倍液、10% 灭蝇胺悬浮剂 800 倍液、40% 灭蝇胺可湿性粉剂 3 000 倍液、10% 吡虫啉可湿性粉剂 4 000 倍液防治。

二、叶 螨

1. 识别特征

叶螨成虫很小，一般 2 ～ 3.5 毫米长，具有发亮的黑色双翼，腹部有黄色斑纹。在孵卵过程中，雌虫和雄虫都是以植株伤口处渗出的汁液为食。每个雌虫在它一生中，2 ～ 3 周平均可以孵化 60 个卵。孵卵的数量根据食物的多少、温度条件是否适宜而改变。卵孵化至亮黄色，然后形成白色的幼虫，这些过程中叶螨都是吃叶片细胞的叶肉层，从而导致叶片内形成弯弯曲曲的孔洞（图 11-29）。

图 11-29 叶螨为害状

2. 发生特点

番茄苗期至结果期均有叶螨为害。成螨、若螨和幼螨在叶背面吐丝结网，刺吸植株汁液，叶正面出现白色或黄白色斑点。随着叶螨数量的增加，为害范围不断扩散，严重时全叶干枯脱落，同时花蕾及果实也会严重脱落，植株早衰严重，严重影响番茄产量和品质。

3. 绿色防控技术

（1）农业防治。铲除田间杂草集中烧毁，克服连作，减少虫源数量；根据番茄需水规律合理灌溉，控制田间湿度。

（2）物理防治。植株上方垂直放置黄板可以控制叶螨成虫，也可以将黄板放在易感病植物（像菊花、马鞭草、耧斗菜、非洲菊、瓜叶菊）的周围，或是放在温室入口的周围。

（3）生物防治。保护和利用食螨瓢虫、草蛉、异须盲蝽等叶螨天敌。

（4）药剂防治。需要进行大水量、低浓度喷雾叶的背面进行防治。可选用 1.9% 甲维盐乳油 5 000 ～ 7 000 倍液、5% 噻螨酮乳油 2 000 倍液、15% 哒螨灵乳油 2 000 ～ 2 500 倍液、78% 阿维·哒螨乳油 6 000 倍液、1.8% 阿维菌素乳油 5 000 ～ 6 000 倍液喷雾。

（周宇航　撰写）

第十二章 猕猴桃主要病虫害识别及绿色防控技术

猕猴桃是贵州省重点发展的精品水果产业之一，随着种植面积的不断扩大和树龄的增大，有些种类的害虫逐年加重，防控压力也逐渐增大。为此，对影响猕猴桃产业发展的几种主要病虫害虫的识别特征、为害症状、流行规律和防控措施等进行介绍，以期为生产一线的农技人员和种植户提供参考。

第一节 主要病害识别及绿色防控技术

一、猕猴桃溃疡病

1. 症 状

猕猴桃溃疡病可在植株的主干、枝蔓、叶片以及花蕾等部位发生。叶片发病时，首先出现褪绿小点，水渍状，随着时间的推移，慢慢会变成 1～3 毫米多角形或者不规则的褐色病斑，病斑边缘有黄色晕圈。一年生枝梢发病时，首先皮色发暗没有光泽，随后表皮坏死、腐烂，有臭味。主干发病时木质部变褐、坏死，皮层变褐。在皮孔或伤口处流出白色或红褐色的菌脓，不能展叶或展叶后叶片萎蔫、干枯。花蕾发病后，花萼的部分或全部变褐，萼片上流出乳白色菌脓，随后花柄逐渐变褐、坏死，造成落花（图 12-1）。

叶片症状　　　　　　花蕾症状　　　　　　枝干上症状

溃疡病导致的萎蔫

图 12-1 猕猴桃溃疡病症状

2. 发生特点

猕猴桃溃疡病为低温型病害，病原菌能够承受低温，不耐高温；在秋天或者春天明显表现症状和传播流行，尤其春天发生较重，症状明显。夏季病菌潜伏在树体的病枝或病叶上，不扩展。

病害的始见期为 2 月上旬。此时病枝外观无明显变化，仅树皮颜色为浅灰色，剥开树皮可见皮层为水浸状。随着气温升高，病害逐渐发展，2 月下旬树枝外表皮逐渐变为水浸状，病斑颜色变为青灰色，随后皮层组织变软，并从伤口、皮孔、芽眼、叶痕、树枝分叉处等部溢出乳白色黏液，黏液逐渐变为黄褐色，至红褐色；3 月上中旬，病枝表现明显的症状，菌脓溢出明显，剥开皮层可见韧皮部腐烂，木质部黑褐色，病组织下陷呈溃疡状腐烂；4 月上旬，重病枝的新梢开始萎蔫；病害持续发展，病枝长势变弱，逐渐枯死，至 5 月中下旬，病害停止发展。叶片展开后病原菌随雨水、露水等通过气孔、水孔或伤口侵染叶片和花蕾。

3. 绿色防控技术

猕猴桃溃疡病必须坚持贯彻"预防为主，综合防治"的方针，采取以猕猴桃生态系统为中心的绿色防控综合防治措施。

（1）防止病菌带入新建或健康果园。严禁病区种苗、接穗、花粉及果实进入未发病区，阻止人为远距离传播溃疡病。果园修剪时应该注意剪刀消毒，防止病菌通过剪刀传播。

（2）生态调控。主要是通过增施有机肥，加强果园土、肥、水的管理，合理整形修剪；适量负载，减少伤口，维持健壮的树势，增强树体的抗病性和抗逆性，减轻病害的发生。

（3）药剂防治。药剂防治防治主要用于发病果园，采取全园喷药防治与病株挑治相结合的策略，重点是发病植株的治疗。①秋末全园喷药预防：在猕猴桃采果后落叶前，喷施 1 次农药，药剂主要有 0.3% 四霉素水剂 500 倍液、3% 噻霉酮可湿性粉剂 1 000 倍液、3% 中生菌素可湿性粉剂 500 倍液等。②早春全园喷药预防：在 2 月中下旬，喷施 1～2 次杀菌剂对该病进行预防，间隔 10～15 天，药剂主要为 86.2% 氧化亚铜水分散粒剂 1 000 倍液、53.8% 氢氧化铜水分散粒剂 1 000 倍液、78% 波尔·锰锌可湿性粉剂 500 倍液。③发病初期病株挑治：在 2 月上中旬，对全园果树进行调查，发现皮色发暗的病枝以及上年发病标记的植株，进行全株涂抹药剂治疗，药剂主要有 0.3% 四霉素水剂 10～50 倍液、1.6% 噻霉酮涂抹剂、3% 噻霉酮可湿性粉剂 500 倍液。④显症期病株挑治：在病害表现流出菌脓时，采用药剂对病株进行灌根防治，药剂主要有 0.3% 四霉素水剂 500 倍液、3% 噻霉酮可湿性粉剂 1 000 倍液、20% 噻菌铜悬浮剂 500 倍液、20% 噻森铜悬浮剂 500 倍液，每株 1～2 升，共施药 2～3 次，每次间隔 5～7 天，每次选用 1 种药剂，注意药剂交替使用。

二、猕猴桃软腐病

1. 症　状

猕猴桃软腐病发生在果实上，发病部位果皮稍凹陷，果肉乳白色至黄色，软腐，呈圆锥状深入果肉内部，病健部深绿色。部分病斑表皮下有一个 5 毫米左右的锥形硬核（图12-2）。

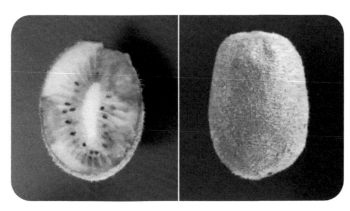

图 12-2　猕猴桃软腐病为害果实

2. 发生特点

猕猴桃软腐病病菌以菌丝体、分生孢子及子囊壳在枯枝、果梗上越冬。第二年春天恢复活动，形成孢子，通过风和雨水进行传播。分生孢子传播到果实表面后，从皮孔侵入。该病陆续侵染直至采收期。病菌侵入后，菌丝在果皮附近组织内缓慢生长蔓延，外表不显现症状。贮藏期病菌在果肉内扩展，形成病斑，导致果实腐烂。

3. 绿色防控技术

（1）生态调控。冬剪后的枝条、枯枝、果梗、叶片等要集中处理，彻底清园，并喷施 3～5 波美度的石硫合剂封园。增施有机肥，氮、磷、钾搭配使用，补充中微量元素，尤其是钙元素，增强树势，合理负载，提高果实抗病能力。在采果前 1 个月结合杀菌剂施用，喷施1 次水溶性钙肥。

（2）理化诱控。采前一个月用 120～150 毫克/升茉莉酸甲酯浸果能有效提高猕猴桃果实抗病能力（防效达 77.70%），处理后还能改善果实外观品质，提高果实维生素 C 含量，可减缓猕猴桃贮藏过程中软化。

（3）药剂防治。用药时期：共施药 2 次，分别在果实膨大期和采果前 30～45 天。药剂种类：10% 苯醚甲环唑水分散粒剂 2 000 倍液、75% 肟菌戊唑醇悬浮剂 4 000～6 000 倍液、36% 甲基硫菌灵悬浮剂 800～1 200 倍液、50% 多菌灵悬浮剂 400～800 倍液、430 克/升戊唑醇悬浮剂 3 000～4 000 倍液（仅能在膨大期使用 1 次）、50% 咪鲜胺悬浮剂 1 000 倍液、5 亿 CFU/克多黏类芽孢杆菌 KN-03 悬浮剂 100～150 倍液。

三、猕猴桃根结线虫病

1. 症　状

猕猴桃树受根结线虫为害后，树势较弱，严重的植株叶片偏小发黄。挖开根部观察，可见根部须根出现 3～5 毫米大小的瘤状根结，严重时根结成串发生。后期发病须根腐烂。剥开根结可见根结组织内有 1 个或多个大小约 0.5 毫米、近球形白色颗粒，此为根结线虫雌虫（图 12-3）。

图 12-3　猕猴桃根结线虫病根部症状

2. 发生特点

贵州猕猴桃根结线虫病的病原主要为南方根结线虫，该虫寄主广泛，在土壤中普遍存在，当环境条件适宜时发生较重。其主要以卵和 2 龄幼虫在根瘤或直接在土壤中越冬，以 2 龄幼虫由根尖侵入。线虫在寄主根结内生长发育至 4 龄，雄虫与雌虫交尾，交尾后雌虫在根结内产卵。根结线虫不耐水淹，在干旱年份发生较重，在砂壤土或保水性差的石漠化果园发生较重。

3. 绿色防控技术

（1）生态调控。主要是通过加强果园土肥水的管理，维持健壮的树势，增强树体的代偿能力，减轻病害的为害。同时，增施有机肥，可有效改善土壤理化性质，增加土壤微生物的平衡型，恶化线虫生存环境，减少线虫种群数量。

（2）药剂防治。苗圃是根结线虫的防治重点，主要采取以下措施：①25 亿 CFU/ 厚孢轮枝菌微粒剂 175～250 克 / 亩、100 亿 CFU/ 克坚强芽孢杆菌可湿性粉剂 400～800 克 / 亩或 5 亿 CFU/ 克淡紫拟青霉颗粒剂 2 500～3 000 克 / 亩撒施，育苗整地撒入土中，旋耕混匀。②在 5—7 月线虫发生期，发生较重的地块，使用 75% 噻唑膦乳油 3 000～4 000 倍液灌根、20% 噻唑膦水乳剂 1 000 倍液灌根、5% 阿维菌素微囊剂 2 000～3 000 倍液灌根或 1% 阿维菌素缓释粒剂 2 250～2 500 克 / 亩降雨前沟施或撒施。

四、猕猴桃炭疽病

1. 症　状

炭疽病主要侵染叶片，侵染初期病斑为水渍状小点；随着病害的扩展，逐渐发展为褐色圆形、长椭圆形或不规则形病斑，病健交界明显；病斑后期中间变为灰白色，边缘深褐色；病斑正面散生许多小黑点（图12-4）。

图 12-4 猕猴桃炭疽病症状

2. 发生特点

病原菌主要以菌丝体或分生孢子在病残体或芽鳞、腋芽等都位越冬。翌年春天，病菌从伤口、气孔或直接侵入，逐渐扩展；形成病斑，并在病斑上形成分生孢子器，产生分生孢子，通过风雨、昆虫等传播，形成再侵染。该病在高温高湿季节易于流行，树冠郁闭通风不良，长势较差的果园发病较重。该病由子囊菌门刺盘孢属真菌引起。

3. 绿色防控技术

（1）生态调控。加强栽培管理，及时中耕锄草或进行果园生草覆盖，科学修剪整枝，改善果园通风透光条件，降低果园湿度。增施有机肥，氮磷钾肥搭配使用，增强树势；科学排灌，避免积水。

冬季修剪时清除僵果、病果，剪除干枯枝和病虫枝，集中深埋。冬季修剪后用 3～5 波美度的石硫合剂进行封园。

（2）药剂防治。在田间发病初期选用以下一种药剂兑水喷雾防治 2～3 次，每次施药间隔 7～10 天；不同类型的药剂交替使用，避免抗药性产生。可使用 80% 甲基硫菌灵水分散粒剂 800～1 000 倍液、25% 吡唑醚菌酯悬浮剂 1 000～1 500 倍液、10% 苯醚甲环唑水分散粒剂 3 000 倍液、25% 嘧菌酯悬浮剂 800～1 200 倍液、10 亿 CFU/ 克多黏类芽孢杆菌可湿性粉剂 500 倍液、22.5% 啶氧菌酯悬浮剂 1 500～2 000 倍液、43% 氟菌·肟菌酯悬浮剂 3 000 倍液。

五、猕猴桃褐斑病

1. 症 状

该病主要为害叶片，在发病初期，形成近圆形暗绿色水渍状斑点，随后病斑逐渐扩展，形成 2～5 厘米大小的近圆形或不规则形病灰白色斑，感病品种病斑更大，扩展更迅速。

后期病斑中央为褐色，周围呈灰褐色，边缘深褐色。受害叶片卷曲，破裂，干枯易脱落（图12-5）。

图 12-5 猕猴桃褐斑病症状

2. 发生特点

病原菌以分生孢子器、菌丝体和子囊壳在病残落叶上越冬，翌年春季萌发新叶后，分生孢子和子囊孢子，借助风雨传播，侵染嫩叶上，其后形成病斑并产生孢子进行再侵染。5月为病菌初侵染高峰期，7—8月为发病高峰期。不同猕猴桃品种抗病性不同，红阳猕猴桃上发生较重，常在7—8月造成大量的落叶。贵长猕猴桃相对较抗病。高温高湿易导致此病发生。

3. 绿色防控技术

（1）生态调控。加强栽培管理，及时中耕锄草或进行果园生草覆盖，科学修剪整枝，改善果园通风透光条件，降低果园湿度。增施有机肥，氮磷钾肥搭配使用，增强树势；科学排灌，避免积水。冬季修剪时清除病叶，集中深埋。冬季修剪后用3～5波美度的石硫合剂进行封园。封园时对地面的残枝败叶也一同喷洒。

（2）药剂防治。在田间5月上旬发病初期，选用以下一种药剂兑水喷雾防治2～3次，每次施药间隔7～10天：0.5%小檗碱水剂400～500倍液、10亿CFU/克多黏类芽孢杆菌可湿性粉剂500倍液、20%氟硅唑水乳剂4 000～5 000倍液、75%肟菌·戊唑醇水分散粒剂2 500～3 000倍液、25%吡唑醚菌酯悬浮剂1 000～1 500倍液、22.5%啶氧菌酯悬浮剂1 500～2 000倍液、10%苯醚甲环唑水分散粒剂3 000倍液、25%嘧菌酯悬浮剂800～1 200倍液。不同类型的药剂交替使用，避免抗药性产生。

（溃疡病、炭疽病、褐斑病：吴石平　黄露　撰写；根结线虫病：吴石平　黄露　撰写；软腐病：黄露　吴石平　撰写）

第二节 主要虫害识别及绿色防控技术

桑白蚧

1. 识别特征

桑白蚧又名桑盾蚧、树虱子，属于同翅目盾蚧科。卵呈椭圆形，直径 0.25～0.3 毫米，卵分两色，白色为雄虫，橙色为雌虫；初孵若虫呈扁椭圆形，可见触角、复眼和足，腹末端具尾毛两根，蜕皮之后触角、复眼、足尾毛均退化或消失，开始分泌蜡质介壳；雌虫有 2 个龄期，雌成虫长约 1～1.5 毫米，介壳圆形，灰白色至灰褐色，壳点黄褐色，在介壳中央偏旁。雄虫有 3 个龄期，有伪蛹阶段，雄成虫体长 0.6～0.7 毫米，有翅 1 对，介壳细长，白色，壳点橙黄色，位于介壳的前端。

2. 发生特点

成虫、若虫以针状口器插入枝干组织中吸取汁液，造成枝叶枯萎，甚至整株枯死，果实发育受阻。若蚧在为害初期会分泌蜡质物，进而形成棉毛状蜡丝覆盖于体背，严重时整株分布，树体遍布白色，似挂了一层棉絮（图 12-6 和图 12-7）。

图 12-6 桑白蚧若虫　　　　　图 12-7 桑白蚧为害状

该虫在 1 年发生 2 代，以受精雌成虫在被害枝干上越冬，在猕猴桃芽萌动后开始活动，虫体不断膨大，4 月中下旬开始产卵，卵期 10～15 天，5 月上中旬为第一代若虫孵化盛期，第二代若虫于 8 月上中旬出现，高温干旱对其发生不利。

3. 绿色防控技术

以若虫分散转移期化学防治为主，结合其他措施进行综合防治。

（1）农业防治。①用硬毛刷或细钢丝刷轻轻刷掉枝蔓上的介壳虫体。②剪除病虫枝，改善通风透光条件。夏剪时剪除顶端开始弯曲或已经相互缠绕的新梢，过度郁闭的应及时打开光路，疏除未结果且下年不能使用的发育枝、细弱枝和虫害严重的病虫枝等，将虫枝带出烧毁，通过减小虫口基数和提高透光率来抑制桑白蚧的滋生繁殖。③发生严重的果园通过深翻改土、增施农家有机肥、果园种植绿肥、配方施肥、叶面喷肥等措施加强果园田间管理，促进果树枝条健壮生长、恢复和增强树势。

（2）生物防治。注意保护及利用天敌，桑白蚧的主要天敌是寡节瓢虫和盔唇瓢虫。在用药上要注意使用有选择性农药，尽量在天敌盛发期不喷或少喷广谱性杀虫剂。

（3）药剂防治。生长季节，药剂防治抓住两个关键时期，5月中下旬和8月上中旬，即若虫孵化盛期还未形成介壳之前，具体措施：在树基部主干上削去宽度10～15厘米的粗厚树皮，用毛刷涂抹20%呋虫胺可溶粒剂或25%吡虫·矿物油乳油等与水按照1：1的比例混合调制的药剂，药剂轮换使用，7～10天涂抹一次，连续2～3次。也可选用30%螺虫·吡丙醚悬浮剂3 000倍液、25%吡虫·矿物油乳油2 000～3 000倍液、20%呋虫胺可溶粒剂2 000～3 000倍液等进行全树喷雾。

（张昌容　撰写）

第十三章　杧果主要病虫害识别及绿色防控技术

随着贵州省农业产业结构调整，精品水果的发展也成为贵州重要发展的产业之一，其中，杧果产业在兴义等地区得到大力发展，对促进贵州省经济发展和脱贫攻坚具有重要作用。随着杧果种植面积的不断扩大和种植年限的逐步增加，病虫害的发生也日趋严重，严重威胁着杧果产业发展和产品安全。为准确识别杧果主要病虫害发生种类，掌握田间杧果病虫害绿色防控技术，结合贵州杧果主要病虫害发生情况及参阅相关防控技术资料，总结了以下几种杧果主要病虫害识别及绿色防控技术。

第一节　主要病害识别及绿色防控技术

一、杧果炭疽病

1. 症　状

主要为害嫩叶、嫩枝、花序和果实。在杧果生长期侵染叶片常引起叶斑，严重时可引起落叶；侵染枝条则造成回枯等症状，影响杧果正常生长发育；开花期和坐果期侵染常造成落花和果腐，导致大量落花落果。采收前在果实表面形成病斑，影响果实外观品质（图13-1至图13-4）。

图13-1　潭疽病为害果实

图13-2　潭疽病为害严重时果实症状

图 13-3 生长期果实被害状　　　　　　　图 13-4 叶片被害状

2. 发生特点

病原为半知亚门胶孢炭疽菌，病菌以菌丝体和分生孢子盘在病株和病残体存活。各杧果产区全年均可发生。高温多雨的年份（温度 25 ～ 28℃、相对湿度 90% 以上）最容易感染，发病严重。病菌具潜伏侵染现象，采果后病害可继续发展。该病害的发生和流行也与栽培环境条件关系密切，果园阴蔽潮湿或偏施氮肥会加重发病。

3. 绿色防控技术

（1）农业措施。选育抗病品种，选栽无病种苗；加强田间管理，搞好田间卫生，及时剪除并烧毁病枝病叶；在肥料施用上避免偏施氮肥，应多使用完全肥料配合含大量有机质的肥料。

（2）人工防治。务必及时捡拾园中虫害落果，摘除树上的虫害果，集中深埋、沤浸或用杀虫剂液浸泡。深埋的深度至少要在 45 厘米以上。冬春季清园，翻耕果园地面土层。

（3）药剂防治。可用 56% 嘧菌酯·百菌清可湿性粉剂 600 倍液、25% 代森锌 400 倍液等进行防治。①开花期：每周喷药一次，药剂选用百菌清可湿性粉剂 600 倍液、50% 多菌灵 500 倍液、20% 氟硅唑·咪鲜胺水乳剂 800 倍液、40% 多·硫悬浮剂 400 倍液、20% 氯乳铜 600 倍液。同时，每隔 7 ～ 10 天叶面喷施一次 0.2% ～ 0.3% 磷酸二氢钾、尿素和硼砂；喷施保花保果剂连续 2 ～ 3 次，可有效增强植株的抗病力。②结果期：每隔半月喷药一次，可轮换使用 70% 甲基硫菌灵可湿性粉剂 700 倍液、硫酸铜：生石灰：水 =1：1：100 波尔多液、75% 百菌清可湿性粉剂 600 倍液、20% 氯乳铜油剂 500 倍液。采收后将果实浸泡于 70% 甲基硫菌灵 1 000 倍液（水温为 52 ～ 54℃）中 15 分钟，捞起置于通风处晾干，用纸箱或竹箩包装，或移到低温气调库中贮藏；秋梢生长期每隔半月喷药一次，用药与花果期基本相同。

（4）果实采收后处理。用 51℃ 温水浸果 15 分钟或 54℃ 温水浸果 5 分钟；或用氯化钙、柠檬酸、草酸或水杨酸处理，壳聚糖涂膜或乙烯受体抑制剂 1- 甲基环丙烯处理对杧果采后炭疽病有不同程度的控制作用。

二、杧果蒂腐病

1. 症 状

杧果采收后主要病害，引起杧果果实黑色腐烂。发病部位最初在果蒂周围，先出现褐色斑点，继而迅速扩展至整个果蒂的果皮变褐、腐烂、渗出黏液。至果实一半腐烂时，病部转为深褐色，果实腐烂液化、流汁、有酸味。直到全果腐烂后，果皮长出大量初为白色、后转淡黄色、最后转为黑色的小粒，此为病菌的分孢器，潮湿时黑色小粒上可见白色的菌丝体。该病对杧果贮藏及运输影响甚大（图 13-5 和图 13-6）。

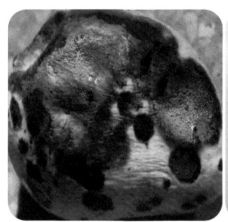

图 13-5 果实被害状及白色孢子层　　　　图 13-6 果实渗出黏液

2. 发生特点

蒂腐病病菌在枯枝、树皮和落叶内，或以菌丝体潜伏在寄主体内越冬。在花期侵入，在幼果内潜伏，在果实后熟阶段表现症状。可从受伤的果柄、果实剪口或机械伤口，如花期蓟马、叶蝉为害造成的伤口、大风、暴风雨和冰雹等灾害导致的伤口等侵入。采摘期的气温在 25 ～ 35℃ 有利于病害的发生。

3. 绿色防控技术

（1）农业防治。通过田间措施预防初侵染。结合采后修剪等管理措施，彻底清除病虫枝叶。苗期发病应及时拔除病株，病穴淋灌 1 000 倍液的高锰酸钾或硫酸铜。

（2）套袋。有条件的果园于生理落果后单果套纸袋。此项措施除预防蒂腐病菌侵染外，还可显著提高果实外观质量，减少风害造成的落果。

（3）采后处理。果实应在晴天和露水干后采收。采收时要轻拿轻放，留果柄 1 厘米左右，避免人为机械损伤。采后果子用防腐剂浸泡 2 ～ 3 分钟后捞起晾干，单果用纸包裹后装入果箱。处理后果实置于 10 ～ 13℃贮藏。

（4）药剂防治。选用经济有效的杀菌剂，田间喷施预防可选用 70% 甲基硫菌灵可湿性粉剂 1 000 ～ 1 200 倍液，或 40% 多菌灵可湿性粉剂 +2% 春雷霉素水剂混合后 300 ～ 500 倍液；采后浸果做防腐处理，可用 25% 咪鲜胺乳油 500 ～ 1 000 倍液。从现蕾起喷施杀菌剂保护。花期和幼果期是喷施杀菌剂预防的关键时期。杀菌剂间隔 15 天左右喷一次。

三、杧果细菌性黑斑病

1. 症　状

由细菌侵染引起，可为害叶片、枝梢、叶柄、果、果柄等部位。各部位受害后均表现为黑褐色病斑，受害叶片初在叶面出现油渍状小黑点，其扩展受叶脉限制而呈黑褐色多角形小斑，发病严重时，几个小斑汇合成不规则大斑，周围有黄色晕圈，叶中脉变黑，局部裂开，老病斑后转为灰白色。嫩枝受侵染，病部明显褪色并纵向开裂，渗出胶液变成黑斑。果柄受害，组织坏死引致落果。幼果受害出现暗绿色斑块，周围有油渍状晕圈，后期果肉变黑褐色，潮湿时病部溢出菌脓，最终导致烂果（图 13-7 和图 13-8）。

图 13-7　果实被害状　　　　　　图 13-8　枝条被害状

2. 发生特点

该病病菌靠风雨或接触传播，病原细菌在受侵染的枝梢或病残组织上越冬。次年春季在温湿度适宜的条件下，病部溢出细菌脓，通过雨水或昆虫传播，从寄主的自然孔口或伤口侵入。初侵染发病后病部又溢出菌脓，经传播，不断进行再侵染。此病全年均可发生，高温、多雨、潮湿常发病严重。

3. 绿色防控技术

（1）农业措施。搞好清园，减少初侵染菌源。收果后结合修剪，剪除病枝叶并把地面上的病枝、病叶、落果收集烧毁或撒石灰深埋。在发病季节，随时注意剪除病枝、病叶。

（2）药剂防治。在嫩梢和幼果期要喷药保护嫩梢、幼果。在开花前 1 周和谢花结束各施药预防一次，但幼果期容易产生药害，对铜制剂很敏感，可选用硫酸铜：生石灰：水 =1：1：100

的波尔多液、2% 春雷霉素液剂 400 倍液等交替轮换使用。避开幼果期，可选用 37.5% 氢氧化铜悬浮剂 500 倍液或 20% 噻菌铜悬浮剂。修剪后可用药防治，防止病菌从剪口感染。

四、杧果白粉病

1. 症　状

杧果种植期间容易发生的真菌病害。主要在被害器官上初现分散的白粉状小斑块，后逐渐扩大并相互联合形成白色粉状霉层，霉层下的组织逐渐变褐坏死。花序、花柄及萼片最易感染，花蕾停止发育，病部覆盖白粉霉层；花序基部先变褐，逐渐整枝花枝变褐，引起落花（图 13-9）。为害叶片时，叶背面先出现白粉霉层，严重时受害叶片变形、早落。对果实主要为害幼果，严重时白粉层常布满整个果面，病部表皮变褐色龟裂，被害果实很容易脱落。轻病果虽可继续长大，但在白粉霉层脱落后，病部呈紫色斑块、龟裂、木质化（图 13-10）。

图 13-9　花序被害状　　　　　　图 13-10　叶片被害状

2. 发生特点

病原菌以菌丝或分生孢子在寄主叶片和幼嫩枝条上越冬。温度是影响杧果白粉病发生的主要因素，月均气温为 21 ～ 23℃，最有利于病害发生。在干旱条件同样发病严重。施氮肥过多导致枝叶组织柔软，也易感染白粉病。

3. 绿色防控技术

（1）种植抗病品种。如留香杧、秋杧和青皮杧等。

（2）合理施肥。增施有机肥、磷钾肥，控制过量施用化学氮肥。特别是杧果开花结果季节。

（3）药剂防治。从开花初期开始喷药，可选择 50% 氟啶胺悬浮剂 247.50 克 / 公顷、12.5% 氟环唑悬浮剂 46.86 克 / 公顷、250 克 / 升吡唑醚菌酯乳油 187.50 克 / 公顷、15% 三碲酮可湿性粉剂 3 000 ～ 4 000 倍液、40% 多·硫胶悬浮剂 350 ～ 500 倍液或 0.3 ～ 0.4 波美度的石硫合剂等，每隔 15 ～ 20 天喷一次，共喷 2 ～ 3 次。在抽蕾期和开花稔实期喷

320筛目标硫黄粉，每亩0.5～1千克，但高温天气不宜喷洒农药，以防药害。

五、杧果疮痂病

1. 症 状

主要为害果实，幼嫩新梢、叶片亦可受害。被害患部均呈木栓化粗糙稍隆起的疮痂斑。重病新叶可呈变形扭曲，易早落；被害新梢皮层粗糙或开裂或成枯梢。潮湿时患部现灰白霉点。果面初现黑褐色木栓化稍隆起小斑，后病斑密生并连合成斑块，斑面粗糙，中央凹陷或呈星状开裂，严重时果皮龟裂。对果实产量和品质影响较大（图13-11）。

图13-11 果实被害状

2. 发生特点

病菌以菌丝体和分生孢子盘在病株及遗落土中的病残体上存活越冬，以分生孢子借风雨传播进行初侵染与再侵染。病害远距离传播则主要通过带病种苗的调运。种子也有传病可能。温暖多雨的年份较多发病，特别是日夜温差大而又高湿的天气有利病害发生。近成熟的果易感病。苗木的幼叶枝梢较成年结果树易发病。多雾、露水重也有利于病原菌产孢和病害发生，特别是早晚温差大、果园湿度大，更易发病。

3. 绿色防控技术

（1）严格检疫，新种果园不要从病区引进苗木。选择种植抗病品种，种植无病种苗和接穗。

（2）农业防治。结合修剪，清除病枝梢，清除残枝、落叶、落果，带出园外集中处理。加强水肥管理，避免过量或偏施氮肥，补充适量钾肥。

（3）套袋。在第二次生理落果后及时套袋护果。

（4）药剂防治。苗圃以保梢为主，结果园以保果为主。及时喷药保梢保果。掌握抽梢期及果实开始膨大至采果前15～20天交替喷施波尔多液（硫酸铜：生石灰：水 =1：1：100）、

30% 王铜胶悬浮剂 800 倍液，40% 多·硫胶悬浮剂 600 倍液、75% 百菌清可湿性粉剂 600 倍液、40% 氟硅唑乳油 8 000 倍液、25% 丙环唑乳油 5 000 倍液、30% 苯醚甲·丙环乳油 5 000 倍液、65% 代森锌可湿性粉剂 500 倍液、10% 苯醚甲环唑 1 500 倍液或 50% 克菌丹可湿性粉剂 500 ～ 600 倍液，共喷 3 次；坐果后可每隔 3 ～ 4 周喷一次。

六、杧果畸形病

1. 症　状

该病主要为害杧果嫩梢和花芽。杧果树感染该病后，病株嫩梢、腋芽与顶芽丛生，节间极度变短、变粗，叶片变窄、厚而发脆，并成束状生长呈"扫帚"状，最后干枯；花序密集簇生，呈拳头状；果实变小、发黑，不发育，甚至不坐果，造成严重经济损失（图 13-12）。

图 13-12 花序被害状

2. 发生特点

开花前，气候较温暖则病害发病率较低，而环境温度较低则病害发生较为严重。春梢抽出的花穗上病害发生最为严重，其次是夏梢和秋梢。分生孢子借助气流或昆虫在果园传播，反复引起侵染。

3. 绿色防控技术

（1）加强检疫，严禁从病区引进苗木和接穗，采用无病的繁殖材料。

（2）农业防治。从病枝以下 30 ～ 40 厘米的健康处剪去病枝，并烧毁。修剪病枝固定用一把枝剪，且每次修剪完病枝后用 75% 的酒精或火焰高温消毒。禁止用修剪病树或病枝的枝剪去修剪健康的杧果树或枝条。

（3）合理施肥。平衡施肥，叶面喷施螯合铜制剂、螯合铁制剂等增强树势。

（4）采用去花处理。从花序基部去掉整个花穗，重新萌发长出的花序畸形率明显降低。

（5）药剂防治。防病防虫并举，可选用 50% 甲基硫菌灵可湿性粉剂 700 倍液、25% 苯醚甲环唑乳油 2 000 ～ 3 000 倍液或 50% 咪鲜胺锰盐可湿性粉剂 1 000 ～ 2 000 倍液等喷雾。

七、杧果裂果病

1. 症　状

杧果裂果病为生理性病害。裂果症状发生在果实生长中后期，在幼果发育至橄榄大小时即开始，果实进入迅速膨大期至生理成熟期前达到最高峰。大部分表现纵裂（图 13-13）。

图 13-13　果实被害状

2. 发生特点

裂果与果园湿度、土壤水分管理失衡，以及缺钙和硼等因素有关。裂果程度则与品种、生育期、气候、肥水管理等因素有关系。常发生在果实生长中后期。虫伤或机械伤后，遇大雨或灌水过多易发生。

3. 绿色防控技术

（1）种植果皮较厚的品种。在果实发育过程中，干旱季节应时常灌水，雨季注意排水，避免果园土壤湿度剧烈变化。

（2）套袋。对防病虫、防裂果效果都较显著。

（3）合理施肥。注意平衡施肥，勿偏施氮肥，挂果期补施钙肥，促进果皮细胞壁的生长。

（叶照春　撰写）

第二节 主要虫害识别及绿色防控技术

一、横纹尾夜蛾

1. 症 状

主要为害杧果嫩梢和花穗。以幼虫蛀食嫩梢或花穗的髓部，导致受害部位枯死，枯梢、枯序，影响生长和开花。严重影响幼树生长和结果树的产量（图 13-14 至图 13-17）。

图 13-14 横线尾夜蛾成虫

图 13-15 横线尾夜蛾幼虫

图 13-16 嫩梢被害状

图 13-17 枝干被害状

2. 发生特点

每年发生 8 代，世代重叠。以幼虫和蛹在杧果的枯枝烂木内或树皮下越冬。1—3 月陆续羽化，幼虫多在 5—6 月和 8—10 月为害嫩梢，10—12 月和 2—3 月为害花蕾和嫩梢。幼虫共 5 龄，老熟幼虫在杧果的枯烂木、枯枝、树皮或其他虫壳、天牛粪便等处吐丝封口化蛹。成虫多在上午羽化，雌虫交配后经 3～5 天产卵，多数散产于老梢叶片上或枝条、花穗上，每雌产卵量为 54～435 粒，平均 255 粒。成虫寿命为 10～19 天。成虫昼伏夜出，趋光性、趋化性弱。

3. 绿色防控技术

（1）农业防治。冬季认真清除枯枝烂木及翘皮。越冬前树干上束草诱集幼虫越冬或化蛹，集中处理。也可选择石灰水涂干。

（2）药剂防治。以杀卵和低龄幼虫为主。大树嫩梢长3～5厘米花蕾开放前，苗圃萌芽抽梢时喷药。药剂可用20%氯虫苯甲酰胺悬浮剂3 000倍液、25%噻虫嗪水分散粒剂5 000倍液、1.8%阿维菌素乳油1 000倍液、2.5%高效氯氟氰菊酯乳油1 500倍液、10%氯氰菊酯乳油2 000～3 000倍液或2.5%溴氰菊酯乳油2 000～3 000倍液等。

二、橘小实蝇

1. 症　状

主要为害果实，雌成虫产卵于果实内，孵化幼虫在果实内部直接取食果肉，引起果肉腐烂，造成果实裂果、烂果、落果，或采摘后出现腐烂，引起减产或失去食用价值。雌成虫产卵时，产卵器刺入形成伤口，病原微生物侵入可使果实腐烂。除杭果外，尚能为害柑橘、猕猴桃、番石榴、番荔枝、桃、枇杷等200余种果实，为检疫性对象（图13-18至图13-21）。

图13-18 橘小实蝇雄成虫　　图13-19 橘小实蝇为害杭果

图13-20 橘小实蝇为害杭果造成的落果　　图13-21 橘小实蝇幼虫为害杭果

2. 发生特点

在不同地区，橘小实蝇世代历期有较大差异。在贵州每年发生 3～5 代，在冬季较温暖地区无严格越冬过程，成虫仍有活动，如黔西南兴义、安龙、镇宁等地区。生活史不整齐，各虫态常同时存在。一般卵期 1～3 天，幼虫期 9～35 天，蛹期 7～14 天，成虫羽化后需经 10～30 天取食补充营养后开始交配产卵，5—11 月发生量均较大。在果实开始着色、糖分开始累积时，便陆续迁入园中，在完全膨大但未成熟的果实上产卵较少。产卵器刺入果皮，每点产卵 5～10 粒。孵化后幼虫取食果肉造成烂果、落果。幼虫老熟后钻出果皮表面，通过弹跳或爬行到潮湿疏松的土表下 2～3 厘米处化蛹。成虫喜食带有酸甜味的物质，夜间多聚在树冠内，具有趋光、喜低、栖阴凉环境的习性。最适发育温度为 25～30℃，平均发育温度 14℃ 以上。在产卵前期需取食蚧、蚜、粉虱等害虫的排泄物以补充蛋白质，才能使卵巢发育成熟。

3. 绿色防控技术

（1）加强检疫。对调运的杧果作物及产品进行检疫及检疫处理，严防幼虫随果实或蛹随园土传播。

（2）人工防治。务必及时捡拾园中虫害落果，摘除树上的虫害果，集中深埋、沤浸或用杀虫剂液浸泡。深埋的深度至少要在 45 厘米以上。冬春季清园，翻耕果园地面土层。

（3）套袋。可根据种植的品种选择质地好、透气性较强的套袋材料，如双层复合纸袋、白色半透明纸袋或透气塑膜袋等。

（4）诱杀成虫。①甲基丁香酚引诱剂：将浸泡过甲基丁香酚诱芯加入诱捕器，将诱捕器悬挂树的阴凉处（离地 1.5 米），每亩 6～10 瓶，每月更换 1 次诱芯。该方法只对雄成虫有效。②水解蛋白饵剂：蛋白饵剂加水稀释一定倍数后（不同蛋白饵剂稀释倍数不同），加入 80% 敌百虫可溶粉剂 800 倍液混合均匀，装入敞口容器中，加上防雨盖，悬挂至树冠下，间隔 8～10 米，每亩悬挂 10 瓶，每 5 天添加一次饵剂。可诱杀雌雄成虫。③毒饵诱杀：当监测到成虫高峰期到来时，用过熟杧果、香蕉等捣碎，按果：药为 100：1 的比例加入 80% 敌百虫可湿粉剂制成诱饵，然后把诱饵装入塑料饭盒或纸杯等容器后散布于果园（装毒饵容器要制成可挡雨水，蝇虫可入，但不被鸡等啄食毒饵），每亩放置 8 个，每 10 天更新一次诱饵。可诱杀雌雄成虫。

（5）药剂防治。捡拾落果后及清园后，及时进行地面施药，可用 48% 毒死蜱乳油拌土制成 0.3%～0.5% 的毒土撒施，每公顷 450 千克毒土；或选用 50% 马拉硫磷乳油 1 000 倍液喷洒果园地面，每隔 7 天左右一次，连续 2～3 次，减少虫口基数。

三、蓟 马

1. 症 状

蓟马以若虫、成虫在嫩梢、嫩叶、花蕾及小果上吸食组织汁液。在梢期，若虫、成虫在嫩叶背面群集活动，吸食汁液，受害叶片在主脉两侧有2条至多条纵列红褐色条痕。严重时叶背呈现一片褐色，叶片失去光泽，后期受害叶片边缘卷曲，呈波纹状，不能正常展开，甚至叶片干枯。新梢顶芽受害，生长点受抑制，呈现枝叶丛生或萎缩。花果期，若虫、成虫集中为害花穗、幼果，造成大量落花落果。幼果被害后，果面出现黑褐色或锈褐色针状小点，甚至畸形，果皮组织增生木栓化，呈锈褐色粗糙状。幼果横径达2厘米后不再受害。果实生长中后期，果皮变粗，出现凸起的红褐色锈皮斑。也为害叶柄、嫩茎和老叶，严重影响杧果生长和果实质量。寄主种类较多，包括水果、蔬菜、花卉、农作物等（图13-22至图13-25）。

图13-22 蓟马成虫

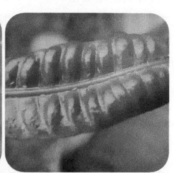
图13-23 群集为害叶片

图13-24 群集为害花

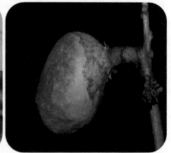
图13-25 果实受害状

2. 发生特点

蓟马世代重叠。冬季以卵、成虫为主，若虫在早、晚和阴天多在叶面活动。老熟若虫多群集在被害叶片或附近叶片背凹处。成虫一般爬行，受惊扰时可弹飞。雌虫羽化后2～3天在叶背叶脉处或叶肉中产卵，可行有性生殖和孤雌生殖。卵散产，每雌虫产卵少则几十粒，多则100多粒。成虫有趋向嫩叶取食和产卵的习性。成虫、若虫还有避光趋湿的习性。一年抽梢次数多且发梢不整齐或有冬梢的果园，为害较严重；春秋干旱，为害严重。杧果蓟马年发生有明显高峰，发生高峰与杧果的物候期关系密切，杧果蓟马从初花期开始出现为害，至盛花期为害数量达最大。随着小果期的到来，虫口数量明显下降。在杧果生长、开花结果时，如遇温暖干旱天气，发生为害更严重。

3. 绿色防控技术

（1）农业防治。早春清除田间杂草和枯枝残叶，集中烧毁或深埋，消灭越冬成虫和若虫。加强肥水管理，促使植株生长健壮，减轻为害。适时修剪抽生冬梢，减少其食料来源。

（2）物理防治。田间悬挂黄色或蓝色粘虫板诱虫。

（3）药剂防治。在低龄若虫盛发期前用药防治。每隔 5 ～ 7 天喷一次，连喷 3 次。推荐选用 1.8% 阿维菌素乳油 1 000 倍液、60 克／升乙基多杀菌素悬浮剂 1 000 ～ 2 000 倍液、3% 啶虫脒可湿性粉剂 2 000 ～ 4 000 倍液、10% 吡虫啉可湿性粉剂 1 000 倍液、20% 烯啶虫胺水剂 1 000 倍液、25% 噻虫嗪可湿性粉剂 3 000 ～ 5 000 倍液或 2.5% 溴氰菊酯乳油等药剂，喷施嫩梢、嫩叶、花穗和幼果，正反面喷施均匀，轮换使用，避免抗药性产生。

四、杧果切叶甲

1. 症 状

成虫取食嫩叶表皮和叶肉，啃食斑近乎圆形，仅余下透明状下表皮，叶片卷缩干枯。雌成虫在嫩叶上产卵，并从叶片近基部处咬断，切口齐整如刀切，造成秃梢，严重影响植物正常生长（图 13-26 和图 13-27）。

图 13-26 杧果切叶甲成虫　　　图 13-27 叶片受害状

2. 发生特点

每年发生 6 ～ 7 代，该虫以老熟幼虫在土中滞育越冬，次年 3 月见越冬代成虫羽化，为害杧果的零星嫩梢。成虫多产卵于嫩叶中脉两侧，每头雌虫一生产卵 220 ～ 495 粒，着卵叶被成虫于叶基 1/4 ～ 1/3 处剪断而落地。卵在落叶内孵化，幼虫于落叶内潜食叶肉，造成叶片呈现曲折的隧道。幼虫老熟后破叶入土，做土室化蛹。成虫羽化出土后，有明显的向上性、趋嫩性和群集性，常聚居于杧果嫩梢、嫩叶上。有一定的趋光性。遇惊动时假死落地或中途飞走。成虫有多型现象，分为黄色型、黑色型和居间型。

3. 绿色防控技术

（1）加强检疫。严格执行检疫制度，严防害虫随果实、果核或种苗向疫区外传播。新区一经发现，必须及时扑灭。

（2）农业防治。要避免杧果和龙眼混栽，以杜绝或减少虫源；可结合除草、施肥或控制冬梢，进行翻松园土，杀死在土壤中的部分虫蛹和越冬幼虫。

（3）药剂防治。在各代成虫羽化期，掌握虫情，适期喷药杀死成虫。冬季，结合清园，选择 5 波美度石硫合剂喷园，兼防介壳虫。生长期可用 2.5% 溴氰菊酯乳油 2 000 ～ 2 500 倍液或 2.5% 高效氯氟氰菊酯微乳剂 1 000 倍液等喷雾处理。

五、椰圆盾蚧

1. 症　状

椰圆盾蚧以若虫和成虫群栖于叶背或枝梢茎上，或附着于叶背、枝条或果实表面，刺吸组织中的汁液，被害叶片正面呈黄色不规则的斑纹或叶片卷曲，叶片黄枯脱落。新梢生长停滞或枯死，树势衰弱。寄主为杧果、柑橘、香蕉、荔枝、木瓜、葡萄、白兰花、山茶、苏铁、万年青、月桂、椰子等 70 多种植物（图 13-28 和图 13-29）。

图 13-28 椰圆盾蚧群集为害果实　　　　图 13-29 椰圆盾蚧群集为害叶片

2. 发生特点

椰圆盾蚧在贵州年发生 2 ～ 3 代，均以受精雌成虫越冬，翌年 3 月中旬开始产卵，卵产于介壳下，不规则堆积。4—6 月以后盛发。若虫孵化后，从介壳边缘爬出，喜在叶片及成熟的果实上固定为害。雄若虫蜕皮 2 次，经预蛹期和蛹期，羽化为成虫。雌若虫经 2 次蜕皮后变为雌成虫。成虫交配多在夜间进行，交配后 2 ～ 3 周产卵，产卵期长达 5 天。雌成虫的繁殖能力与营养条件有关，寄生在果实上的平均产卵 145 粒／雌，寄生在叶片上的平均产卵约 80 粒／雌。雌虫的各龄若蚧发育所需天数因气温而异，5℃时为 78 天，在 28℃时为 28 天。雄成虫的寿命很短，最多仅有 4 天。

3. 绿色防控技术

（1）加强检疫。严防有介壳虫的苗木调运。

（2）农业防治。保持果园、植株通风透光，及时剪除受害严重的叶片和小果；冬季清园，带出果园集中处理，以降低虫口密度。

（3）生物防治。注意保护蚜小蜂、跳小蜂等寄生性天敌，以及瓢虫、草蛉等捕食性天敌，进行化学防治时选用对这些天敌低毒的杀虫剂，并尽量采取田间挑治，少用全园喷雾。

（4）药剂防治。掌握好在若虫盛发期喷药防治，落叶后及萌芽前喷洒5波美度石硫合剂各1次；杧果生长期，在介壳虫盛发期，喷洒0.3波美度石硫合剂、2.5%溴氰菊酯乳油3 000倍液、机油乳剂60～80倍＋25%灭幼脲悬浮剂3号1 000倍或240克/升螺虫乙酯悬浮剂1～2次，同时能兼治蚜虫、红蜘蛛等。

（叶照春　撰写）

第十四章　百香果主要病虫害识别及绿色防控技术

百香果也被称为鸡蛋果，属于西番莲科西番莲属，是一种亚热带水果。由于百香果的果肉富含丰富的维生素和微量元素，具有比较高的营养价值，是世界上营养价值最高、最具有保健功能的水果之一，被赞誉为"果汁之王"。然而，在种植百香果的过程中，各种病害的发生日益严重，严重影响了百香果果实的品质和产量。因此，有效防控百香果病害的发生是百香果产业可持续发展的关键。

第一节　主要病害识别及绿色防控技术

一、百香果茎基腐病

1. 症　状

茎基腐病通常在支柱茎基部离地面 5 ～ 10 厘米处发生，发生初期植株的皮层会出现水渍状的暗褐色病斑，随着病情的逐渐加深，病部会凹陷，且呈海绵状腐烂，皮层不断地腐烂脱落，裸露出植株的木质部，随着茎基腐病的不断加深，病斑会在植株的茎部向上下扩大，通常会扩大 10 ～ 20 厘米的距离，有时也会出现横向扩散的状况，最终造成植株的茎基部出现环状腐烂，对植株的营养传输造成严重的影响，最终导致植株缺少养分而枯死。在湿度较大的环境下，百香果茎基腐病的腐烂部位会生长出白色雾状物和橘红色小点，这是病原菌的菌丝体及繁殖体（图 14-1）。

图 14-1　百香果茎基腐病为害茎蔓、根部症状

2. 发生特点

百香果茎基腐病的病原菌为茄镰刀菌，病菌以菌丝体在病残物或土中存活和越冬，作为茎基腐病的病害侵染主要来源，病菌借助风雨和灌溉进行传播，通过农事活动、虫害、风害造成的伤口侵入植株。5—8 月为发病高峰期，在通风不良、湿度大、土壤排水性差、酸性强的果园发病率高，尤其是种植两年后的植株发病最为严重。

3. 绿色防控技术

（1）正确选择种植地。种植地应选择在通风和排水情况良好的缓坡地，这样能够更好地促进空气的流通，要尽量选用篱形架式搭架，更好地增加百香果的光照，提高通风效果。

（2）科学选择种植品种。百香果的品种分为黄色、紫色和紫红色 3 种。黄色百香果优点是生长茂盛、产量高，且抗病能力较强，但缺点是需要异株异花授粉才能结果。紫色百香果较为耐寒耐热，但抗病性差，且长势弱，产量低。紫红色百香果是两种不同的百香果品种杂交出的优质品种，果重较大，且耐寒耐热，可以进行自花授粉。不同百香果品种优缺点各有不同，因此在选择时一定要充分考虑。

（3）加强田间管理。在百香果的种植过程中，对百香果的植株进行及时修剪，避免过度生长，对挂果的树枝进行严格控制，避免出现过多的挂果，对植株生长造成影响，并且控制氮肥的施用量，适当的增加钾肥用量。在发现病株时，用刀将植株的病部切除；对已经死亡的植株，要连根挖出，并带出园外销毁，对死株的空穴要抛撒生石灰进行消毒，避免对其他健康植株造成侵染。

（4）药剂防治。为降低茎基腐病的发病率，可以在植株根茎基部涂抹 50% 氯溴异氰尿酸可溶粉剂 500 倍液或 40% 多菌灵可湿性粉剂 600 倍液，涂抹间隔时间为 10～15 天，连续 3 次，保障防控效果。

二、百香果褐腐病

1. 症　状

主要为害果实和叶片，幼果初期受害后出现水浸状褐色病斑，随后出现不规则黑色病斑块，受害果面不凹陷。果实未成熟时提前落果（图 14-2）。

图 14-2　百香果褐腐病

2. 发生特点

病原菌以菌丝体或菌核在僵果中越冬，在高温高湿条件下，树势衰弱，地势低洼，水肥管理不到位，枝叶过密，通风透光差的果园易发病，且发病严重。

3. 绿色防控技术

（1）农业防治。高厢种植，适当疏叶，改善果园通光透光环境。及时将百香果的病叶、病果清出园外，深埋或烧毁。轮作换茬，增施充分腐熟的农家肥和有机肥。

（2）药剂防治。发病初期可用 15% 咪鲜胺微乳剂 300 倍液，30% 吡唑醚菌酯悬浮剂 1 000 倍液等防控。

三、百香果疫病

1. 症 状

叶片发病一般从叶尖叶缘开始，后迅速扩大，变成半透明状，然后变成褐色坏死状导致落叶；茎蔓上病斑容易向纵、横方向发展，深入木质部，形成环状坏死圈，导致整株死亡；果实受害初期呈水浸状不规则病斑如烫伤状，导致软化腐烂，最终脱落（图 14-3）。

图 14-3 百香果疫病症状

2. 发生特点

百香果疫病病菌以卵孢子在病残体上或种子上越冬。病菌借风雨传播蔓延，进行再侵染，经多次再侵染形成该病流行，高温高湿及雨季易发病。果园内日照不足、通风不畅、排水不良，雨水过多最容易导致疫病的发生。

3. 绿色防控技术

（1）农业防治。选用抗病品种，合理密植，采用篱形架、棚形架式搭架，增加园内的通风透光度。及时剪除染病枝叶和病死植株，并集中烧毁。加强土壤排水，多施有机肥和微生物菌肥，使根系生长旺盛，提高植株抗病性。

（2）药剂防治。修剪枝条后及时用代森锌 + 吡唑醚菌酯喷施，发病初期可选用 80% 代森锰锌可湿性粉剂 800 倍液、50% 氟啶胺悬浮剂 1 000 倍液、25% 嘧菌酯悬浮剂 1 500 倍液等药剂喷施，每隔 7 ～ 10 天一次，连续喷 2 ～ 3 次。

四、百香果煤污病

1. 症 状

由于煤污病菌种类很多，同一植株上可染上多种病菌，其症状上也略有差异。呈黑色霉层或黑色煤粉层是该病的重要特征。百香果在叶片、果实和茎上产生菌丝层即黑霉层，像一层煤烟附在表面。起初只有数个小黑斑，逐渐扩展，最后形成黑色不规则病斑，并在果面上产生黑灰色煤状物，严重污染果面（图14-4）。

图14-4 百香果煤污病症状

2. 发生特点

煤污病病菌以菌丝体、分生孢子、子囊孢子在病部及病落叶上越冬，翌年孢子由风雨、昆虫等传播。蚜虫、介壳虫等昆虫的分泌物及排泄物上遗留在植物上。影响光合作用，高温多湿、通风不良、蚜虫与介壳虫等分泌蜜露的害虫发生多，均加重发病。

3. 绿色防控技术

（1）农业防治。植株种植不要过密，适当修剪，大棚通风透光良好，以降低湿度。

（2）药剂防治。该病发生与分泌蜜露的昆虫关系密切，喷药防治蚜虫、介壳虫等是减少发病的主要措施，适期喷用70%啶虫脒水分散粒剂1 000倍液、25%噻嗪酮可湿性粉剂1 000倍液等。在发病前喷50%甲基硫菌灵可湿性粉剂1 200倍液，间隔半个月喷80%多菌灵可湿性粉剂800倍液，连续2～3次，能达到较好的防治效果。发病后可喷用40%克菌丹悬浮剂500倍液、10%苯醚甲环唑悬浮剂1 500倍液等药剂进行防治。

五、百香果炭疽病

1. 症 状

为害果实和果柄，也可为害叶片及枝条。初在叶缘产生半圆形或近圆形病斑，边缘深褐色，中央浅褐色，多个病斑融合成大的斑块，上生黑色小粒点，即病原菌分生孢子盘。发病后期叶片斑面易破裂，造成叶枯或脱落，还可引起蔓枯和果腐。幼果受害初期，出现水浸状黑斑。黑点周围出现环状黄色病斑，后期幼果出现轮纹状凹陷黑斑，重则落果。果柄炭疽则在果柄处出现黑色斑疤，受害后果实未成熟就自然脱落（图14-5）。

图 14-5　百香果炭疽病症状

2. 发生特点

病菌会借雨水传播到叶和幼果上，也可以从有伤的果柄或果皮侵入。

3. 绿色防控技术

（1）农业防治。种植前做好清园杀菌、深翻消毒工作。对于炭疽病重在预防，要及时清理枯枝败叶，使用石硫合剂清园消毒。平时加强果园管理，做好排水工作，适当修剪，改善果园通风透光环境，及时清理病叶病果。

（2）药剂防治。发现病害及时用药，防止病害传播，发病后建议使用 15% 咪鲜胺微乳剂 300 倍液、30% 吡唑醚菌酯悬浮剂 1 000 倍液或 80% 代森锰锌可湿性粉剂 800 倍液等药剂防治。

六、百香果黑斑病

1. 症　状

主要为害果实和叶片。果实上初生暗绿色、水渍状斑，后扩展为近圆形、稍凹陷的褐斑，周围经常保持暗绿色的水渍状区域。叶片上病斑近圆形，褐色，边缘色稍深。叶片上及果实上，病斑均长暗灰色霉状物，即病原菌的子实体，病果最终干缩（图 14-6）。

图 14-6　百香果黑斑病症状

2. 发生特点

黑斑病以病菌以菌丝体或分生孢子盘在枯枝或土壤中越冬。分生孢子借风、雨或昆虫传播、扩大再侵染。雨水是病害流行的主要条件，降雨早而多的年份，发病早而重。低洼积水处，通风不良，光照不足，肥水不当等有利于发病。

3. 绿色防控技术

（1）农业防治。彻底清除病落叶等集中烧毁，以减少越冬菌源。及时修剪，使之通风透光，降低湿度。生长期间及时摘除病叶，增施有机复合肥，促使植株生长健壮，增强抗病性。选育抗病品种。

（2）药剂防治。防治方法参照第五章甘蓝、萝卜和白菜主要病虫害识别及绿色防控技术中的黑斑病绿色防控技术。

七、百香果根（茎）癌病

1. 症 状

细菌侵入植株后，可在皮层的薄壁细胞间隙中不断繁殖，并分泌刺激性物质，使邻近细胞加快分裂、增生，形成肿大症。病发部位表面粗糙、龟裂、颜色由浅变为深或黑，内部木质化（图14-7）。

图14-7 百香果根（茎）癌病症状

2. 发生特点

多由致瘤农杆菌所致，病原细菌存活于病组织中和土壤中（可存活多年）。病原随病苗、病株向外传带。雨水、灌溉水及地下害虫，线虫等媒介传播扩散。

3. 绿色防控技术

（1）农业防治。加强检疫，对怀疑有病的苗木可用1%硫酸铜液浸泡，清水冲洗后栽植。重病区实行2年以上轮作，嫁接用具可用0.5%高锰酸钾消毒。

（2）药剂防治。重病株要刨除，轻病株可用 4% 春雷霉素湿性粉剂 150 倍液涂抹伤口。

八、百香果软腐病

1. 症　状

百香果软腐病首先出现水渍状污斑，后扩大为圆形或不规则形褐斑，常因伴随的杂菌分解蛋白胶产生吲哚而散发恶臭（图 14-8）。

图 14-8　百香果软腐病症状

2. 发生特点

病菌寄主广泛，在土壤病残体、堆肥或留种株上越冬，也可在虫体内越冬。借助昆虫、灌溉水及风雨冲溅，从植株伤口侵入，在伤口或细胞间吸收营养，分泌果胶酶分解寄主细胞的中胶层，使寄主细胞离散。病菌可在土中寄居积存。

3. 绿色防控技术

（1）农业防治。选用适应当地条件的抗病品种。定植前土壤需深翻暴晒，要增施底肥，及时灌水追肥，不断清除病株烂叶，穴内施以消石灰进行灭菌。

（2）药剂防治。于发病前和发病初可选用 30% 王铜悬浮剂 600 倍液、45% 代森铵水剂 400 倍液或 3% 中生菌素可湿性粉剂 500 倍液等药剂。

九、百香果溃疡病

1. 症　状

该病主要为害百香果果实。病斑多为近圆形，常有轮纹或螺纹状，周围有一暗褐色油腻状外圈和黄色晕环。果实受害重者落果，轻者带有病疤不耐贮藏（图 14-9）。

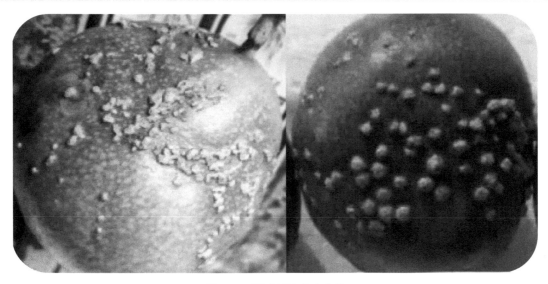

图 14-9 百香果溃疡病症状

2. 发生特点

当温度在 25～30℃，湿度大时，百香果病部组织内的病原细菌即从病斑溢出，借风、雨、昆虫和枝叶相互碰擦接触开始传播。病菌由气孔、伤口侵入潜伏后，当高温高湿加多雨天，病害发生严重。

3. 绿色防控技术

（1）农业防治。把带病菌的枯枝落叶集中烧毁，春季结合修剪除去病虫枝、病叶等，以减少传染病源。施用完全腐熟的堆肥，消除堆肥中病原菌以及虫卵，提高土壤有机质含量，可自行发酵堆肥。

（2）生物防治。使用微生物制剂及果园种草改善土壤环境，提高土壤有益微生物含量，改善土壤团粒结构与根系环境，增强长势。

（3）药剂防治。发病前或发病初期可用 77% 氢氧化铜可湿性粉剂 400 倍液、0.3% 四霉素水剂 500 倍液、3% 噻霉酮可湿性粉剂 1 000 倍液等药剂进行防治。

十、百香果病毒病

1. 症 状

病毒病发生症状有 3 种：第一种是木质化病毒，会导致叶片颜色变浅，呈花叶症状，稍有皱缩现象，果实小且继续，果皮硬化且较厚，果腔缩小，花器不育，病株矮化，生长发育不良；第二种是花叶病毒，发病是叶片带有浅黄色的斑驳，病叶皱缩，严重时叶片会反卷，部分果实畸形硬化，果肉少或无，植株生长不良，产量低，品质差；第三种是斑纹病毒，表现为果实出现花斑，严重影响到果实品质，降低商品价值（图 14-10）。

图 14-10 百香果病毒病症状

2. 发生特点

病菌在番茄、烟草、马铃薯等茄科作物上交叉感染，在病原体上越冬，也可由害虫和带病苗木进行远距离传播，主要是依靠蚜虫传播，在管理粗放、虫害较多的果园，发生较严重。此病一旦传播扩散，会以极快的速度蔓延，短时间内蔓延全园。

3. 绿色防控技术

（1）农业防治。在选择种苗时要选用无病种苗，在定植前进行土壤消毒，病毒易发生的地区，建议一年一种，尽量避免套作，尤其不要和茄瓜类作物套作，极易诱发病毒病。幼苗在发生病毒病或者疑似发生病毒病时，要果断拔除，以免造成更大的损失。通过合理施肥，养护根系，提升植株抗病抗逆能力。

（2）物理防治。加强对于蚜虫、粉虱等传毒媒介的防治，可在果园挂置黄板诱杀昆虫。

（3）药剂防治。蚜虫、粉虱可用200克/升吡虫啉可溶液剂2 500倍液、25%噻虫嗪水分散粒剂8 000倍液，防治螨害可用34%螺螨酯悬浮剂6 000倍液、110克/升乙螨唑悬浮剂5 000倍液等防治。在结果中晚期发病，通过喷洒抗病毒剂和叶面肥暂时缓解病情，采收后再作销毁。可选药剂：叶面肥有0.01% 24-表芸苔素内酯可溶液剂2 000倍液、3%赤霉酸乳油1 000倍液等；抗病毒剂有30%毒氟磷可湿性粉剂750倍液、2%氨基寡糖素水剂2 000倍液、8%宁南霉素水剂1 000倍液和0.5%香菇多糖水剂200倍液等。

（王莉爽　撰写）

第二节　主要虫害识别及绿色防控技术

一、蚜　虫

1. 识别特征

蚜虫又叫腻虫、蜜虫，是半翅目蚜总科的统称，是一种体型较小的刺吸式害虫。蚜虫主要为害嫩梢，并传播病毒病。蚜虫以成虫或若虫群集在百香果叶片背部、嫩茎或芽上刺吸及汁液，被害叶片表现为向叶背面不规则卷缩。蚜虫大量发生时，会密集于嫩梢、叶片上吸食汁液，致使嫩梢叶片扭曲成团，阻碍新梢生长，影响果实产量及花芽形成，大大削弱树势。同时蚜虫排泄蜜露，会诱发煤病，同时蚜虫还是传播病毒的主要害虫。经试验蚜虫在感染病毒病的植株上啃食13秒即可携带病毒，在健康植株上啃食几秒就完成传毒，因此蚜虫是百香果病毒病暴发的重要媒介（图14-11）。

图14-11 蚜虫为害百香果叶片与嫩梢

2. 发生特点

蚜虫主要为害嫩梢，并传播病毒病，带病苗木或枝条可实现远距离传播；春季气温回升，植株发芽，昆虫开始活动时病毒病扩散较快。夏秋季高温多湿，是病毒病的发生高峰期。蚜虫一般以卵越冬，越冬场所一般是周边树木的枝杈、皮缝或蔬菜的残留老叶上，在第二年3月开始孵化，5—6月飞到草莓心叶或嫩头及花朵上为害并快速繁殖。蚜虫一般在气温4℃开始发育，15～17℃时繁殖最快，在气温高于28℃时蚜虫数量会明显下降，湿度在40%以下或80%以上均不利于蚜虫的生长繁殖。

3. 绿色防控技术

（1）在发生数量不太大时，摘除被害叶、嫩梢，集中处理，消灭蚜虫。

（2）保护或释放天敌。蚜虫天敌种类很多，如七星瓢虫、食蚜蝇、寄生蜂等。

（3）黄板诱杀蚜虫，百香果田悬挂色板20张/亩，粘满更换。

（4）药剂防治。以噻虫嗪灌根；或对百香果全株喷施10%吡虫啉可湿性粉剂1 500倍液、0.2%苦参碱水剂1 000倍液、4.5%高效氯氰菊酯乳油2 000倍液进行防治。

二、蓟 马

1. 识别特征

蓟马是昆虫纲缨翅目的统称。幼虫呈白色、黄色或橘色，成虫黄色、棕色或黑色。以成虫和若虫锉吸植株幼嫩组织汁液，如枝梢、叶片、花、果实等，被害的嫩叶、嫩梢变硬卷曲枯萎，植株生长缓慢，节间缩短、变形、皱缩卷曲，症状和病毒病相似，容易混淆；花器受害后影响发育，严重时会落花、落果（14-12）。

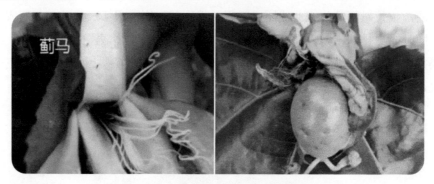

图 14-12　蓟马为害百香果花和果实

2. 发生特点

蓟马是百香果园很头痛的害虫之一，每年都会出现，小小蓟马会为害百香果的叶片、花朵和果实，还会传播病毒。蓟马在病毒病株吸取汁液后将病毒传至健康植株，是百香果病毒花叶病主要传播媒介之一。蓟马一年一般发生 6～10 代，每代历时 20 天左右，在百香果嫩枝、叶的组织内越冬。于翌年 3—4 月孵化为幼虫，在嫩叶和幼果上取食，5—11 月田间开始大量发生，以百香果花期开始，至幼果迅速膨大期内为害最重。第一代成虫盛发期为 4—6 月，第二代成虫盛花期为 7—8 月。一般而言，蓟马成虫极活跃（花蓟马成虫爬行缓慢，仅为害百香果花），扩散速度很快。但惧光，白天多在阴蔽处，清晨、夜间、阴天在向光面为害较多。百香果幼果被害后会硬化，在幼果期疤痕呈银白色，用手触摸，有粗糙感；在成熟果实上呈深红或暗红色，平滑有光泽，甚至造成落果，严重影响产量和品质。

3. 绿色防控技术

（1）清园时翻耕，清除园间杂草，消灭越冬成虫和若虫。

（2）悬挂蓝板，诱杀蓟马。

（3）蓟马的生活习性是昼伏夜出，选择傍晚喷药，效果最好。

（4）蓟马在百香果花期至幼果迅速膨大期内为害最严重，巡园一旦发现蓟马应及时用药。蓟马的隐蔽性较强，一定要将芽头、花朵和叶背喷洒均匀，还应注意对地面进行喷药。防治药剂：以噻虫嗪淋根灌根，或叶面交替喷施 25% 吡虫啉可湿性粉剂 1 000 倍液、25% 噻虫嗪水分散颗粒剂 1 500 倍液、25% 吡蚜酮可湿性粉剂 1 500 倍液。

三、介壳虫

1. 识别特征

介壳虫是半翅目蚧总科昆虫的统称。据统计，现已被描述的介壳虫种类超过 7 500 种。

大多数介壳虫体壁表面或硬化被覆一层硬壳（如盾蚧），或有粉状蜡质分泌物（如粉蚧），或体被蜡质分泌物呈白色粉状、玻璃状或棕褐色壳状，因此能分泌蜡质介壳，介壳虫因此而得名。介壳虫雌虫无眼、无脚，亦无触角。雄虫则具发达的脚、触角及翅，营孤雌或两性生殖，部分种类是重要害虫。常见的外形有圆形、椭圆形、线形或牡蛎形。幼虫具短脚，幼龄可移动觅食，稍长则脚退化，营固着生活。介壳虫类昆虫的雌性成虫均无翅，头部、胸部、腹部的分界不明显，外形看来与若虫相似，有些只是个体比较大，而有些则是体色明显不同。介壳虫的若虫及雌成虫固着于寄主植物的枝条、叶柄、叶背或果实，以刺吸式口器吸食为害（图14-13）。

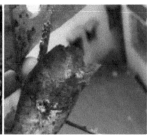

图14-13 介壳虫为害百香果叶片与树干及引起煤污病

2. 发生特点

介壳虫繁殖能力强，一年发生多代。卵孵化为若虫，经过短时间爬行，营固着生活，即形成介壳。它的抗药能力强，一般药剂难以进入体内，防治比较困难。因此，一旦发生，不易清除干净。不同地区、不同种类，其发生规律各不相同。除了有性繁殖，介壳虫还可进行孤雌繁殖。繁殖量大，产的卵90%以上均能发育，有的1年发生1代，高的可达3～4代，以1年2代来计算，1只介壳虫，1年繁殖量多达90 000只。在早春树液开始流动以后，介壳虫便开始取食，雌成虫产卵后，经数日便可孵化出无蜡质介壳的可移动的小虫，为初孵幼虫。幼虫在植物上爬行，找到适宜的处所后，便把口器刺入花木植物体内，吸取汁液，开始营固着生活，使寄主植物丧失营养并大量失水。受害叶片常呈现黄色斑点，日后提早脱落。幼芽、嫩枝受害后，生长不良常导致发黄枯萎。介壳虫若虫能分泌蜜露致诱煤烟病发生，污染叶片与果实，影响光合作用，致被害枝叶生长不良，提早落叶、落果，影响果实质量与产量。常招引蚂蚁舐食共生，蚂蚁会驱逐天敌以保护介壳虫。

3. 绿色防控技术

（1）巡园发现有个别枝条或叶片有介壳虫，及时刮除，或结合修剪，剪去虫枝、虫叶。集中烧毁，切勿乱扔，防止蔓延。

（2）适度修剪植株，促使植株通风及日照良好。

（3）适度调整、增加园区空气中湿度，可抑制害虫大量繁殖。

（4）根据介壳虫的各种发生情况，在若虫盛期喷药，此时大多数若虫多孵化不久，体表尚未分泌蜡质，介壳更未形成，用药仍易杀死。5月中下旬和8月上中旬，若虫孵化盛期还未形成介壳，在树基部主干上削去宽度10～15厘米的粗厚树皮，用毛刷涂抹20%呋虫胺可溶粒剂，或25%吡虫·矿物油乳油与水按照1∶1的比例混合调制的药剂，药剂轮换使用，7～10天涂抹一次，连续2～3次。也可选用30%螺虫·吡丙醚悬浮剂3 000倍液、25%吡虫·矿物油乳油2 000倍液、20%呋虫胺可溶粒剂2 000倍液、2.5%溴氰菊酯500倍液或5%高效鱼藤精2 000倍液体等进行全树喷雾。每5～7天喷一次，连续2～3次。在虫体密集成片时，喷药前可用硬毛刷刷除再行喷药，以利药液渗透。

四、果 蝇

1. 识别特征

隶属双翅目果蝇科，种类多，且比较常见。果蝇的幼虫期较难区别，成虫期则较易区别。一般雌性个体要明显大于雄性个体；雌性腹部椭圆，末端稍尖；雄性腹部末端钝圆。雌性背部有明显5条黑色条纹；雄性有3条，前两条细，后一条宽，延至腹面。雄果蝇腹节4个，腹部底部为交尾器，呈黑色圆形外观；雌果蝇腹节6个，腹部底部为产卵管，呈圆锥状凸出（图14-14）。

图14-14 果蝇为害百香果果实

2. 发生特点

果蝇一般会结蛹在土壤内1～3厘米深处越冬，在第二年3月左右，气温回升到15℃左右，成虫就会出现，适宜果蝇生长繁殖气温为20℃。果蝇生活周期的长短与温度关系密切，30℃以上时果蝇则将不育且濒临死亡，低温则使它的生活周期延长，同时生活力也降低。果蝇生育最佳温度是20～30℃，果蝇在25℃时，从卵到成蝇需10天左右，果蝇成虫可以活20～33天。果蝇对百香果的为害一般发生在6月左右，这段时间是果蝇产卵的高峰期。果蝇成虫将卵产在百香果皮下，在卵孵后幼虫蛀食果实表层，并逐步向果内蛀食。随着果蝇幼虫的蛀食，果皮逐渐变软、变褐、腐烂。百香果在受害初期不易被发现，果实会随着幼虫的蛀食，受害部发软、表皮出现水渍状，致果实失去食用价值和经济价值。

3. 绿色防控技术

（1）翻耕果园。种植前应全面深翻土地，消灭越冬蛹，从而减轻次年的防治压力。

（2）及时清除果园内虫果、烂果，并集中销毁，减少果蝇滋生环境。

（3）可以网室栽培或果实套袋。

（4）在果园内悬挂引诱剂（甲基丁香酚），诱杀果蝇成虫，但一般只能诱杀雄成虫，减少产卵量。

（5）在果实开始变色时用敌百虫、香蕉、蜂蜜、食醋按 10∶10∶6∶3 的份额配制成诱杀剂或黑色色板，放在园内诱杀果蝇。果实成熟期不能喷药，建议于采收后或果实成熟前 20～45 天对地面喷施 80% 敌百虫可溶粉剂 800 倍液、6% 乙基多杀菌素悬浮剂 1 500 倍液。

五、实　蝇

1. 识别特征

实蝇是双翅目实蝇科的通称。全世界约 4 000 种，中国 400 余种。实蝇体中小型，头部圆球形，中胸发达，翅具花斑。实蝇是植食性昆虫，幼虫均为潜食性，为害植物各部，包括根、茎、叶、花乃至果实。成虫于天亮时飞行至果园中觅食产卵，午后则栖息于树叶间阴凉处，至下午 2～3 时再度飞出活动，夜晚则栖息于树叶或植物丛中。雌虫交尾后 7～12 天，会进入果园内选择适当的寄主果实，再将产卵管插入果皮内产卵，卵经 1～2 天孵化为幼虫，幼虫于果肉内蛀食，致使果实腐烂，并造成落果，3 龄老熟幼虫具跳跃的能力，会跳离果实（约 6～8 天），钻入土壤内化蛹，7～10 天后羽化为成虫，再开始另一世代的为害。

区别于果蝇，实蝇体型更大，多数种类体长接近或是超过 1 厘米，果蝇的体长则在 3 毫米左右。实蝇雌虫产卵器长，形似蜂类，所以也被称为针蜂（图 14-15）。果蝇则更似缩小版的苍蝇。

图 14-15　实蝇（左）及其为害百香果果实（右）

2. 发生特点

实蝇雌虫羽化后 10 天即可产卵，卵期约 1 个月，一生可产卵 400 ～ 1 500 粒。果实蝇密度每年自 3 月开始增加，最早在 5 月，最迟在 7 月会形成高峰，密度持续偏高，直至 9 月中下旬时才开始下降。

3. 绿色防控技术

（1）翻耕果园。种植前应全面深翻土地，消灭越冬蛹，从而减轻翌年的防治压力。

（2）清洁果园。及时摘除果园内虫果、烂果，并集中销毁。

（3）黑光灯诱杀就是利用害虫的趋光性，安装频振式杀虫灯或者太阳能杀虫灯等诱杀成虫，20 ～ 30 亩安装一台。

（4）色板诱杀。利用实蝇趋黄特性诱杀成虫。每亩悬挂 20 ～ 30 片黄板，粘满之后及时进行更换才能有效防控。另外还有绿色球状的实蝇诱捕球，利用大实蝇对绿色敏感的特性，仿百香果未成熟时的绿皮外观吸引大实蝇，当果实蝇落到球上后就会粘住，起到杀灭作用。一般每亩悬挂 8 ～ 15 个，15 ～ 20 天更换一次，连续更换 2 ～ 3 次，可以有效地减少大实蝇的为害。

（5）食物诱杀。雌雄虫繁殖期间需要取食蛋白来补充营养，可用水解蛋白等实蝇喜欢的食物混合农药诱杀实蝇成虫，还可使用桔丰实蝇引诱剂 1 000 克兑水 12 千克＋啶虫脒 10 克，在果园周边选几个点进行点喷投饵，可同时诱杀雌雄成虫。

（6）药剂杀虫。成虫发生大的果园可用药防治，药剂可选用 10% 溴氰虫酰胺悬浮剂、10% 灭蝇胺水剂等 1 000 倍液喷雾。每隔 5 ～ 6 日喷一次，连续喷洒 3 次，可以消灭成虫达 90% 以上。喷洒时间最好在上午 9 时进行。

六、蜗 牛

1. 识别特征

蜗牛并不是生物学上一个分类的名称，一般是指腹足纲的陆生所有种类，包括许多不同科、属，但形状都相似。蜗牛是世界上牙齿最多的动物。虽然它的嘴大小和针尖差不多，但是却有 26 000 多颗牙齿。在蜗牛的小触角中间往下一点儿的地方有一个小洞，这就是它的嘴巴，里面有一条锯齿状的舌头，科学家们称之为"齿舌"。蜗牛有一个比较脆弱的、低圆锥形的壳，不同种类会有不同的左旋或右旋的壳，头部有两对触角，后一对较长的触角顶端有眼，腹面有扁平宽大的腹足，行动缓慢，足下分泌黏液，降低摩擦力以帮助行走，黏液还可以防止蚂蚁等一般昆虫的侵害。蜗牛取食植物，产卵于土中或者树上。蜗牛有特殊的舐刮式口器，主要为害百香果叶、茎、花、果（图 14-16）。

图 14-16 蜗牛为害百香果叶片

2. 发生特点

蜗牛一般在4—5月和9月大量活动为害。喜欢阴暗潮湿环境，如遇雨天，昼夜活动为害，而在干旱情况下，白天潜伏，夜间活动，晚上8—11时达到高峰，午夜后取食量逐渐减少，至清晨陆续停止取食，潜入土中或隐蔽处。蜗牛吸食汁液会造成叶片失绿卷曲、烂叶、生长受挫，还会啃食花器，影响开花结果；果实被取食后表面不平整，甚至形成凹坑状，影响果实外观品质。同时还释放能刺激植物生长的物质，导致百香果发育畸形。

3. 绿色防控技术

（1）阴雨天或晚上注意巡园，少量发生蜗牛为害时，及时在地面上喷食盐水或撒生石灰，或进行人工捕杀。

（2）可用4% 四聚乙醛颗粒剂400克/亩撒施在地面，蜗牛接触或吸食后，脱水死亡。

七、咖啡木蠹蛾

1. 识别特征

咖啡木蠹蛾又叫咖啡豹蠹蛾、豹纹木蠹蛾、咖啡黑点蠹蛾。成虫体灰白色，长15～28毫米，翅展25～55毫米。雄蛾触角中部、下部双栉形，端部线形。胸背面有3对青蓝色斑。腹部白色，有黑色横纹。前翅白色，半透明，布满大小不等的青蓝色斑点；后翅外缘有青蓝色斑8个。雌蛾一般大于雄蛾，触角丝状。卵为圆形，淡黄色。末龄幼虫体长30毫米。头部黑褐色，体紫红色或深红色，尾部淡黄色。各节有很多粒状小突起，上有白毛1根。蛹长圆筒形，红褐色，长7～14毫米，背面有锯齿状横带，尾端具短刺12根。咖啡木蠹蛾主要为害百香果枝干和藤蔓，以幼虫蛀食于蔓内木质部，致被害处以上部位黄化枯死，或易受大风折断，粪便由进入孔排出，严重影响植株生长和产量（图14-17）。

图 14-17 咖啡木蠹蛾（左）及其为为害百香果枝干（右）

2. 发生特点

咖啡木蠹蛾 1 年发生 1～2 代，以幼虫在被害部越冬，翌年春季转蛀新茎。5 月上旬开始化蛹，蛹期 16～30 天，5 月下旬羽化，成虫寿命 3～6 天。羽化后 1～2 天内交尾产卵。卵产于羽化孔口，数粒成块。卵期 10～11 天，5 月下旬孵化，孵化后蛀入茎内向上钻，外面可见排粪孔。有转棵为害习性。幼虫历期 1 个多月。10 月上旬幼虫化蛹越冬。咖啡木蠹蛾成虫昼伏夜出，有趋光性，羽化后不久即交配、产卵。卵散产在棉叶上，数粒在一起，每雌可产卵 224～1 132 粒，成虫寿命平均 43 天，卵期 9～15 天。初孵幼虫钻蛀叶柄或细枝取食为害，多从枝梢上方芽腋处蛀入。稍大后，转蛀粗枝或主茎。蛀孔前，先找好一个适宜部位结一层丝，并以此为基础围绕本身结一椭圆形薄茧，然后幼虫在茧内开始蛀孔。幼虫从孵化到老熟需转株 2～3 次才能完成发育，受害植株有的上部主茎被蛀空枯死，有的向下蛀到根部，造成整株死亡。老熟后向外蛀一羽化孔然后在隧道中筑蛹室化蛹，羽化时头胸部伸出羽化孔羽化，蛹壳残留孔口处。

3. 绿色防控技术

（1）冬季修剪茎蔓时，逐枝检视，发现受害枝条或植株时，即予剪除烧毁。

（2）可以铁丝插入孔内刺死幼虫。

（3）每年 4—6 月及 8—10 月为羽化期，可在这段时期于田间释放天敌，包括病毒、串珠镰刀菌、肿腿蜂、茧蜂、蚁和寄生幼虫的白僵菌。

（4）在 6 月上中旬幼虫孵化期，喷施 2.5% 联苯菊酯乳油 1 500 倍液、2.5% 高效氯氟氰菊酯乳油 3 000 倍液，隔 7 天喷一次，连喷 2～3 次。

八、白　蚁

1. 识别特征

白蚁又叫虫尉，蜚蠊目昆虫，约 2 000 多种。白蚁体软而小，通常长而圆，白色、淡黄色、赤褐色直至黑褐色。头前口式或下口式，能自由活动。触角念珠状，腹基粗壮，前后翅等长。为害果树的白蚁主要有黑翅土白蚁、黄翅大白蚁、家白蚁、黄胸散白蚁，而又以黑翅土白蚁、家白蚁为害果树最为常见。白蚁常啃食根部，导致百香果长势衰弱，严重时咬断根，整株死亡（图 14-18）。

图 14-18 白蚁为害百香果根部

2. 发生特点

白蚁在 15～40℃之内都可正常活动，但最佳温度为 25～35℃，冬季低于 10℃就进入冬眠。在贵州省白蚁的整个活动期是在 4—11 月，11 月底至 12 月越冬。白蚁的适应性极强，繁殖量巨大，常在地下活动，造窝在地下，扒开果树基部才能发现。暴露在地面上的白蚁称蚁线，是白蚁活动、取食、为害的地表迹象；也有用黄泥或黑泥土做在树干上的弯弯曲曲的泥路，用手剥开一段，可见蚁路内有白蚁在频繁活动。经白蚁蛀食，百香果长势衰弱，根系容易遭受各种病菌侵害，严重时甚至咬断茎基，致使整株死亡。一般一个主巢可为害距巢 20～50 米范围的果树。若不及时对它进行防治，任其蔓延繁殖侵袭为害，整个果园就会毁于一旦。

3. 绿色防控技术

（1）种植前做好清园以及深耕翻晒，发现越冬蚁穴要及时治理。易发生白蚁为害的山坡地尽量少用竹子和木头搭架。确保施用的有机肥经过充分发酵，不施生肥或半熟肥。

（2）破坏蚁巢，如沸水处理、挖巢、水淹、火烧和机械破巢法。

（3）每年 4—7 月，在白蚁活动区域附近，夜间，特别是雨后，用黑光灯可诱杀有翅繁殖蚁。

（4）采用病原体防治白蚁可以取得较好的效果，可以利用苏云金芽孢杆菌、铜绿假单孢杆菌、黏质沙雷氏菌防治白蚁。

（5）用含有六伏隆的饵剂喂食白蚁，六伏隆是一种昆虫生长调节剂，可以抑制昆虫的脱皮，工蚁取食饵剂后无法脱皮而导致死亡，整个族群因而被消灭。

（6）发现蚁害后查看蚁穴和蚁道，发现白蚁即用手持喷粉器喷出少量的"灭蚁灵"原粉，使其带毒返巢，并传毒给其他白蚁，达到杀灭整巢白蚁的目的。拟除虫菊酯能很好地防治白蚁，在我国已登记使用的有 10% S- 氰戊菊酯乳油 2 000 倍液、2.5% 联苯菊酯水乳剂 100～150 倍液喷雾，10% 氯菊酯乳油 800 倍液喷施。

（李文红　撰写）

第十五章　桃、李主要病虫害识别及绿色防控技术

随着贵州核果类果树（桃、李）的种植面积的迅速扩大，病虫害问题日益突出，严重影响该类果树的种植效益。基于此，笔者对贵州桃、李病虫害进行了调查，参照国内外的防治经验，编制了桃李主要病虫识别及综合防治技术，以供种植者参考。

第一节　主要病害识别及绿色防控技术

一、桃（李）穿孔病

细菌性穿孔病

1. 症　状

主要为害叶片，也能为害果实，叶片发病，初期沿叶脉生不规则水渍状斑点，后扩大为圆形或不规则的紫褐色至黑褐色病斑，潮湿时病斑背面常溢出黄白色黏性菌脓。病斑干枯后边缘形成一圈裂缝，造成穿孔、脱落。

果实发病，初期果面出现淡褐色小斑点，后期病斑扩大成褐色至暗褐色，天气潮湿时病斑出现黄白色黏稠物，常伴有流胶。干枯后产生大小不一的龟裂，如图 15-1 所示。

桃树受害叶片　　　李树受害叶片　　　桃树受害果实　　　李树受害果实

图 15-1　桃、李细菌性穿孔病症状

2. 发生特点

病菌借助风、雨或昆虫传播，一般 5 月开始发病，高温多雨季节该病易流行，干旱则病害发展缓慢。

3. 绿色防控技术

（1）生态调控。①果园树种配置：避免桃、李、杏、樱桃、梨混栽，防治病害交叉感染。②整形修剪：通过修剪、整枝，疏除密生枝、下垂枝、平行枝、拖地枝，以增强树势，改

善通风透光条件；剪去病枝，集中销毁处理。桃园宜在8月或翌年3—4月修剪，不建议10月修剪；李园幼龄果树宜在早春萌芽前修剪，挂果树在果实膨大期修剪，花期不建议修剪。③树干涂白：初冬落叶后，利用生石灰、石硫合剂、食盐、清水按照6：1：1：10比例制成涂白剂，或用5波美度石硫合剂或10倍石灰浆涂抹树干和主枝基部，涂白高度60～80厘米，以涂上树干后不往下流又不黏团为宜。

（2）药剂防治。早春发芽前，喷施5波美度石硫合剂，叶片抽出后，喷施药剂40%戊唑·噻唑锌悬浮剂800～1 200倍液、50%氯溴异氰尿酸可溶性粉剂1 000～1 500倍液、20%噻霉酮微乳剂悬浮剂300～500倍液，每隔10～15天喷一次，采摘前20天，停止用药。不同药剂交替使用。

真菌性穿孔病

1.症　状

霉斑穿孔病：主要为害叶片，病斑为圆形或不规则褐色斑，大多焦枯，一般不形成穿孔。

褐斑穿孔病：主要为害叶片，叶背面和正面产生近圆形病斑，边缘清晰略带环纹，外围紫色或红褐色，后期长出灰褐色霉状物，中部干枯脱落形成穿孔，如图15-2所示。

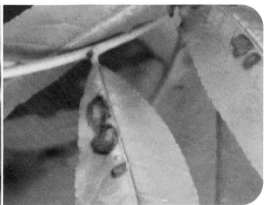

图15-2　桃树霉斑穿孔病（左）、褐斑穿孔病（右）病叶

2.发生特点

病菌在病叶和枝梢组织内越冬，第二年春季气温回暖，病菌借助气流和雨水传播，侵染嫩叶、嫩梢和幼果，低温多雨利于病害发生。

3.绿色防控技术

生态调控方法参照细菌性穿孔病，药剂防治可与防治细菌性穿孔病一起进行，早春发芽前喷施5波美度石硫合剂。谢花后每隔10～15天喷药1次，连喷2～3次，药剂用20%春雷霉素水分散粒剂2 000～3 000倍液、60%唑醚·代森联水分散粒剂1 000～2 000倍液、430克/升戊唑醇悬浮剂2 500倍液或25%丙环唑乳油2 500倍液。

二、桃（李）缩叶病

1. 症 状

主要为害桃树叶片，受害幼叶自芽鳞片中抽出时，即成波纹状皱缩卷曲，粉红色，随病叶长大由叶缘向叶背卷曲加大，直至全叶卷曲，叶片组织增厚变脆，呈红褐色，后在病部表面产生灰白色粉层。

为害李树果实，也称袋果病。病果畸形、中空，呈囊袋状，暗绿色，表明产生白色粉状物，提早脱落，如图15-3所示。

桃缩叶病病叶　　　　　　　　　　　　　李袋果病病叶和病果

图15-3 桃（李）缩叶病症状

2. 发生特点

病菌在翌年早春果树萌芽时萌发，由植株芽直接穿过表皮或由气孔侵入嫩叶，在幼叶展开前主要由叶背侵入，展叶后可从叶正面侵入。早春多雨病害发生重，一般一年侵染一次，早春多雨年份或地区，发病较为严重。

3. 绿色防控技术

（1）生态调控。①整形修剪：通过修剪、整枝，疏除密生枝、下垂枝、平行枝、拖地枝，增强树势，改善通风透光条件；剪去病枝、病叶，集中深埋或烧毁。②树干涂白：初冬落叶后，利用生石灰、石硫合剂、食盐、清水按照6：1：1：10比例制成涂白剂，或用5波美度石硫合剂或10倍石灰浆涂抹树干和主枝基部，涂白高度60～80厘米，以涂上树干后不往下流又不黏团为宜。

（2）药剂防治。清园结束后，冬季12月中旬至翌年1月上旬，发芽前喷施5波美度石硫合剂；在桃树萌芽期（花芽露红未展时）施药，7～10天后再喷施一次药剂，选用45%咪鲜胺水乳剂1 000倍液、50%甲基硫菌灵800倍液、25%丙环唑乳油1 500倍液或70%代森锰锌可湿性粉剂600倍液喷施。

三、桃（李）褐腐病

1. 症 状

该病主要为害果实，果实发病初期在表面产生淡褐色、近圆形病斑，以后病斑转变为褐色并逐渐扩大。果实越接近成熟发生越重，初期果面发生圆形病斑，适宜条件下，病斑扩展至全果，病部果肉变褐软腐，表面长出同心轮纹状排列的灰色霉层，最后病果腐烂脱落，或干缩成僵果悬挂于枝条上经久不落，如图15-4所示。侵染花时，造成花呈软腐状，气候干燥，病花萎垂。

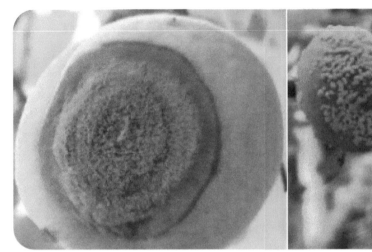

桃褐腐病病果　　　　　　　　　　李褐腐病病果

图15-4 桃（李）褐腐病病果

2. 发生特点

病菌借助风雨和昆虫传播，从伤口、气孔、皮孔侵入果实。病菌与健果接触，可直接侵入健康果实而发病，常使几个病果粘连在一起。果实成熟期温暖多雨、多雾，易发生果实腐烂，病虫伤口、裂果等表面伤口多，会加重果腐病的发生。在贮藏期，病果和健果接触，能反复侵染为害。

3. 绿色防控技术

（1）生态调控。①果园树种配置：避免桃、李、杏、樱桃等混栽，防治病害交叉感染。②整形修剪：通过修剪、整枝，增强树势，改善通风透光条件；清除地面及枝条上的病果、僵果，集中深埋或烧毁。③控制果实开裂：条件允许，在李果实膨大中后期，可利用透明塑料雨罩，或雨布罩住每株植株，以减少果实开裂，降低褐腐病发生。晚熟品种或降雨频繁的种植区，需要特别注意裂果发生。④及时防治虫害：及时防治桃蛀螟、梨小食心虫和李小食心虫等蛀果害虫，以减少伤口。

（2）药剂防治。早春发芽前喷施5波美度石硫合剂。谢花后每隔10～15天喷药一次，采前 20 天停止用药，可用药剂 24% 腈苯唑悬浮剂 2 500 ～ 3 200 倍液、10% 小檗碱盐酸盐可湿性粉剂 800 ～ 1 000 倍液、430 克 / 升戊唑醇悬浮剂 2 500 倍液或 24% 腈苯唑悬浮剂 1 500 倍液。

四、桃疮痂病

1. 症 状

该病主要为害桃果实，多发生在果实的肩部，初为暗褐色圆形小点，后期出现黑色斑点，严重时病斑聚合成片，常发生龟裂，病菌仅在皮层为害，并不引起果实腐烂，如图 15-5 所示。

图 15-5 桃疮痂病病果

2. 发生特点

病菌在病叶、病枝上越冬，翌年 4—5 月病菌经雨水传播侵染幼果、嫩叶和新梢，春季和夏季初，雨水多，病害发生严重。

3. 绿色防控技术

（1）生态调控。结合修剪整形，剪除病枝，清理枯枝落叶，集中深埋或烧毁。果园注意除杂草，清沟排水，降低湿度。

（2）药剂防治。用药同褐腐病。

五、李红点病

1. 症 状

该病主要为害李叶片，叶片受害，在叶片上产生橙黄色或黄色隆起圆形斑，病斑组织肥厚，其上有许多红色小粒点，后期病斑变为红黑色，小粒点变为黑色，病叶微卷曲。果实受害，病斑圆形，初为黄色，后变为红黑色，稍微隆起，其上散生红色小粒点，如图 15-6 所示。

图 15-6 李红点病病叶

2. 发生特点

病菌主要在病叶上越冬，翌年春季开花末期，病菌借助风雨传播，该病从展叶期至落叶前都能侵染，在降雨早、雨水多的年份发病严重。

3. 绿色防控技术

（1）生态调控。①整形修剪：通过修剪、整枝，增强树势，避免树冠郁闭，改善通风透光条件；彻底清除果园中的病叶、病果，集中深埋或烧毁。②疏花疏果：根据树龄、品种特性，及时疏花疏果，确定合适的树体负载量。③加强果园管理：注意果园排水，勤中耕，除杂草，避免湿度过大。

（2）药剂防治。该病以预防为主，开花末期和叶芽生长期，每隔 10 ～ 15 天喷药一次，直至采前 20 天为止。药剂有 430 克 / 升戊唑醇悬浮剂 2 500 倍液、45% 咪鲜胺水乳剂 2 000 倍液、50% 甲基硫菌灵可湿性粉剂 800 倍液或 25% 丙环唑乳油 2 500 倍液。不同药剂交替使用。

第二节 主要虫害识别及绿色防控技术

一、桃蛀螟

1. 识别特征

以幼虫由果柄基部和两果相贴处蛀入，蛀孔外堆有大量虫粪。

成虫体长 10 毫米左右，全身橙黄色，体背及翅正面散生大小不等的黑色斑，老熟幼虫体长 18 ～ 25 毫米，淡灰色或暗紫红色（图 15-7）。

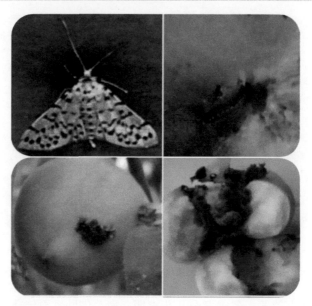

图 15-7 桃蛀螟成虫（上左）、幼虫（下右）及其为害桃果实症状（下左、下右）

2. 发生特点

每年发生 3～5 代，主要以老熟幼虫越冬，少数以蛹越冬。桃蛀螟的发生与雨水有一定关系，春季多雨潮湿，越冬幼虫化蛹和羽化率均较高，桃果受害较重。成虫昼伏夜出，白天歇栖于叶背面，傍晚以后活动；成虫在早熟品种上产卵早，在晚熟品种上则产卵晚，多于清晨孵化，初孵幼虫先在果梗、果蒂基部吐丝蛀食果皮后，从果梗基部沿果核蛀入果心为害，蛀食幼嫩核仁和果肉。桃蛀螟食性杂，为害桃之后，还能转移到其他果树以及玉米、高粱、向日葵等作物。

3. 绿色防控技术

（1）清除其他寄主及病果。清除果园附近的玉米、高粱、向日葵等残株，以及桃病果。

（2）果实套袋。条件允许桃园可进行果实套袋。

（3）诱杀成虫。桃园中安装黑光灯诱杀；或选择口径 15 厘米的塑料盆，细绳系好挂于树体外围离地 1.0～1.6 米，在盆里直接加入预先配好的糖醋液（糖、醋、酒、水的比例为 1：4：1：16），到盆的 2/3 处，当液体挥发时，及时补充糖醋液。

（4）药剂防治。不套袋的果园，于 4—5 月成虫产卵高峰，用 2.5% 高效氯氟氰菊酯乳油 3 000 倍液或 2.5% 溴氰菊酯乳油 2 000～3 000 倍液喷雾防治。

二、梨小食心虫

1. 识别特征

主要为害桃树新抽嫩梢，桃梢被害后萎蔫干枯，影响桃树生长，被害果实有蛀入孔，周围微凹陷，最初幼虫在果实浅处，孔口外排出细粪。

成虫灰褐色，无光泽，体长 4～6 毫米，末龄幼虫 10～13 毫米，淡黄色或粉红色，蛹黄褐色（图 15-8）。

图 15-8 梨小食心虫成虫（上左）、幼虫（上右）及其为害桃梢症状（下）

2. 发生特点

以老熟幼虫在树干翘皮中结茧越冬，雌成虫产卵于新梢上，成虫趋光性不强，喜食糖和果汁。

3. 绿色防控技术

（1）压低虫源。桃树抽新梢时期，剪除虫梢，深埋或烧毁，降低虫源。

（2）避免桃、李、杏、梨混栽。

（3）果实套袋。

（4）诱杀成虫。距地面 1.5 毫米的树荫处，悬挂一个口径为 16 厘米的塑料盆或瓷碗，用细铁丝穿一根梨小食心虫性诱芯（聚乙烯管为载体含性诱剂 0.5 毫克）横置碗上中央部位，碗内盛 0.1% 洗衣粉水（诱芯距水面不超过 3 厘米）然后把其挂于果园中。

（5）药剂防治。成蛾发生高峰期，用 2.5% 溴氰菊酯乳油 2 500～3 000 倍液、2.5% 高效氯氟氰菊酯乳油 3 000 倍液或 16 000IU/ 毫克苏云金杆菌可湿性粉剂 200～400 倍液进行喷雾防治。

三、李小食心虫

1. 识别特征

以幼虫在果面上吐丝结网，栖于网下蛀入果内为害，常使刚膨大的果实大量脱落，被蛀果孔中流出黏稠的果胶滴。

成虫背面灰褐色，腹面浅白色，虫体长 4.5～7 毫米，灰黑色，成熟幼虫桃红色，约

12毫米，蛹为黄色（图15-9）。

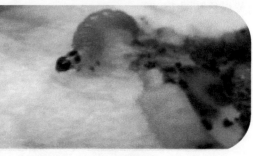

图15-9 李小食心虫成虫（左）和幼虫（右）

2. 发生特点

李小食心虫在南方李园的发生2代，越冬代于4月中旬开始陆续破土，5月上旬羽化达到第一次高峰期，7月上旬和8月初分别达到第二次高峰和第三次高峰。具有趋光性和趋化性。

3. 绿色防控技术

（1）压低虫源。春季李萌芽前，在树干附近覆盖地膜，阻止土中越冬虫蛹羽化，捡拾落果，深埋或烧毁处理。

（2）诱杀成虫。安装黑光灯诱杀；或在李子花谢后30天，选择口径15厘米的塑料盆，细绳系好挂于树体外围离地1.0～1.6米，在盆里直接加入预先配好的糖醋液（糖、醋、酒、水=1：4：1：16），到盆的2/3处，当液体挥发时，及时补充糖醋液。

（3）药剂防治。成蛾发生高峰期，用10%阿维除虫脲乳油1 000倍液、2.5%溴氰菊酯乳油2 000～3 000倍液或2.5%高效氯氟氰菊酯乳油3 000倍液进行喷雾防治。

（陈文　撰写）

第十六章　杨梅主要病虫害识别及绿色防控技术

杨梅为杨梅科杨梅属植物，又称圣生梅、白蒂梅，具有很高的药用和食用价值。针对杨梅主要病虫害发生特点，制订集成综合的防控技术，旨为杨梅的绿色生产提供指导，更好地为生产基地、合作社及相关企业服务。

第一节　主要病害识别及绿色防控技术

一、杨梅褐斑病

1. 症　状

该病主要为害叶片，初期在叶面上出现针头大小的紫红色小点，以后逐渐扩大为圆形或不规则形病斑，中央呈浅红褐色或灰白色，边缘褐色，直径 4～8 毫米。后期在病斑中央长出黑色小点，是病菌的子囊果。当叶片上有较多病斑时，病叶就干枯脱落，受害严重时全树叶片落光，仅剩秃枝，直接影响树势、产量和品质（图 16-1）。

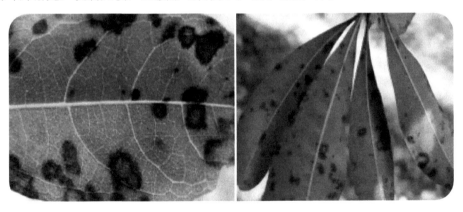

图 16-1　杨梅褐斑病

2. 发生特点

病菌以子囊果在落叶或树上的病叶中越冬，翌年 4 月底至 5 月初，子囊果内的子囊孢子成熟，下雨后释放出来的子囊孢子借风雨传播蔓延。子囊果散发子囊孢子的时间较长，从 5 月中旬到 6 月下旬，在病叶中均可查到子囊孢子。该病菌侵入叶片组织后，潜伏期可达 3～4 个月，在 7—8 月高温干旱时停止蔓延，8 月下旬出现新病斑，9—10 月病情加剧，并开始大量落叶。该病一年发生 1 次，无再次侵染。在生产实践中，通过观察与调查，认为影响该病发生的主要因素是：①与 5—6 月雨水多少密切相关，雨水少、发病轻，反之发病重。②在土壤瘠薄、缺少有机质的情况下，树势衰弱，容易发病。③在排水良好的砂砾土或阳光充足的杨梅园发病较轻。

3. 绿色防控技术

（1）春季剪除枯枝，扫除落叶，减少病害传染源。

（2）新栽杨梅尽量选择排水良好、光照充足的山地，培育管理中注意多施有机肥及钾肥。

（3）药剂保护与防治。5月下旬、果实采后各喷药一次，前者以硫酸铜：生石灰：水 =1 : 2 : 200 的波尔多液，发病前用 70% 代森锌 500 ～ 600 倍液、75% 百菌清可湿性粉剂 1 000 倍液 +70% 甲基硫菌灵可湿性粉剂 1 000 倍液提前进行预防，发病初期可使用50% 多菌灵·代森锰锌可湿性粉剂 400 ～ 600 倍液与 20% 三唑酮乳油 500 ～ 600 倍液交替使用，防止单一用药病菌产生抗性。

二、杨梅根腐病

1. 症 状

急性青枯型：病树初期症状不甚明显，仅在树体枯死前两个月有所表现。主要是叶色褪绿、失去光泽，树冠基部部分叶片变褐脱落。如遇高温天气，树冠顶部分枝梢出现失水萎蔫，但次日清晨又能恢复。在 6 月下旬至 7 月下旬采果后，如气温剧升，常会引发树体急速枯死，枯死的病树叶色淡绿，并陆续变红褐色脱落，偶剩少量绿色枯叶，但翌年不能萌芽生长。

慢性衰亡型：发病初期，树冠春梢抽生正常，而秋梢很少抽生或不抽生，地下部根系须根及根瘤较少，逐渐变褐腐烂。后期病情加剧，叶片变小，树冠下部叶大量脱落，在落叶的枝梢上常有簇生的盲芽。在高温干旱季节的中午，树冠顶部枝梢呈萎蔫状，后叶片逐渐变红褐色而干枯脱落，枝梢枯死，树体有半株枯死或全株枯死（图 16-2）。

图 16-2 杨梅根腐病症状

2. 发生特点

该病害分为急性青枯型和慢性衰亡型，其中急性青枯型主要发生在 10 ～ 30 年生的盛果树上，约占枯死树的 70% 左右；慢性衰亡型主要发生在衰老树上，从出现病症到全树枯死，约需 3～4 年。

3. 绿色防控技术

（1）重病树均无防治效果；病情为中、轻类型，扒开根部用 1% 申嗪霉素 500 倍液、50% 多菌灵可湿性粉剂 800 倍液或 70% 甲基硫菌灵可湿性粉剂 600 倍液等灌根，药效长。

（2）扒土，截除病根，刮治病部或截除病根；晾根，灌药杀菌：用 1% 申嗪霉素 500 倍液、50% 多菌灵可湿性粉剂 800 倍液或 70% 甲基硫菌灵可湿性粉剂 600 倍液等灌根，重点在毛细根区和树茎基部，以灌透为目的，药液渗完后薄覆表土。

（3）初发病株，可采取上喷下施的方法，即地面可选用 0.8% 石灰倍量式波尔多液，每株施药液 40～50 千克。

三、杨梅青霉病

1. 症　状

受害果实表面出现霉层，逐渐向四周扩展，造成提早落果，完全失去食用价值，对产量带来较大的影响；经过对杨梅园的调查、采样和分离鉴定，根据在显微镜下观察到的病原菌形态特征（图 16-3）。

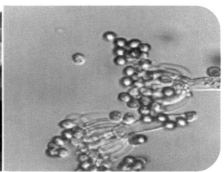

图 16-3 杨梅青霉病症状（左）与病原菌（右）

2. 发生特点

该病发生在果实膨大期，主要为害杨梅果实。

3. 绿色防控技术

在发病初期可交替使用 50% 甲基硫菌灵可湿性粉剂 1 000 倍液、50% 多菌灵可湿性粉剂 1 000 倍液、45% 噻菌灵悬浮剂 3 000～4 000 倍液进行喷雾防治。

四、杨梅癌肿病

1. 症　状

杨梅癌肿病又叫杨梅疮、溃疡病，是细菌病害。以损害枝干为主，发病初期呈现乳白色的小突起，外表光滑，后逐步增大成肿瘤，外表变得粗糙或高低不平，木栓化，质坚固，瘤呈球形，最大直径可达 10 厘米以上。一个枝条上肿瘤少者 1～2 个，多达 5 个以上，一般在枝条节部发作较多，对枝条生长形成严重影响（图 16-4）。

图 16-4 杨梅癌肿病

2. 发生特点

病原菌在树上或残枝的病瘤内越冬，翌年 4 月中下旬细菌从瘤内溢出，以雨水、空气、接穗和昆虫为媒介从创伤侵入，以 6—8 月发病最多。

3. 绿色防控技术

剪除病枝、防止枝干擦伤及在病枝上剪取接穗；在杨梅采后及时喷洒硫酸铜∶生石灰∶水 =1∶2∶200 波尔多液、77% 氢氧化铜可湿性粉剂 1 000 倍液。在 3—4 月，在肿瘤中的病菌传出以前，用刀刮出病斑，然后创伤涂硫悬浮剂 100～200 倍液，也可用石硫合剂涂布创伤。

（龙家寰　段婷婷　何海永　撰写）

第二节　主要虫害识别及绿色防控技术

一、柏牡蛎蚧

1. 症　状

以雌成虫和若虫固定在杨梅枝梢和叶片上吸取汁液，当年生枝条被害后，表皮皱缩，后逐渐枯萎。叶片被害后呈棕褐色，造成落叶、枯枝，严重时全株枯死如火烧状（图 16-5）。

图 16-5　柏牡蛎蚧

2. 发生特点

柏牡蛎蚧雌成虫介壳褐黄色或棕褐色，介壳细长，略有光泽。一年发生2代。以受精雌成虫在杨梅枝叶上越冬，第一代于次年4月中旬开始产卵，5月中旬孵化，5月下旬至6月上旬为孵化盛期，7月上旬孵化结束，历时1个多月。第二代于7月下旬开始孵化，8月上旬为孵化盛期，10月上旬若虫变为成虫。

3. 绿色防控技术

（1）秋季和春季对树上的枯枝及虫口密度高的活枝进行清理修剪，集中烧毁。根除园里杂草；加强肥培管理。

（2）在5月中下旬第一代若虫孵化盛期是喷雾防治的最佳时期，可采用0.3%阿维菌素1 500～2 000倍液、4.5%高效氯氰菊酯乳油2 000倍液、10%吡虫啉乳油1 000倍液或25%噻嗪酮可湿性粉剂1 000～1 500倍液喷雾，高大树体应采用高压高效喷雾技术，也可采用打孔注射的方法。

二、果　蝇

1. 症　状

杨梅果蝇雌成虫产卵于果实表面，孵化幼虫蛀食果实，虫害果无显著特征，仅在被幼虫蛀害处果面稍呈湿腐状凹陷，较正常成熟果颜色略深，且暗淡无光泽。果蝇幼虫常被称为"蛆"，会让人产生一种恶心的感觉（图16-6）。可用1%～5%盐水浸泡杨梅果实1小时左右，即可将果蝇幼虫从果实中泡出，再进行食用。

图 16-6　果　蝇

2. 发生特点

杨梅果蝇在田间世代重叠，不易划分代数，各虫态同时并存，在气温10℃以上时，果蝇成虫出现。在气温21～25℃、湿度75%～85%条件下，一个世代历期4～7天。杨梅进入成熟期后，果实变软，果蝇更喜以之为食，此期为果蝇发生盛期，随着采收，杨梅果实逐渐减少，果蝇数量随之下降。果蝇主要栖息在具有发酵物、潮湿阴凉的生态环境，所以在杨梅采收后，树上残次果和树下落地果腐烂，又会出现盛发期，而随着残次果及落地果的逐渐消失，虫口又随食物的缺少而下降。杨梅果蝇发生盛期在6月中下旬和7月中下旬两个食物条件极好的时期。

3. 绿色防控技术

（1）加强果园治理合理施肥灌水，增强树势，提高树体抵挡力。

（2）科学修剪，剪除病残枝及茂密枝。调节通风透光，保持果园适当的温湿度，结合修剪，清理果园，尤其是腐烂的杂物及发酵物，减少虫源。

（3）在杨梅果实开始变色时用敌百虫、香蕉、蜂蜜、食醋按10∶10∶6∶3的份额配制成诱杀剂，放在园内诱杀果蝇。防治果蝇成熟期不能喷药，建议于采收后或果实成熟前20～45天喷施80%敌百虫可溶性粉剂800～1 000倍液、6%乙基多杀菌素悬浮剂1 500～2 500倍液。

三、白　蚁

1. 症　状

啃食杨梅树的主干和根部，并筑起泥道，沿树干通往树梢，损伤其韧皮部及木质部，造成树体水分、养分等物质输送受阻，使植株生长不良，导致叶黄脱落，枝枯树死（图16-7）。

图16-7　白　蚁

2. 发生特点

白蚁除为害正常生长的树外，死树及树桩等也同样受害。

3. 绿色防控技术

（1）堆草诱杀。在白蚁为害区挖穴，每亩 10 穴左右，穴内放入蕨类或嫩草，喷上 48% 毒死蜱乳油 1 000 倍液或 0.3% 阿维菌素乳油 2 000 倍液，加 1% 红糖更佳，后掩盖泥土。

（2）蚁路喷药。气温在 20℃ 以上时，在白蚁为害区域，寻找其用泥土筑的蚁路，发现白蚁后，即喷少量灭蚁灵原粉，使其带毒返巢，传至其他白蚁而共死。

（3）放包诱杀。以甘蔗粉为主料，拌入灭蚁灵原粉，用薄纸包成小包，放在杨梅树干边，上盖塑料薄膜，再盖上嫩柴草，诱白蚁啃食而中毒致死。

（4）其他。挖掘蚁巢，或向巢穴灌水，切断汲水线、透气孔，消灭蚁群。

（戴长庚　张盈　段婷婷　撰写）

第十七章　核桃主要病虫害识别及绿色防控技术

贵州是世界铁核桃资源原生中心，也是我国核桃主产省区，但随着核桃种植面积的快速增加，核桃病虫害日趋严峻，致使核桃产品质量和产量受到极大影响，严重影响了核桃产业的可持续健康发展和果农经济效益。为了给果农提供技术指导，贵州省农业科学院植保所在现有研究成果的基础上，参考国内外成功的防治经验，编制了核桃主要病虫害识别及综合防控技术，以期指导果农对核桃主要病虫害进行科学防控，为贵州省核桃产业可持续发展提供保障，维护果农的经济利益，为贵州省脱贫攻坚提供科技支撑。

第一节　主要病害识别及绿色防控技术

一、核桃细菌性黑斑病

1. 症　状

核桃细菌性黑斑病又名核桃黑斑病、核桃黑腐病。病菌一般在枝梢或芽内越冬，翌春泌出细菌液借风雨传播。主要为害幼果、叶片、嫩枝、新梢。在嫩叶上病斑褐色，多角形，在较老叶上病斑呈圆形，中央灰褐色，边缘褐色，有时外围有黄色晕圈，中央灰褐色部分有时形成穿孔，严重时病斑互相连接。有时叶柄上亦出现病斑。枝梢上病斑长形，褐色，稍凹陷，严重时病斑包围枝条使上部枯死。果实受害时表皮初现小而稍隆起的褐色软斑，后迅速扩大渐凹陷变黑，外围有水渍状晕纹，严重时果仁变黑腐烂。老果受侵只达外果皮（图17-1）。

图17-1　核桃细菌性黑斑病为害叶片（左）与果实（右）

2. 发生特点

病原细菌在感病枝条、芽或茎的老病斑上越冬。第二年春天以雨水和昆虫为媒介传播，首先使叶片感病，再传到果实、枝条上。每年4—8月发病，反复侵染多次。病菌侵染叶片的适宜温度4～30℃，侵染幼果适宜温度5～27℃。不同品种、类型、树龄、树势的植株发病程度不同。

3. 绿色防控技术

（1）农业防治。选择抗病品种，本地晚实核桃品种抗性好，引进早实核桃品种抗性较差；加强管理，合理施肥，增强核桃树的抗病能力；清洁果园，冬季结合修剪，消除病果、病枝、病叶，并集中烧毁。

（2）药剂防治。冬季采收后，采用29%的石硫合剂水剂200～500倍液喷雾封园处理；在雌花开花前、开花后、幼果期用29%的石硫合剂水剂200～500倍液、80%乙蒜素乳油800～1 000倍液、0.3%四霉素水剂30～50倍液、3%中生菌素可湿性粉剂600～1 000倍液或铜制剂等药剂喷雾防治1～2次。

二、核桃膏药病

1. 症　状

病原为真菌中担子菌亚门的茂物隔担耳菌。担子果平伏革质，基层菌丝层较薄，其上为褐色菌丝组成的直立菌丝柱，柱子上部与担子果的子实层相连。子实层中产生的原担子（下担子）球形或近球形，直径8～10微米。原担子上再产生长形或圆筒形的担子（上担子）。大小为（25～35）微米×（5～6）微米，有3个隔膜，上生4个担孢子。担孢子无色，腊肠形，表面光滑，大小为（14～18）微米×（3～4）微米。在核桃枝干上或枝杈处产生一团圆形或椭圆形厚膜状菌体，紫褐色，边缘白色，后变鼠灰色，似膏药状，即病原菌的担子果（图17-2）。

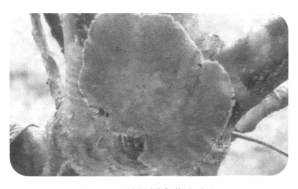

图17-2 核桃树膏药病病斑

2. 发生特点

病原菌常与介壳虫共生，菌体以介壳虫的分泌物为养料。介壳虫则借菌膜覆盖得到保护。病原菌的菌丝体在枝干上的表面生长发育，逐渐扩大形成膏药状薄膜。菌丝也能侵入寄主皮层吸收营养。担孢子通过介壳虫的爬行进行传播蔓延，以菌膜在树干上越冬。土壤黏重，排水不良或林内阴湿，通风透光不良等都易发病。

3. 绿色防控技术

（1）农业防治。加强管理，清洁果园，冬季结合修剪，除去病枝，刮除病菌的子实体或者菌膜，并集中烧毁。

（2）药剂防治。采收后用 30% 松脂酸钠水乳剂 200～500 倍液喷雾封园处理；春夏防治，刮除病斑，喷雾防治 1～3 次，1.5% 噻霉酮水乳剂 600～1 000 倍液、60% 噻菌灵水分散粒剂 1 500～2 000 倍液、80% 代森锰锌可湿性粉剂 400～800 倍液等药剂交替使用。同时防治介壳虫。

第二节　主要虫害识别及绿色防控技术

一、核桃长足象

1. 症　状

核桃长足象又名核桃果实象、核桃果象甲、核桃果象、长棒象，属鞘翅目象甲科，是钻蛀性害虫，核桃果实最大害虫之一。目前贵州全省都有不同程度的发生。该虫幼虫为害核桃果实，初期果皮干枯变黑，引起果仁发育不全，影响核桃品质和产量，后期能造成大量落果，造成减产甚至绝收。同时，成虫越冬前后以核桃树的嫩枝、花、叶芽苞为食，严重影响核桃的坐果率。核桃果被害，果形始终不变，但果内都充满棕色的排泄物，果仁被食造成 6～7 月的大量落果现象，或暂不落下，而稍受振动便会坠落。因该虫为害，造成减产率达 80% 以上（图 17-3）。

图 17-3　核桃长足象为害果实症状（上左）及其成虫（上右）、幼虫（下左）和蛹（下右）

2. 发生特点

核桃果象甲一年 1 代，以成虫在向阳杂草或表土内越冬，4 月下旬至 5 月初开始活动，进行补充营养，中旬交尾产卵，产卵期长 30 ～ 50 天。卵期 6 ～ 8 天，幼虫期约 50 天左右。蛹期 10 ～ 12 天，8 月羽化为成虫。成虫行动迟缓，飞行力差，有假死性，以嫩枝、幼果为食，交配产卵中午 10—12 时最盛，产卵时，用头管在果面上（多在果脐周围），蛀一深约 3 毫米的洞，约需 25 分钟，然后调过头，产卵于洞口，约需 1 分钟，再调转头用头管将卵送入洞底，又用口中的一种黄色胶状物在洞口 2/3 处密闭，约需 15 分钟，产一粒卵共需 40 分钟左右。雌虫产卵量 150 ～ 180 粒，每果一般只产 1 粒，很少有 2 ～ 3 粒者，初孵化幼虫向果内蛀食，当进入核内蛀食种仁时，种仁变黑，果实脱落，幼虫继续在果内取食种仁，老熟后化蛹。7 月中旬成虫羽化，以啄管咬破果皮爬出，取食活动一个时期后便准备越冬。

该虫为害与环境因子有以下关系：低海拔较高海拔严重，浅山区和村庄附近较深山区严重。向阳坡较阴坡严重。

3. 绿色防控技术

（1）农业防治。幼虫为害果实期，造成大量落果，应及时拣拾落地果，震落尚未脱落的被害果，集中烧毁，可以收到明显防治效果。

（2）生物防治。成虫期可喷施 400 亿 CFU/ 克球孢白僵菌可湿性粉剂 1 500 ～ 2 500 倍液喷雾或喷粉、80 亿 CFU/ 克金龟子绿僵菌可湿性粉剂 200 ～ 500 倍液喷雾或喷粉、8 000 IU/ 微升苏云金杆菌悬浮剂 150 ～ 200 倍液喷雾、0.5% 苦参碱水剂 1000 ～ 1 500 倍液。

（3）药剂防治。在成虫刚刚上树为害，还未产卵时，可用 80% 敌百虫可溶性粉剂 1 500 倍液、2.5% 溴氰菊酯乳油 3 000 倍液、2.5% 联苯菊酯乳油 3 000 倍液等常量喷雾。

二、核桃云斑天牛

1. 症 状

核桃云斑天牛，又名核桃大天牛、老木虫、大钻心虫。属鞘翅目天牛科白条天牛属的一种昆虫。云斑天牛幼虫在树皮层及木质部钻蛀隧道，凡受害树大部分枯死，是核桃树毁灭性害虫。云斑天牛成虫，白天栖息在树干和大枝上，有趋光性，晚间活动取食，5 月为羽化盛期，卵期 10 ～ 15 天，幼虫期达 12 ～ 14 个月，成虫寿命约 9 个月，是一种危害性很大农林业害虫，分布于越南、印度、日本、中国等地。

初孵幼虫在刻槽韧皮部蛀食，第一次蜕皮后开始蛀食木质部，受害处变黑，树皮胀裂，流出树液，排出木屑、虫粪。海拔越高受害越轻；村旁、林缘及杨树林分与其他林分的相邻地带，一般受害较重；1 ～ 4 年的树木受害轻或基本不受害，中龄林易受害，以 5 ～ 8 年杨树普遍受害较重；为害部位一般在树干中下部 2 米左右，多在树干 1 米以上及中部刻槽产卵；但树龄不同而有差异，随树龄增加，刻槽产卵部位上移（图 17-4）。

图 17-4 核桃云斑天牛为害状（上左）及其成虫（上右）、老熟幼虫（下左）和初孵幼虫（下右）

2. 发生特点

以幼虫和成虫在蛀道内和蛹室中越冬，越冬成虫翌年4月中旬咬一个圆形羽化孔爬出。5月成虫大量出现，尤以连续晴天、气温较高时更多。成虫羽化后，需补充营养才能产卵。成虫喜栖息在树冠庞大的寄主上，具受惊坠落的特点。产卵刻槽椭圆形，通常每个刻槽内产卵1粒，有时不产。每雌产卵约40粒。卵多产在胸径10～20厘米的树干上。卵期10～15天，初孵幼虫20～30天后逐渐蛀入木质部，并不断向上蛀食。第一年以幼虫越冬，第二年8月中旬幼虫老熟，在蛀道顶端做个宽大的椭圆形蛹室，在其中化蛹，蛹期约1个月。

3. 绿色防控技术

（1）农业防治。清洁果园，处理为害的弱树、枯树；选择抗性品种；合理布局诱集树，如杨树、女贞。

（2）物理防治。用涂白剂涂白树干，可防产卵，对卵及小幼虫也有一定的杀伤效果。对成虫采取人工捕杀、灯光捕杀以及性诱剂诱杀等；可用木槌敲击杀死卵或小幼虫、从排泄孔用铁丝刺杀幼虫。

（3）生物防治。保护天敌，专用活体线虫涂为害孔、400亿CFU/克球孢白僵菌可湿性粉剂1 500～2 500倍液喷雾或喷粉、80亿CFU/克金龟子绿僵菌可湿性粉剂200～500倍液喷雾或喷粉等相结合进行防治。

（4）药剂防治。采用低剂量药剂喷树干、涂树干或打孔注干等防治手段防治天牛幼虫。使用药剂有8%氯氰菊酯微囊悬浮剂300～500倍液、2%噻虫啉微囊悬浮剂1 000～2 000倍液、5%噻虫啉悬浮剂500～750倍液、3.6%烟碱·苦参碱微囊悬浮剂3 000～6 000倍液以及核桃天牛防治专用药剂等药剂。

三、核桃扁叶甲

1. 症　状

核桃扁叶甲又名核桃叶甲、金花虫，属鞘翅目叶甲科。是一种发生普遍、为害严重、专食核桃楸叶片的害虫，树叶被食光的现象经常出现。连年为害时，造成核桃部分枝条或幼树死亡（图17-5）。

图 17-5 核桃扁叶甲为害状（上左）及其成虫产卵（上右）幼虫（下左）和蛹（下右）

2. 发生特点

1年发生1代，以成虫在枯枝落叶层、树皮缝内越冬。翌年4月下旬越冬成虫开始活动，5月上旬成虫开始产卵，5月中旬幼虫孵化，6月上旬老熟幼虫化蛹，6月中旬为新一代成虫羽化盛期，10月中旬成虫开始越冬。

越冬成虫开始活动后，以刚萌出的核桃楸叶片补充营养，并进行交尾产卵。雌雄成虫有多次交尾和产卵的习性。每雌产卵量为90～120粒，最高达167粒。卵呈块状，多产于叶背，也有产在枝条上。新羽化成虫多于早晚活动取食，活动一段时间后，于6月下旬开始越夏，至8月下旬才又上树取食。成虫不善飞翔，有假死性，无趋光性。成虫寿命年均320～350天。雌雄性比近1∶1。

初孵幼虫有群集性，食量较小，仅食叶肉。幼虫进入3龄后食量大增并开始分散为害，此时不仅取食叶肉，当食料缺乏时也取食叶脉，甚至叶柄。残存的叶脉、叶柄呈黑色进而枯死。幼虫老熟后多群集于叶背呈悬蛹状化蛹。

3. 绿色防控技术

（1）物理防治。在叶甲幼虫发生高峰期，摘除有大量卵或幼虫的叶片消灭；利用叶甲成虫的假死性，人为振落捕杀；在4—5月叶甲成虫上树时，利用黑光灯进行诱杀。

（2）生物防治。核桃扁叶甲的天敌有猎蝽、龟纹瓢虫、异色瓢虫、肿腿小蜂、黑布甲、六斑异瓢虫和奇变瓢虫等，保护和利用天敌防控叶甲等害虫，是绿色防控的有效措施之一；还可用400亿CFU/克球孢白僵菌可湿性粉剂1 500 ～ 2500 倍液喷雾或喷粉。

（3）药剂防治。喷雾化防，在核桃叶甲入园为害时，用1.8%阿维菌素乳油3 000倍液、1% 甲氨基阿维菌素苯甲酸盐5 000 倍液、2.5% 溴氰菊酯乳油2 000 倍液、50% 呋虫胺可溶粒剂5 000 倍液等药剂喷雾防治幼虫和成虫。

病虫害防治是一个复杂的系统工程，各个核桃园应该根据自身的发生情况、气候特点以及生态环境，确定防治日期，制定正确的防治技术方案，合理安排，精准施药。另外，由于目前我国登记用于核桃树的农药极少，推荐的药剂是近年来作者研究和文献资料报道，为此请各个核桃园谨慎选择，合理使用。

（廖国会　潘学军　戴长庚　陈才俊　撰写）

第十八章 万寿菊主要病虫害识别及绿色防控技术

万寿菊是贵州省近年发展起来的新兴产业，是用来高效提取叶黄素的植物材料，叶黄素是一种人体需要但不能自身合成的类胡萝卜素，是眼部保健品、化妆品和饲料等功能性添加剂，具有较高经济价值，栽培万寿菊可帮助当地农户创收。随着种植年限和面积增加，病虫害逐年加重，严重影响了万寿菊产业的可持续健康发展和脱贫攻坚。为了给花农提供技术指导，贵州省农业科学院植保所在现有研究成果的基础上，参考国内外成功的防治经验，编制了万寿菊主要病虫害识别及综合防控技术，以期指导花农对万寿菊主要病虫害进行科学防控，为万寿菊产业可持续发展提供保障，为脱贫攻坚提供科技支撑。

第一节 主要病害识别及绿色防控技术

一、万寿菊黑斑病

1. 症 状

黑斑病为万寿菊的常见病害之一，又称褐斑病、叶斑病或叶枯病。该病在万寿菊的整个生长时期都可以发生，病原菌为害万寿菊植株的叶片、花以及茎干等，发病初期在叶片正面产生针尖大小棕褐色或紫红色圆形或椭圆形斑点，逐渐扩大后呈中央灰白色或者淡黄色边缘黑褐色的病斑，在适宜的温湿度条件下，发病叶片上的病斑逐渐增多并逐渐连接成片，发病严重的情况下可引起叶片枯死，造成死苗；花部受害主要表现为花瓣染病引起花瓣凋萎，花瓣呈褐色，苞片黄褐色，花梗紫褐色；感染后的茎秆出现圆形或椭圆形的褐色病斑且有凹陷症状（图18-1）。

   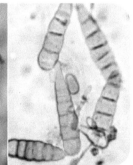

叶片症状　　　　　　茎秆症状　　　　　　花症状　　　　　病原菌孢子形态

图18-1 万寿菊黑斑病发病症状及病原菌形态

2. 发生特点

导致万寿菊黑斑病的病原物主要是链格孢属，不同地区所报道的链格孢菌的种有所不同，目前报道的主要有万寿菊链格孢、石竹链格孢、细极链格孢和细交链孢霉。病原菌在田间及室内的病残体上均可越冬成为田间初侵染源，且是主要的侵染源，种子带菌次之。病原菌的侵入途径为自然孔口或直接侵入，通过伤口也可侵入，但对病害扩展影响不大。病害的发生流行与温湿度关系密切，在温度适宜的条件下，湿度越大越易于发病，湿度是病害发生和流行的主导因素，万寿菊黑斑病在 20℃、低温寡照、连雨天气较多、气候条件适宜时，会大面积暴发。发病率一般在 40% ～ 60%，如果当地的气候属于湿润多雨，通风条件差，则发病率可达到 80% ～ 100%。

3. 绿色防控技术

（1）选择抗病品种、合理密植及施肥。

（2）床土消毒。用嘧菌酯 1 800 倍液均匀喷洒在床面上，进行苗床消毒。

（3）种子消毒。播种前用嘧菌酯 1 800 倍液浸种 8 ～ 12 小时，对万寿菊种子中的链格孢菌有很好的控制作用。或者播种前用绿康威拌种处理，每亩种子用 10 ～ 40 克菌剂拌种，阴干后即可播种。

（4）移栽苗消毒。移栽前 7 天不能浇水，移栽前一天浇透底水，有利于起苗。起苗后将苗根部浸入绿康威稀释液中（将粉末状的绿康威取 40 克加入 1 升水中，即 200 ～ 250 倍稀释），浸根 10 分钟后移栽。

（5）田间病害防治。①移栽大约 2 周后，追施生防菌剂沃丰康微生物复合菌肥或者木霉生防菌肥等，2 周后再追施一次。②高效低毒低残留杀菌剂辅助防控，再发病初期通过电动喷雾器，用 35% 氟菌·戊唑醇悬浮剂 1 000 ～ 2 000 倍后喷施处理，隔 7 ～ 10 天后再施一次，如果病情严重可再增喷一次。

二、万寿菊灰霉病

1. 症　状

该病害主要为害叶、茎和花，一般是在花器开始衰老时染病。受害部位呈褐色腐烂，水渍状，花序上有灰白色或浅褐色蛛丝状霉层，花柄腐烂，花有下垂现象。染病茎出现枯斑或黑褐色凹陷斑，受害叶片出现水渍状斑点，病组织变为褐色或黑褐色腐烂。严重时整枝、整株都会枯萎死亡，在湿度较大时，枯死枝条和花朵上可见灰色的孢子层，而孢子层也往往作为鉴别灰霉病重要表观特征（图 18-2）。

花和花柄上的灰霉症状　　　　　　　　　　　病原菌形态

图18-2 万寿菊灰霉病发病症状及病原菌形态

2. 发生特点

万寿菊灰霉病病原菌为灰葡萄孢，主要以菌丝在病株上或腐烂的残体上或以菌核在土壤中过冬。该病是一种典型的气传病害，翌年由菌核产生分生孢子，借风雨、气流及田间作业在田间迅速传播为害，系低温高湿型病害，多于早春、晚秋或冬季出现在低温高湿条件下发生或流行。

3. 绿色防控技术

（1）选择抗病品种、合理密植及施肥。

（2）床土消毒。使用木霉素300～500倍液喷均匀喷洒在床面上，进行苗床消毒。

（3）种子消毒。用40%甲醛150倍液浸种1～2小时后，用清水反复洗净晾干后播种。或者播种前用绿康威拌种处理，每亩种子用10～40克菌剂拌种，阴干后即可播种。

（4）移栽苗消毒。移栽前7天不能浇水，移栽前一天浇透底水，有利于起苗。起苗后将苗根部浸入绿康威稀释液中（将粉末状的绿康威取40克加入1升水中，即200～250倍稀释），浸根10分钟后移栽。

（5）田间病害防治。①移栽大约2周后，追施生防菌剂沃丰康微生物复合菌肥或者木霉生防菌剂等，2周后再追施一次。②高效低毒低残留杀菌剂辅助防控，在雨季到来之前或初发病时喷50%腐霉利可湿性粉剂1 000倍液或40%嘧霉胺可湿性粉剂1 000倍液、50%异菌脲悬浮剂（每次每亩用66～100毫升），隔10天左右喷一次，防治1～2次。

三、万寿菊枯萎病（真菌性）

1. 症 状

从苗期到成株期均可受害，枯萎病为全株性维管束病害，发病初期症状不明显，发展到中后期，植株一侧叶片变色，叶片上多表现紫斑型、黄色网纹型、黄化型和青枯型，中午萎蔫，早晚恢复，发病后植株发病严重时，植株靠近土面的茎基部产生缢缩枯腐，全株凋萎死亡，横切病茎可见维管束变褐，湿度大时可见病茎表面生成白色霉层或枯黄色黏质物（图18-3）。

  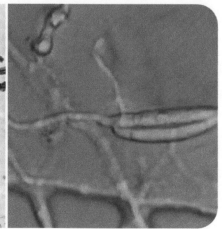

植株凋萎症状　　　茎秆茎基部产生缢缩枯腐症状　　　病原菌孢子形态

图 18-3　万寿菊枯萎病症状及病原菌形态

2. 发生特点

枯萎病病原菌为尖孢镰刀菌。病菌在土中病株残体上越冬，种子和未腐熟的畜粪也能带菌。病菌通过土壤、灌溉水、雨水和昆虫传播，从植株伤口或根毛处侵入，在维管束内寄生，阻塞导管。土壤温、湿度对发病影响较大，夏季气温高、雨水多的情况下发病严重，相对湿度 95% 以上最容易发病。土温 15～20℃，含水量忽高忽低，不利于根系生长和伤口愈合，而有利于病菌侵入，发病严重。

3. 绿色防控技术

（1）选择抗病品种、合理密植及施肥。

（2）床土消毒。每平方米苗床用 50% 咪鲜胺乳油 0.8～1.2 克兑水 1 千克，喷于苗床上，进行苗床消毒。

（3）种子消毒。用 40% 甲醛 150 倍液浸种 1～2 小时后，用清水反复洗净晾干后播种。

（4）移栽苗消毒。移栽前 7 天不能浇水，移栽前一天浇透底水，有利于起苗。起苗后将苗根部浸入绿康威稀释液中（将粉末状的绿康威取 40 克加入 1 升水中，即 200～250 倍稀释），浸根 10 分钟后移栽。

（5）田间病害防治。①移栽大约 2 周后，追施生防菌剂沃丰康微生物复合菌剂或者木霉生防菌剂（冠农 12 号绿色木霉菌剂）、枯草芽孢杆菌等，2 周后再追施一次。②及时拔除病株，在病穴及周围撒草木灰或在病穴灌注 2% 甲醛溶液或 20% 石灰水。③高效低毒低残留杀菌剂辅助防控，在发病初期用 25% 氰烯菌酯 900 倍液灌根，每株 350～500 克药液，间隔 10～15 天一次，连续 3 次；也可用 3% 甲霜·噁霉 500 倍液、54.5% 噁霉·福 600 倍液灌根，间隔 7 天一次，连续 1～2 次。

四、万寿菊立枯病

1. 症　状

立枯病是万寿菊苗期最常见的病害，在出土前发病称猝倒病，引起烂种，近地面根部和茎基部受害，病部出现水渍状病斑，变黄褐缢缩，植株上部枯死，常常倒伏死亡。苗期发病称立枯病，茎基部产生暗褐病斑，逐渐凹缩，湿度大时可见褐色蛛丝状霉，当病部绕茎 1 周时植株站立枯死，一般不倒伏，发病时间长。

2. 发生特点

病原菌为立枯丝核菌，立枯丝核菌十多个菌丝融合群均可引发立枯病，立枯丝核菌是土壤习居菌，主要以菌丝或菌核在土壤中存活或越冬，此外也可以菌丝体在土壤中的病残体或其他有机物上腐生或混入堆肥中越冬，立枯丝核菌在土壤中存活 2～3 年，立枯丝核菌生长适温 24～28℃，最低温度 5～6℃，最高 36～37℃。立枯丝核菌喜高湿，育苗期立枯丝核菌的菌丝恢复活动或菌核产生菌丝与寄主接触后直接侵入，引起初侵染，发病后病部又长出菌丝进行多次再侵染。

3. 绿色防控技术

（1）选择抗病品种、合理密植及施肥。

（2）床土消毒。用 20% 甲基立枯磷乳油 300～500 倍液均匀喷洒在床面上，进行苗床消毒。

（3）种子消毒。播种前用 20% 甲基立枯磷乳油 0.02%～0.04% 的有效浓度浸种 8～12 小时。

（4）移栽苗消毒。移栽前 7 天不能浇水，移栽前一天浇透底水，有利于起苗。起苗后将苗根部浸入绿康威稀释液中（将粉末状的绿康威取 40 克加入 1 升水中，即 200～250 倍稀释），浸根 10 分钟后移栽。

（5）田间病害防治。①移栽大约 2 周后，追施生防菌剂沃丰康微生物复合菌剂或者木霉生防菌剂等，2 周后再追施一次。②高效低毒低残留杀菌剂辅助防控，再发病前期用 5% 井冈霉素水剂 500～1 000 倍液，按 3 毫升／平方米药溶液量浇灌幼苗根茎交界处，隔 7～10 天后再灌一次，如果病情严重可再增灌一次，也可以与 24% 噻呋酰胺悬浮剂替换施用。

五、万寿菊青枯病

1. 症　状

万寿菊青枯病是全株性病害，染病会导致万寿菊全株萎蔫。最初会导致万寿菊顶端的叶片萎蔫下垂，下部的叶片渐渐凋萎，白天枯萎，傍晚复原，然而，不久之后便枯萎，呈青枯症状，这一过程进展十分迅猛，纵剖病株茎秆，可见维管组织（髓部）变为褐色，注满乳白色细菌菌脓。

2. 发生特点

由青枯假单胞菌引起，该病菌在 10 ～ 41℃下生存，在 35 ～ 37℃生育最为旺盛，一般气温达到 20℃时开始发病，地温超过 20℃时十分严重。病菌从伤口侵入，高温、暴风雨之后此病极易发生，该病害多发于连作田和地下水位高、湿度大的冲积土田。

3. 绿色防控技术

（1）选择抗病品种、合理密植及施肥。

（2）床土消毒。每平方米苗床用 500 倍的福尔马林液 18 ～ 22 千克均匀喷洒在床面上，进行苗床消毒。

（3）种子消毒。播种前用农抗"401"500 倍液浸种 8 ～ 12 小时。

（4）移栽苗消毒。定植时用青枯病拮抗菌 MA-7、NOE-104 进行幼苗浸根。

（5）田间病害防治。①及时拔除病株，在病穴及周围撒草木灰或在病穴灌注 2% 甲醛溶液或 20% 石灰水，防止田间积水。②高效低毒低残留杀菌剂辅助防控，发病初期选用 100 亿 CFU/ 克多黏类芽孢杆菌 300 ～ 500 倍液或 100 亿 CFU/ 克蜡质芽孢杆菌 300 ～ 500 倍液灌根，每株灌药液 0.3 ～ 0.5 千克，隔 7 ～ 10 天灌一次，交替使用不同药剂，共灌 2 ～ 3 次。

六、病毒病

1. 症　状

在苗期受害，植株矮缩，叶片细小、增厚、皱缩；在花期受害，上部叶片有皱缩现象，畸形，发生严重时叶片呈缺刻破裂状，花蕾畸形坏死，不能正常开花。为害叶片，以花叶为主，主要是黄绿相间的花叶，顶部叶片变小，顶叶卷曲。

2. 发生特点

病原菌为黄瓜花叶病毒（Cucumber mosaic virus，CMV）或大丽花花叶病毒（Dahlia mosaic virus，DMV）。主要是通过机械接种传毒，蚜虫非持久方式传毒，部分种子可带毒，世界各地均有发生，温带地区较严重。

3. 绿色防控技术

（1）选择抗病品种，选用无毒苗，合理密植及施肥。

（2）床土消毒。选用辛菌胺 50 克兑水 15 千克（每亩 30 千克水）均匀喷洒苗床，进行苗床消毒。

（3）移栽苗消毒。定植时用植病灵、病毒 A 等药剂喷洒幼苗叶片。

（4）田间病害防治。①种植制种区要远离有黄瓜花叶病毒的寄主，以减少传染。为有效地控制该病发生，及时喷药灭蚜是十分重要的措施。②移栽 2 周后喷施 1 次免疫诱抗剂，可选用链蛋白、超酶蛋白、嘧肽霉素、宁南霉素、香菇多糖和氨基寡糖素等防治病毒病。

③规范化操作防病，尽量减少操作，培土、中耕、施肥实行归一化处理，并在操作前喷施抗病毒剂（植病灵等）。④发病初期可喷施盐酸吗啉、吗胍·乙酸铜等药剂，每5～7天喷一遍，连喷2次。

（赵玳琳　撰写）

第二节　主要虫害识别及绿色防控技术

一、地老虎

1. 识别特征

地老虎属鳞翅目夜蛾科，又名土蚕、切根虫等。成虫：体长16～23毫米，翅展42～54毫米。前翅黑褐色，亚基线、内横线、外横线及亚缘线均为双条曲线；在肾形斑外侧有一个明显的尖端向外的楔形黑斑，在亚缘线上有2个尖端向内的黑褐色楔形斑，3斑尖端相对，是其最显著的特征。后翅淡灰白色，外援及翅脉黑色。卵：馒头形，直径0.61毫米，高0.5毫米左右，表面有纵横相交的隆线。幼虫：老熟幼虫体长37～47毫米，头宽3.0～3.5毫米。黄褐色至黑褐色，体表粗糙，密布大小颗粒。蛹：体长18～24毫米，红褐色或暗红褐色（图18-4）。

图18-4 地老虎幼虫（左）和成虫（右）

2. 发生特点

地老虎是我国各类农作物苗期的重要地下害虫。我国记载的地老虎有170余种，已知为害农作物的大约有20种左右。其中小地老虎、黄地老虎、大地老虎等为害比较严重。

地老虎低龄幼虫在植物的地上部为害，取食子叶、嫩叶，造成孔洞或缺刻。中老龄幼虫白天躲在浅土穴中，晚上出洞取食植物近土面的嫩茎，使植株枯死，造成缺苗断垄，甚至毁苗重播，直接影响生产。

3. 绿色防控技术

（1）农业防治。精耕细作深翻多耙，施用充分腐熟的厩肥、饼肥，可减轻地老虎为害。

（2）物理防控。用黑光灯、频振式太阳能杀虫灯和糖醋液诱杀。

（3）生物防治。初春天气回暖，在田间挂置性诱剂诱捕器，每亩1个，诱杀雄成虫。

（4）药剂防治。防治方法参照第五章甘蓝、萝卜和白菜主要病虫害识别及绿色防控技术中的地下害虫绿色防控技术。

二、蛞蝓

1. 识别特征

俗称鼻涕虫，是一种软体动物。雌雄同体，外表看起来像没壳的蜗牛，体表湿润有黏液。成虫伸直时体长30～60毫米，体宽4～6毫米；内壳长4毫米，宽2.3毫米。长梭型、柔软、光滑而无外壳，体表暗黑色、暗灰色、黄白色或灰红色。蛞蝓以成虫体或幼体在作物根部湿土下越冬（图18-5）。

图18-5 蛞蝓成虫（左）及为害（右）

2. 发生特点

5—7月在田间大量活动为害，入夏气温升高，活动减弱，秋季气候凉爽后，又活动为害。蛞蝓怕光，强光下2～3小时即死亡，因此均夜间活动，从傍晚开始出动，晚上10—11时达高峰，清晨之前又陆续潜入土中或隐蔽处。耐饥力强，在食物缺乏或不良条件下能不吃不动。阴暗潮湿的环境适合其生活，当气温为11.5～18.5℃，土壤含水量为20%～30%时，对其生长发育最为有利。蛞蝓取食广泛，主要吃蔬菜、蘑菇及果实等。

3. 绿色防控技术

（1）农业防治。采用高畦栽培、地膜覆盖、破膜提苗等方法；施用充分腐熟的有机肥；每亩用生石灰 5～7 千克，在为害期撒施于沟边、地头或作物行间驱避虫体；或用草木灰往植株上撒，这样既可给植株施肥，也可杀死成虫及其卵，这是杀灭蛞蝓的较好办法。

（2）药剂防治。防治方法参照第五章甘蓝、萝卜和白菜主要病虫害识别及绿色防控技术中的蛞蝓绿色防控技术。

（程英　撰写）

第十九章　白芨主要病虫害识别及绿色防控技术

白芨是一种兰科多年生草本药材，具有止血生肌的功效。近年来，在贵州省种植面积不断增加，其病虫害逐年加重，严重影响了白芨产业的可持续健康发展和果农经济效益，和脱贫攻坚。为了给药农提供技术指导，省农科院植保所在现有研究成果的基础上，结合相关资料编制了白芨主要病虫害识别及综合防控技术，以期指导药农对白芨主要病虫害进行科学防控，为贵州省白芨产业可持续发展提供保障，贵州省脱贫攻坚提供科技支撑。

第一节　主要病害识别及绿色防控技术

一、白芨锈病

1. 症　状

该病害属于白芨叶部病害，叶部正面形成黄色病斑，病斑反面为泡状隆起黄色夏孢子堆，散乱分布叶背上。在严重时孢子堆汇集成片。孢子堆破损后有大量黄色粉状物散出。后期病斑扩大，导致叶片枯焦，植株早衰而倒苗（图19-1）。

图 19-1　白芨锈病叶片症状（左为叶正面、右为叶背面）

2. 发生特点

该病主要由白芨鞘锈菌致病引起，属于气传真菌性病害。因各地在环境气象条件存在差异，白芨锈病发生始见期存在不同。每年3—5月为病害始见期，遇田间发病条件适宜，短时间内会大面积暴发流行，至全田发病。

3. 绿色防控技术

（1）农业防治。开厢栽培，开沟排水，及时除草通风透气，减少田间湿度。

（2）药剂防治。该病害主要以化学药剂预防为主。以有效成分为20%戊唑醇、20%己唑醇等的化学药剂稀释3 000倍液，在白芨锈病未发生就必须进行预防，每年4—5月施药，连续施药 2～3 次，前两次施药间隔 10 天，第三次施药可间隔 20 天。

二、白芨褐斑病

1. 症　状

该病害为叶部病害，整个叶片均会出现病斑，病斑呈圆形、梭形至不规则形，病斑四周边缘深褐色、中央淡褐色；空气干燥时病斑易破裂、穿孔。发病严重时常形成较大病斑，严重影响植株长势甚至导致植株地上部分枯死（图 19-2）。

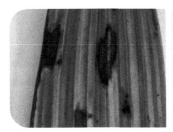

叶片发病正面症状　　　　叶片发病背面症状　　　　田间病株

图 19-2　白芨褐斑病（宋莉莎　供图）

2. 发生特点

叶褐斑病病原为镰刀菌致病引起，多发生于 5—7 月，连续降雨、空气潮湿发生较重，空气干燥时病斑扩展受抑制。

3. 绿色防控技术

（1）农业防治。开厢栽培，开沟排水，及时除草通风透气，减少田间湿度。

（2）药剂防治。该病害主要以化学药剂防控效果较好。以 1% 申嗪霉素悬浮剂 800～1 000 倍液、有效成分为 50% 咪鲜胺的药剂稀释 1 000～1 500 倍在白芨褐斑病发病初期及时喷雾防控。连续施药 2～3 次，间隔 7～10 天。

三、白芨根（块茎）腐烂病

1. 症　状

白芨地上部叶片发黄、矮缩。地下部分的根和块茎呈现腐烂。发病严重时导致整个植株枯死（图 19-3）。

图 19-3　白芨根、块茎腐烂病症状（宋莉莎　供图）

2. 发生特点

该病害由镰刀菌属真菌致病引起,主要发生在多雨季节、田间积水严重、土壤湿度过大、根和块茎上有伤口更易发生。

3. 绿色防控技术

(1)农业防治。开厢高垄栽培,四周及田间开沟排水,减少田间土壤湿度。

(2)药剂防治。该病害主要以生物药剂防控效果较好。主要以 1% 申嗪霉素悬浮剂 800 ～ 1 000 倍液,在田间积水严重的田块采取灌根方式进行,每穴药液 100 ～ 200 毫升,连续施药 2 ～ 3 次,间隔 7 ～ 10 天。

(陈小均　撰写)

第二节　主要虫害识别及绿色防控技术

一、蝼蛄

1. 识别特征

蝼蛄属直翅目蟋蟀总科蝼蛄科。蝼蛄俗名拉拉蛄、地拉蛄、天蝼、土狗等,成虫茶褐色,梭形,长约 32 毫米;前足为开掘足,后足胫节有刺 3 ～ 4 根,腹部尾须 2 根。若虫黑褐色,只有翅芽。若虫初孵时乳白色,老熟时体色接近成虫,体长 24 ～ 28 毫米。卵椭圆形,长约 2.8 毫米左右,初产时黄白色,有光泽,渐变黄褐色,最后变为暗紫色(图 19-4)。

图 19-4　蝼 蛄

2. 发生特点

在地下咬食刚播下的种子或发芽的种子,并取食嫩茎、根,为害特点是咬成乱麻状,同时蝼蛄在地表层活动,形成隧道,使幼苗根与土壤分离,造成幼苗干枯死亡。1 年发生 1 代,以老熟幼虫或成虫在土中越冬。翌年 4 月越冬成虫为害到 5 月,交尾并产卵,喜欢在潮湿土中产卵，卵期约20天。若虫共5龄，若虫为害到9月，蜕皮变为成虫，成虫飞翔力很强，10月下旬入土越冬，发育晚的则以老熟若虫越冬。

3. 绿色防控技术

采用深翻土地、适时中耕、清除杂草等措施，创造不利于害虫发生的环境条件。由于蝼蛄活动量较大且趋光性强，可用黑光灯或者太阳能诱虫灯诱杀，也可用豆饼、麦麸、米糠拌农药做成毒饵，傍晚分成小堆放置田地诱杀蝼蛄。也可以在田埂上挖一小坑，然后将马粪和切成3～4厘米长新鲜草放入坑内诱集，次日清晨，可到坑内集中捕杀。另外，水可放入淡盐水，淡盐水对蝼蛄有很强的杀伤力。在春季蝼蛄苏醒尚未迁移时，扒开虚土堆扑杀。可以用白僵菌拌土，然后撒施到田中，使蝼蛄感染而死，是以菌治虫的防治手段。戴胜、喜鹊和画眉等食虫鸟类是蝼蛄的天敌，可以加以保护利用，在田块周围保留天然林或者栽植灌木招引益鸟栖息繁殖。

二、蛴螬

1. 识别特征

蛴螬是金龟子幼虫的统称，属地下害虫，幼虫体型"C"字形，体型可大可小，体色多为白色，少数为黄白色，头部褐色，上颚明显，腹部肿胀。体壁较柔软多皱，体表疏生细毛。蛴螬取食白芨的根、茎，直接造成经济损失（图19-5）。

图19-5 蛴螬幼虫

2. 发生特点

蛴螬常将白芨的根部咬伤或咬断，使地面上部枯萎死亡，挖出白芨根部，其为害特点是断口比较整齐，一般能看到蛴螬。

3. 绿色防控技术

实行水旱轮作可以全面破坏蛴螬生存环境，是较为理想和彻底防控措施。深耕土地、清除杂草、不施未腐熟的有机肥料等措施也能部分破坏其生存环境。成虫趋光性较强，可用黑光灯或者太阳能诱虫灯诱杀。可以用绿僵菌、Bt等生物农药拌土，然后撒施到白芨根部田中，使蛴螬感染而死，是以菌治虫的好方法。在田块周围保留天然林或者栽植灌木招引益鸟取食成虫。

三、金针虫

1. 识别特征

金针虫是鞘翅目叩甲科昆虫幼虫的总称，是地下害虫的重要类群之一。金针虫主要有沟金针虫和细胸金针虫两种。沟金针虫末龄幼虫体长 20～30 毫米，体型扁平、黄金色，背部有一条纵沟，尾端分成两叉，各叉内侧有一小齿。成虫体长 14～18 毫米，深褐色或棕红色，全身密被金黄色细毛，前脚背板向背后呈半球状隆起。细胸金针虫幼虫末龄幼虫体长 23 毫米左右，体型圆筒形、淡黄色，背面近前缘两侧各有一个圆形斑纹，并有 4 条纵褐色纵纹。成虫体长 8～9 毫米，体细长，暗褐色，全身密被灰黄色短毛，并有光泽，前胸背板略带圆形（图 19-6 和图 19-7）。

图 19-6　金针虫幼虫　　　　　　　　图 19-7　金针虫成虫

2. 发生特点

为害特点是幼虫将幼根茎食成小孔，致使死苗、缺苗或引起块茎腐烂。金针虫随着土壤温度季节性变化而上下移动，在春、秋两季表土温度适合金针虫活动，上升到表土层为害，形成两个为害高峰。夏季、冬季则向下移动越夏越冬。如果土温合适，为害时间延长。

3. 绿色防控技术

合理水旱轮作可以淹死金针虫幼虫，是一种十分有效的农业防治方法，还能通过适时灌溉、合理施肥、精耕细作、翻土、合理间作或套种、轮作倒茬等农业措施减少其为害程度。可以用绿僵菌、Bt 等生物农药拌土，然后撒施到白芨根部田中，使蛴螬感染而死，是以菌治虫的好方法。在田块周围保留天然林或者栽植灌木招引益鸟取食成虫。目前已经开发出金针虫性信息素，可以利用性诱剂诱杀和进行种群动态监测。也可利用成虫的趋光性进行灯光诱杀。

（陈小均　胡阳　撰写）

第二十章 党参、半夏主要病害识别及绿色防控技术

第一节 党参主要病害识别及绿色防控技术

党参是桔梗科党参属，多年生草本药材。由于近年来种植面积不断扩大，出现了党参病害，严重制约和影响了党参的产业的可持续健康发展和党参种植者的经济效益。为了给药农提供技术指导，贵州省农业科学院植物保护研究所在现有研究成果的基础上并参考相关资料，编制了党参病害的识别及综合防控技术，以期指导药农对党参病害进行科学防控，为党参产业可持续发展提供保障，为脱贫攻坚提供科技支撑。

一、党参锈病

1. 症　状

病害主要发生在叶片和茎秆上，叶片背面有黄褐色隆起的夏孢子堆，孢子堆有表皮覆盖，表皮破损后，散发出大量的棕褐色粉状物。发生严重时众多病斑联合，整个叶片黄化枯焦，最终导致整株死亡（图20-1）。

图20-1 党参锈病叶片症状

2. 发生特点

在党参生长季节，以夏孢子通过气流传播引起发病，不断产生夏孢子进行多次重复侵染，扩大蔓延为害。降水量大，田间湿度大时更易发病。一般从5月上旬开始发病，6—7月为发病盛期。

3. 绿色防控技术

（1）农业防治。加强田间管理，合理施肥，少施氮肥增施磷钾肥。

（2）药剂防治。该病害重于预防。可选用有效成分为戊唑醇、己唑醇等化学药剂稀释3 000 ～ 5 000 倍，在锈病未发生就必须进行预防，4—5 月施药，连续施药 2 ～ 3 次，前两次药间隔 10 天，第三次药可间隔 20 天。

二、党参根腐病

1. 症　状

地上植株枯萎，地下的须根和侧根呈褐色腐烂，蔓延至全根，呈褐色水渍状腐烂。严重者会死亡（图 20-2）。

图 20-2　党参根腐病田间症状

2. 发生特点

此病主要是土传和种传病害。多雨年份，排水不良的地块，以及地下害虫、农事操作过程中造成地下根部有伤口，病情较易发生。常见的地下害虫有蛴螬、金针虫、地老虎等。5 月开始发生，7—8 月为害较重。

3. 绿色防控技术

（1）农业技术。①轮作：与小麦、玉米等轮作，可减轻根腐病的为害。②加强田间管理：选择排水良好的地块，并作高畦种植，雨季注意排除积水；及时拔除病参，并用石灰水灌穴清毒；施用腐熟有机肥，增加土壤微生物数量。

（2）药剂防治。播种前应选择 35 克／升精甲·咯菌腈种子包衣剂以 1 ：（250 ～ 333）的药种比进行种子包衣，晾干后进行播种。播种前以 1% 申嗪霉素悬浮剂 800 倍液喷施厢面，进行土壤消毒。清除病残体后，晾晒土壤并用 1% 申嗪霉素悬浮剂 800 倍液对发病中心四周进行灌窝防控。

（陈小均　魏进　撰写）

第二节 半夏主要病害识别及绿色防控技术

半夏是贵州省种植面积比较大的道地药材之一，属天南星目天南星科半夏属植物。近年来，由于半夏种植面积加大，连作严重，导致病害逐年加重，严重影响了半夏产业的可持续健康发展和半夏种植者的经济效益。为了给药农提供技术指导，贵州省农业科学院植物保护研究所在现有研究成果的基础上，参考国内外成功的防治经验，编制了半夏主要病害识别及综合防控技术，以期指导药农对半夏主要病害进行科学防控，为半夏产业可持续发展提供保障，为脱贫攻坚提供科技支撑。

一、半夏块茎腐烂病

1. 症 状

半夏地上部变黄枯萎至死亡，地下块茎腐烂（图20-3）。

图 20-3 半夏块茎腐烂和地上症状

2. 发生特点

常常发生在积水严重田块，特别是连作地发生最为严重。在半夏整个生育期均能发病，以4—5月为重。病原较为复杂，主要以镰刀菌为主。以带菌、腐烂的半夏种球或上季病残体遗留土中作为病原初侵染源，遇田间条件适宜以发病中心迅速向四周发展。

3. 绿色防控技术

（1）选择田块应不积水，透水性好排水方便的沙质土壤。避免黏性强的土壤。

（2）精选种球。在收种前应选择首年种植且未发病田块的半夏作为种原，重视留种半夏的及时采收，适宜的采收期为10月中下旬，晴天进行，并及时清除病残体、带伤半夏和泥土。贮藏前应日晒1～2天，以干净而饱满、干燥的半夏种球置于通风透气的袋子中保存。

（3）选用抗病品种，做好种子的更新换代，是预防块茎腐烂病的基础。

（4）实行轮作，减少连作。

（5）播种前应选择 35 克／升精甲·咯菌腈种子包衣剂以 1 ∶（250～333）的药种比进行种子包衣，晾干后进行播种。

（6）播种前以 1% 申嗪霉素悬浮剂 800 倍液喷施厢面，进行土壤消毒。出苗后发病及时清除病残体，并用 1% 申嗪霉素悬浮剂 800 倍液对发病中心四周进行灌窝防控。

二、半夏病毒病

1. 症　状

病叶主要表现为花叶、卷曲、畸形、褪绿或黄色条斑（图 20-4）。

图 20-4　半夏病毒病叶片症状

2. 发生特点

长期连作或自留种发生田块重，主要经种传或媒介昆虫传播。

3. 绿色防控技术

（1）农业防治。选用无病毒的块茎留种；在半夏生长期适时灭杀蚜虫、蓟马等传毒虫媒。

（2）药剂防治。在半夏出苗后 10% 以宁南霉素可溶性粉剂、1% 香菇多糖水剂、5% 氨基寡糖水剂等药剂 400～500 倍液进行喷雾预防 3～5 次，每次间隔 7～10 天。

（陈小均　撰写）

第二十一章　钩藤主要病虫害识别及绿色防控技术

钩藤别名钩丁、吊藤、鹰爪风、倒挂刺等。是茜草科钩藤属常绿藤本植物，主要以带钩的枝条入药。由于近年来，人工种植技术的破突，解决了育苗的关键技术，种植面积不断扩大。然而在育苗和种植过程中容易出现各种病虫害，制约和影响了钩藤的产业的可持续健康发展和钩藤种植者的经济效益。为了给药农提供技术指导，贵州省农业科学院植物保护研究所在现有研究成果的基础上，编制了钩藤主要病虫害识别及综合防控技术，以期指导药农对钩藤主要病虫害进行科学防控，为钩藤产业可持续发展提供保障，为脱贫攻坚提供科技支撑。

第一节　主要病害识别及绿色防控技术

一、钩藤猝倒病

1. 症　状

主要为害幼苗茎基部、叶片。初为水浸状腐烂病斑，有发病中心，条件适宜病菌迅速向四周扩展。严重时导致整个漂盘或苗床的幼苗倒伏、腐烂至死亡。湿度大时在基质、土壤和病苗上有蜘蛛网状菌丝体（图21-1）。

图21-1　钩藤猝倒病叶片（左）及根茎部（右）症状

2. 发生特点

多发生在育苗的早期、中期。幼苗旺盛生长、过密，育苗环境湿度过大，最易发生。特别是在温室大棚和苗床上常见。混有病残体的未腐熟的堆肥，以及在其他寄主植物上越冬的菌丝体和菌核，均可成为初侵染源。病菌通过雨水、流水、带菌土壤、带菌农具、带菌堆肥传播，从幼苗茎基部或叶片伤口侵入，也可穿透寄主表皮直接侵入。

3. 绿色防控技术

（1）农业防治。①严格选用无病菌新土或基质。②大棚育苗应加强通风排湿，降低空气及土壤湿度。③加强苗床和大棚管理，出苗后间苗和剔除病苗。

（2）药剂防治。育苗前以有效成分为 70% 噁霉灵可湿性粉剂 1 000 倍液和 75% 福美双可湿性粉剂 1 000 ～ 1 500 倍液的药剂对土壤消毒杀菌。出现中心病株时，在大棚或苗床上以有效成分为 10% 苯醚甲环唑 1 000 倍液、240 克 / 升噻呋酰胺悬浮剂 1 000 倍液、70% 噁霉灵可湿性粉剂 800 倍液、1% 申嗪霉素悬浮剂 800 倍液的药剂，配合碧护水分散粒剂 2 000 倍液对发病区和健康区统防 2 ～ 3 次，每次间隔 7 ～ 10 天。

二、钩藤根腐病

1. 症 状

地上部出现萎蔫至枯死，地下根部出现腐烂，发黑（图 21-2）。

图 21-2 钩藤根腐病症状

2. 发生特点

在整个生育期均能发生。主要由镰刀菌致病引起。病菌可在线虫或地下害虫造成为害造成伤口侵入。在田间地势低洼、排水不良、土壤湿度过大、透气性差，板结严重、连作地发病较重。

3. 绿色防控技术

（1）农业防治。及时开沟排水，降低土壤湿度。

（2）药剂防治。以有效成分为 1% 申嗪霉素悬浮剂 800 倍液或咪鲜胺 1 500 倍液的药剂浇泼厢面或灌根（喷淋）2 ～ 3 次，间隔 10 ～ 15 天。

（陈小均 撰写）

第二节 主要虫害识别及绿色防控技术

蚜 虫

1. 识别特征

蚜虫又称腻虫、蜜虫，包括蚜总科的所有成员。钩藤上蚜虫没有具体鉴定。钩藤上的蚜虫个体呈黄色（图21-3）。

图 21-3 钩藤蚜虫为害状

2. 发生特点

蚜虫繁殖力强，繁殖速度快，钩藤种植中需要经常进行田间巡查。蚜虫通常会聚集在钩藤顶端嫩枝梢或叶片上，取食叶汁，致使钩藤生长较弱，叶片变黄向下卷曲。大田期，空气干燥时发生最为严重。蚜虫也是传播病毒的主要媒介之一。

3. 绿色防控技术

在温室大棚或移栽至大田时可以挂黄板，通过诱杀有翅蚜，减少繁殖基数。蚜虫天敌较多，蚜茧蜂、食蚜蝇、瓢虫、蜘蛛等天敌均可控制蚜虫为害。必要时候还能释放人工饲养的天敌进行防控，例如小花蝽、七星瓢虫等。

（胡阳　撰写）

第二十二章 魔芋主要病虫害识别及绿色防控技术

魔芋含有丰富的葡甘聚糖，具有多方面的生理活性，在食品、化工医药保健及农业等多各领域中被广泛应用。贵州省是魔芋种植的优势产区，近年来魔芋产业发展较快，六枝、贞丰、赫章、务川、台江等地都在大力推广魔芋产业。魔芋在整个生育过程中存在多种病虫害，对其生产造成很大程度的影响。为此，针对魔芋主要病虫害发生特点，制订集成综合的防控技术，可为魔芋的绿色生产提供指导，更好地为生产基地、合作社及相关企业服务。

第一节 主要病害识别及绿色防控技术

一、魔芋软腐病

1. 症 状

该病主要为害魔芋块茎及叶，造成叶柄基部或块茎发黑腐烂、植株倒伏，有臭味。在发病初期，魔芋的叶柄上出现长条形水浸条斑，然后开裂常呈沟渠状；中期，魔芋的内部组织变软腐烂，向外溢出脓液，出现魔芋叶柄半边发病腐烂，俗称"一边疯"的现象；到后期魔芋的叶柄出现倒伏，魔芋块茎也腐烂，植株死亡（图 22-1）。

图 22-1 魔芋软腐病症状

2. 发生特点

软腐病是魔芋最重要的病害，在贵州省各地均有发生。该病是由胡萝卜果胶杆菌引起的细菌病害，病菌主要在土壤及病残体中越冬，翌年随农具、雨水、昆虫、线虫等媒介传播。病害一般多集中于 6—8 月发病，一般是块茎先腐烂，再从基部向地上部分蔓延，并从病害部流出带病菌汁液，随着雨水、土壤的传播，又侵染新的植株，使之发病，从而引起魔芋成片倒苗。在田间渍水、虫害为害严重、连作多年、种芋质量差、雨水较多的地块发病较重。

3. 绿色防控技术

（1）防止病菌带入种植区。精选无病、无伤优质种芋用于种植，阻止种芋远距离传播软腐病。

（2）生态调控。通过选择优良抗病品种、与禾本科作物轮作、套作、合理密植及加强田间肥水管理，增强植株的抗病性和抗逆性，减轻病害的发生。进行土壤翻耕及土消毒处理（每亩施用生石灰50千克），减少土壤病菌量。

（3）科学用药。选择0.3%四霉素水剂500～700倍液、46%氢氧化铜水分散粒剂1 000～1 200倍液、3%噻霉酮微乳剂400～600倍液、20%噻菌铜悬浮剂300～700倍液、20%噻森铜悬浮剂300～500倍液、20%溴硝醇可湿性粉剂100～200倍液等药剂于播种前浸种或软腐病发生初期喷雾防治，7～10天喷一次，共喷2～3次。各药剂交替施用，避免病原抗药性产生。

二、魔芋白绢病

1. 症 状

白绢病主要为害魔芋叶柄基部及块茎，造成叶柄基部腐烂、植株萎蔫、倒伏，并在病部及土表产生大量的白色绢状菌丝。在发病初期，叶柄基部出现水浸状暗褐色病斑；中期，叶柄软化、腐烂，腐烂部位布满白色绢状菌丝，呈放射状向四周延伸，病基部出现粒状白色菌核；后期，植株从腐烂处折断倒伏，白色菌丝、菌核变为黄褐色或棕色，菌丝在土表蔓延（图22-2）。

图22-2 魔芋白绢病症状

2. 发生特点

白绢病是魔芋重要病害之一，在贵州省各地均有发生。该病是齐整小核菌引起的真菌病害，病菌主要以菌丝和菌核在土壤及病残体中越冬，翌年以萌发的新菌丝直接或从伤口侵染魔芋。病害一般多集中于7—9月高温、高湿季节发病，随着流水、土壤等传播，病菌还侵染多种作物，连作或前茬作物为寄主作物易发病，此外，种芋不消毒、地势低洼、氮肥过多、酸性土壤，病害易发生。

3. 绿色防控技术

（1）防止病菌带入种植区。精选无病、无伤优质种芋用于种植，阻止种芋远距离传播白绢病。

（2）生态调控。通过选择优良抗病品种、与禾本科作物轮作、套作、合理密植及加强田间肥水管理，增强植株的抗病性和抗逆性，减轻病害的发生。进行土壤翻耕及土消毒处理（每亩施用生石灰 50 ～ 100 千克），减少土壤病菌量，调节土壤酸碱度。

（3）科学用药。选择 75% 百菌清可湿性粉剂 500 倍液、20% 噻呋酰胺悬浮剂 400 ～ 600 倍液、20% 氟酰胺可湿性粉剂 400 ～ 600 倍液、60% 氟胺·嘧菌酯水分散粒剂 800 ～ 1 000 倍液、60% 氟胺·嘧菌酯水分散粒剂 800 ～ 1 000 倍液、20% 甲基立枯磷乳油 1 000 倍液等药剂在播种前浸种或在白绢病发生初期进行灌根、喷雾防治，7 ～ 10 天一次，共施 2 ～ 3 次。各药剂交替施用，避免病原产生抗药性。

三、魔芋根腐病

1. 症 状

根腐病主要为害魔芋根、块茎及叶柄基部，造成根及块茎部腐烂、植株萎蔫、枯死。在发病初期，根部有水浸状腐败，后软腐变成紫褐色，根部逐渐腐烂，造成植株矮小、叶片黄化、萎蔫，最后倒伏、枯死。病株的球茎膨大受到严重影响，有的在生长过程中消失，轻病者球茎部分腐烂，形成凹凸不规则的残体，失去商品价值（图 22-3）。

图 22-3 魔芋根腐病块茎症状

2. 发生特点

根腐病是魔芋重要的病害之一，在各种植地均有发生，常与软腐病混发。根腐病主要是由镰刀菌、腐霉菌、丝核菌等真菌引起。病菌主要以孢子、菌核等在病残体、厩肥及土壤中越冬，依靠农具、土壤、雨水、种芋等传播，主要在 7—8 月发生。高温、高湿的环境及连作地、低洼地、黏土地有利于病害发生。

3. 绿色防控技术

（1）防止病菌带入种植区。精选无病、无伤优质种芋用于种植，阻止种芋传播根腐病。

（2）生态调控。通过选择优良抗病品种、合理密植及加强田间肥水的管理，增强植株的抗病性和抗逆性，减轻病害的发生。进行土壤翻耕及土消毒处理（每亩施用生石灰 50 ~ 100 千克），减少土壤病菌量。

（3）科学用药。选择 1% 申嗪霉素悬浮剂 400 ~ 1 000 倍液、3% 甲霜·噁霉灵水剂 500 ~ 600 倍液、70% 甲硫·福美双可湿性粉剂 400 ~ 500 倍液、70% 甲基硫菌灵可湿性粉剂 800 ~ 1 000 倍液、75% 百菌清可湿性粉剂 500 倍液等药剂在播种前浸种或在根腐病发生初期灌根、喷雾，7 ~ 10 天一次，共 2 ~ 3 次。各药剂交替施用，避免病原抗药性产生。

第二节 主要虫害识别及绿色防控技术

一、金龟子

1. 识别特征

金龟子是魔芋生产中常见的一种害虫，又叫老母虫，鞘翅目害虫。成虫椭圆形，有金属光泽。幼虫头部黄褐色，胸、腹部乳白色或黄白色，虫体弯曲呈"C"字形（图 22-4 和图 22-5）。

图 22-4 金龟子幼虫（蛴螬）　　　　　图 22-5 金龟子成虫

2. 发生特点

主要为害魔芋叶及块茎。金龟子为杂食性、暴食性害虫。其幼虫（蛴螬）会为害植物地下的根和茎，咬伤处呈黑色及凹凸不平状，常加重软腐病为害；成虫昼伏夜出，黄昏后取食，主要取食植株嫩叶，有时取食老叶，叶片形成不规则的缺口和孔洞，严重时叶肉会被食光，只剩主脉与侧脉。

此虫1年发生1代，幼虫在土中越冬，翌年春季土壤融冻后，越冬幼虫开始活动，取食块茎，后做土室化蛹，6月开始出现成虫。成虫白天潜伏土中，夜间取食叶片。施用未腐熟厩肥的田块及沙壤土中容易发生。7—8月为害重，其发生常加重魔芋软腐病的为害，造成魔芋减产。

3. 绿色防控技术

（1）加强检查，对调运的魔芋种芋进行严格检查，严防幼虫随种芋或蛹随土壤传播。

（2）生态调控。适时翻耕地面土层；使用腐熟的有机肥，未腐熟的有机肥容易引诱金龟子成虫产卵。

（3）物理防治。人工诱捕杀、利用黑光灯诱杀、糖醋液诱杀（按红糖∶醋∶酒糟∶敌百虫∶水=1∶4∶1∶1∶10配制）。

（4）生物防治。选择50亿CFU/克球孢白僵菌可湿性粉剂250～300克/亩于播种时拌土撒施。

（5）科学用药。选择2%噻虫·氟氯氰颗粒剂1 250～1 500克/亩、0.5%毒死蜱颗粒剂20～30千克/亩、2%高效氯氰菊酯颗粒剂2 500～3 500克/亩、3%辛硫磷颗粒剂6 000～8 000克/亩等药剂于播种时沟施；选择2.5%高效氯氟氰菊酯悬浮剂2 000倍液、5%阿维菌素乳油3 000倍液、5%甲维·高氯氟水乳剂4 000倍液等药剂，于卵孵高峰期至低龄幼虫期，喷雾1～2次，每隔7天左右一次，减少虫口基数。

二、甘薯天蛾

1. 症 状

甘薯天蛾主要为害魔芋叶及嫩茎。甘薯天蛾分布遍及全世界，是魔芋的主要害虫之一。幼虫为害魔芋的叶和嫩茎，主要取食叶肉，留下纱网状叶脉，随后将叶片吃成缺刻，严重时能把魔芋叶吃光，只剩茎秆，严重影响作物生长及产量（图22-6和图22-7）。

图22-6 甘薯天蛾成虫　　　　图22-7 甘薯天蛾幼虫

2. 发生特点

甘薯天蛾是魔芋生产中常见的一种害虫，又名旋华天蛾，幼虫俗称猪八虫，属鳞翅目天蛾科害虫，在魔芋产区一般1年发生3～4代，在8—9月为害最重。

甘薯天蛾以蛹在土下越冬，成虫有很强的飞翔能力、昼伏夜出，卵多散产于魔芋叶背面。幼虫1龄吃叶成小孔，2～3龄后取食叶片成缺刻，5龄后的幼虫食量最大，老熟的幼虫在魔芋田或附近作物地、路边、沟边等处入土化蛹。甘薯天蛾耐高温，降水量偏少时有利于其发生。

3.绿色防控技术

（1）生态调控。适时翻耕地面土层，加强田间肥、水的管理。

（2）物理防治。人工诱捕杀、利用黑光灯诱杀。

（3）生物防治。选择16 000 IU/毫克苏云金杆菌可湿性粉剂100～150克/亩在害虫1～2龄幼虫期，喷雾1～2次。

（4）科学用药。选择30%敌百虫乳油100～200克/亩、4.5%高效氯氰菊酯乳油1 500倍液、3%阿维·高氯乳油1 000～1 500倍液、2%高氯·甲维盐乳油800～1 200倍液等药剂，于卵孵高峰期至低龄幼虫期，喷雾1～2次，减少虫口基数。

三、斜纹夜蛾

1.症　状

斜纹夜蛾主要为害魔芋叶及叶柄。斜纹夜蛾是一种多食性的害虫，在全国各地均有发生，可以为害多种植物。其1～2龄幼虫群集在魔芋叶背啃食，只留上表皮和叶脉，被害叶好像纱窗一样，3龄后分散为害，将叶片吃成缺刻，发生严重时可吃光叶片，甚至咬食魔芋幼嫩茎秆（图22-8和图22-9）。

图22-8 斜纹夜蛾成虫　　　　　图22-9 斜纹夜蛾幼虫

2.发生特点

斜纹夜蛾是魔芋生产中常见的一种害虫，又叫莲纹夜蛾、莲纹夜盗蛾、斜纹盗蛾，俗称芋虫、花虫，属鳞翅目夜蛾科害虫。幼虫食叶、花及果实，成虫在夜间活动，飞翔力强，具趋光性。卵多产于高大、茂密、浓绿的边际作物上；初孵幼虫群集取食，4 龄后进入暴食期，多在傍晚觅食。老熟幼虫多在表土化蛹，各地严重为害期在 7—10 月。

3. 绿色防控技术

（1）生态调控。适时翻耕地面土层，加强田间肥水管理。

（2）物理防治。人工诱杀成虫或捕捉幼虫、利用黑光灯诱捕、斜纹夜蛾性诱剂诱捕。

（3）生物防治。选择 16 000 IU/ 毫克苏云金杆菌可湿性粉剂 200 ～ 250 克 / 亩、10 亿 PIB/ 毫升斜纹夜蛾核型多角体病毒悬浮剂 50 ～ 75 毫升 / 亩、300 亿 CFU/ 克球孢白僵菌可分散油悬浮剂 30 ～ 50 毫升 / 亩、0.6% 印楝素乳油 100 ～ 200 毫升 / 亩、100 亿 CFU/ 毫升短稳杆菌悬浮剂 800 ～ 1 000 倍液等药剂，在 1 ～ 2 龄幼虫期喷雾 1 ～ 2 次。

（4）科学用药。选择 200 克 / 升氯虫苯甲酰胺悬浮剂 7 ～ 13 毫升 / 亩、3% 甲氨基阿维菌素苯甲酸盐悬浮剂 29 ～ 37 毫升 / 亩、5% 甲氨基阿维菌素苯甲酸盐悬浮剂 20 ～ 25 毫升 / 亩、5% 高氯·甲维盐微乳剂 15 ～ 30 毫升 / 亩等药剂，于卵孵高峰期至低龄幼虫期，喷雾 1 ～ 2 次，减少虫口基数。

（黄露　撰写）

参考文献

白学慧，姬广海，李成云，等，2008. 魔芋与玉米间栽对魔芋根际微生物群落代谢功能多样性的影响 [J]. 云南农业大学学报，23（6）：736-740.

包淑华，2011. 设施栽培茄子病毒病的综合防治初探 [J]. 园艺与种苗（2）：21-22，25.

鲍一丹，2013. 番茄病害早期快速诊断与生理信息快速检测方法研究 [D]. 杭州：浙江大学.

蔡煌，1999. 杨梅炭疽病发生与防治 [J]. 柑桔与亚热带果树信息（6）：37.

曹春娜，石延霞，李宝聚，2009. 枯草芽孢杆菌可湿性粉剂防治黄瓜灰霉病药效试验 [J]. 中国蔬菜，1（14）：53-56.

陈东亮，李明远，程曦，等，2018. 北京万寿菊灰霉病病原菌分离鉴定 [J]. 中国植保导刊，38（4）：11-16.

陈家继，2019. 百香果栽培种植管理及病虫防治简析 [J]. 种子科技（17）：120-121.

陈茂春，2016. 茄子褐纹病的发生与防治 [J]. 乡村科技（4）：23.

陈青，赵冬香，莫圣书，等，2005. 阿维菌素与吡虫啉混用对豇豆荚螟的联合毒力 [J]. 农药，44（12）：561-564.

陈文，谭清群，黄海，等，2017. 13 种杀菌剂对杧果炭疽病菌的毒力测定及田间防效 [C]// 绿色生态可持续发展与植物保护——中国植物保护学会第十二次全国会员代表大会暨学术年会论文集. 长沙：中国植物保护学会.

陈小丹，2019. 番茄病害无公害防治措施 [J]. 吉林蔬菜（2）：42.

陈宜修，刘春莹，2014. 闽清县番茄细菌性斑点病的发生特点及综合防治技术 [J]. 现代农业科技（18）：152-152.

陈永明，谷莉莉，林双喜，等，2018. 黄瓜霜霉病的研究进展及登记防治农药的分析 [J]. 农学学报，8（8）：9-15，100.

陈泳武，2017. 石河子地区加工番茄病害种类调查及早疫病菌病毒菌株 AS24 的初步研究 [D]. 石河子：石河子大学.

程英，杨小娟，蹇孝敏，等，2019. 昆虫性信息素对辣椒斜纹夜蛾发生的监测及防控效果 [J]. 贵州农业科学，47（12）：48-51.

程英，杨学辉，王莉爽，等，2018. 不同药剂对辣椒蚜虫和蓟马的防治效果 [J]. 现代农药，17（2）：48-50.

程英，周宇航，金剑雪，等，2020. 不同药剂对辣椒斜纹夜蛾的防治效果 [J]. 蔬菜（2）：46-49.

崔鸣，李川，2009. 魔芋软腐病的发生规律及防治技术研究进展 [J]. 中国植保导刊，29（6）：33-35.

崔鸣，赵兴喜，2002. 魔芋白绢病发生危害与综合防治 [J]. 植物保护，28（6）：35-37.

丁自立，万中义，矫正彪，等，2014. 魔芋软腐病研究进展和对策 [J]. 中国农学通报，30（4）：238-241.

董然，2004. 万寿菊链格孢叶斑病研究 [D]. 长春：吉林农业大学.

杜保伦，张常秀，刘涛，等，2009. 茄子青枯病的发生与综合防治 [J]. 吉林蔬菜（1）：35-36.

杜蕙，郑果，吕和平，2009. 7 种药剂对黄瓜根结线虫的防治效果 [J]. 甘肃农业科技（6）：40-42.

范建新，赵艳，邓仁菊，等，2013. 贵州杨梅生产现状与发展对策 [J]. 贵州农业科学，41（12）：67-169.

范光南，刘雄明，2020. 武平百香果产业发展与精准扶贫 [J]. 东南园艺（1）：51-54.

冯灿，2018. 生姜主要病虫害的发生与防治 [J]. 作物研究（S1）：165-166.

付军臣，张巍，魏国先，等，2007. 色素万寿菊主要病害识别及防治 [J]. 北方园艺（5）：224.

付梅，2020. 试析百香果栽培种植管理技术及病虫防治方法 [J]. 种子科技（1）：70-71.

傅金铭，2010. 日光温室番茄病害发生特点及无公害防治措施 [J]. 现代农业科技，532（14）：152-153.

傅玉霞，2019. 番茄病害的发病特点与防治技术 [J]. 农民致富之友（5）：72.

高雪，强远华，梁社往，等，2017. 魔芋病虫害及绿色防控研究进展 [J]. 作物杂志（5）：26-30.

古洪辉，汪正香，蒋雄，等，2018. 魔芋软腐病及其防治研究进展 [J]. 农学学报，8（9）：20-24.

郭菊芳，2014. 番茄病害诊断与防治 [J]. 河北农业，229（4）：45-46.

浩任，2020. 番茄细菌性斑点病综合防控技术 [J]. 农业知识（7）：12-13.

禾丽菲，李晓旭，孙作文，等，2018. 几种 QoIs 和 DMIs 杀菌剂对山东不同地区黄瓜白粉病菌的毒力差异及年度间的防效变化 [J]. 河北农业大学学报，41（4）：34-41.

侯向明，陈晓，郑中阳，等，2016. 清镇市延迟番茄白粉病的发生与防治 [J]. 耕作与栽培（1）：61-62.

侯有山，2019. 马铃薯二十八星瓢虫防治初探 [J]. 农民致富之友（15）：94.

侯玉战，2018. 济源市王屋山区越夏番茄绵疫病的发生与防治 [J]. 现代农村科技（9）：25-26.

胡彬，王晓青，梁铁双，2017. 辣椒主要病虫害化学防治技术 [J]. 中国蔬菜（4）：87-92.

胡红杏，吴金平，郭兰，等，2010. 魔芋白绢病病原菌的分子鉴定及其生物学特性研究 [J]. 湖北农业科学，49（6）：1 370-1 372.

黄大野，向朝晖，周世位，等，2017. 壳寡糖对茄子棒孢叶斑病的防治效果研究 [J]. 中国蔬菜（9）：46-49.

黄海，彭杨，龚德勇，等，2016. 贵州山地杧果病虫害种类调查 [J]. 热带农业科学，36（9）：79-83.

黄启良，李凤敏，王敏，2000. 40% 嘧霉胺悬浮剂防治黄瓜灰霉病药效试验 [J]. 植物保护，26（2）：44-45.

黄前晶，2010. 色素万寿菊主要病害种类及其防治 [J]. 内蒙古农业科技（6）：103-104.

贾涛，李葆来，张俊杰，等，2000. 我国棉铃虫研究现状与进展 [J]. 西北农业学报，9（3）：122-125.

姜莉莉，王开运，武玉国，等，2017. 生姜连作土壤的生态改良及主要病虫害绿色防控技术 . 农业科技通讯（7）：322，341.

蒋荷，曹莎，王丽君，等，2012. 黄瓜枯萎病研究进展及其综合防治 [J]. 中国植保导刊，32（11）：13-17.

金哲石，李淑静，2008. 茄子叶霉病综合防治技术 [J]. 河北农业（1）：30.

郎德山，肖万里，范世杰，等 . 科技惠农一号工程：黄瓜高效栽培 [M]. 济南：山东科学技术出版社，2016.

李安勇，欧阳美，高思玉，等，2016. 茄子早疫病的发生与防治 [J]. 上海蔬菜（4）：32-33.

李春辉，2008. 魔芋病虫害发生趋势分析及无公害防控技术 [J]. 湖北农业科学，47（5）：537-538.

李放，2008. 万寿菊主要病害及防治 [J]. 现代园艺（11）：32-33.

李继红，2012. 茄子白粉病、红腐病、果实疫病、花腐病、绵疫病和交链孢果腐病的识别与防治 [J]. 农业灾害研究（8）：23-26.

李金堂，默书霞，傅海滨，2010. 茄子黑枯病的识别及防治 [J]. 长江蔬菜（19）：35-36，56.

李金堂，2010. 黄瓜病虫害防治图谱 [M]. 济南：山东科学技术出版社.

李磊，尹显慧，龙友华，等，2019. 修文猕猴桃准透翅蛾、柳蝙蛾发生情况与防治药剂筛选 [J]. 中国南方果树，48（1）：78-82.

李明远，2004. 番茄细菌性斑点病的识别与防治 [J]. 当代蔬菜（12）：38-9.

李明远，2011. 李明远断病手迹（十六），北京市万寿菊黑斑病考察纪实 [J]. 农业工程技术（温室园艺）（9）：44-45.

李涛，黎振兴，李植良，等，2014. 茄子褐纹病的研究现状与展望 [J]. 中国农学通报，31（5）：108-115.

李炜，李政，2011. 生物多样性间种防控魔芋软腐病害试验探索 [J]. 北京农业（3）：74-75.

李雅珍，陶燕华，王志良，2007. 番茄菌核病防治用药筛选试验 [J]. 上海蔬菜（4）：62-63.

李永胜，2018. 生姜病虫害绿色综合防治技术. 现代农业科技（12）：123，127.

李志齐，2000. 杨梅炭疽病的防治 [J]. 湖南农业（4）：9.

梁广勤，2011. 实蝇 [M]. 北京：中国农业出版社.

梁广曦，2019. 百香果主要病虫害与防治措施分析 [J]. 农业开发与装备（7）：182-187.

梁容，2019. 食用百香果对健康益处多 [J]. 中国果业信息（6）：65.

刘斌，温天彩，张晶，等，2016. 不同种类生物农药防治斜纹夜蛾药效试验 [J]. 上海蔬菜，38（6）：41.

刘丹，王晓梅，逯忠斌，等，2016. 黄瓜霜霉病防治药剂的室内毒力测定及田间防效 [J]. 农药，55（5）：377-379.

刘峰，2012. 万寿菊常见病害及其防治 [J]. 特种经济动植物（5）：52-52.

刘辉，王朝霞，2010. 棉铃虫生物学习性及防治研究进展 [J]. 农村经济与科技，21（12）：138-140.

刘建凤，吉春明，苏建坤，等，2015. 几种杀菌剂对黄瓜霜霉病菌室内毒力测定 [J]. 江苏农业科学，43（12）：152-154.

刘敏，2017. 番茄病害发生症状及防治方法 [J]. 农民致富之友（22）：67-67.

刘佩瑛，2004. 魔芋学 [M]. 北京：农业出版社.

刘子记，杜公福，牛玉，等，2019. 番茄主要病害的发生与防治技术 [J]. 长江蔬菜，489（19）：64-67.

陆家云，龚龙英，1982. 南京地区黄瓜疫病菌的鉴定及生物学特性的研究 [J]. 南京农业大学学报，5（3）：27-38.

路海明，王从军，周宗萍，等，2012. 不同药剂对魔芋软腐病田间防治效果评价 [J]. 农药科学与管理（4）：59-60.

马琼，万左玺，余展深，2008. 魔芋白绢病病原菌的初步研究 [J]. 湖北农业科学，47（5）：58-60.

马迎新，曹春雷，褚刚，等，2013. 生姜病虫害综合防治技术. 农业科技通讯（6）：277-288.

苗则彦，李颖，赵杨，2013. 辽宁省番茄细菌性斑疹病的病原鉴定 [J]. 微生物学通报，40（4）：603-608.

莫定鸣，2020. 氟菌·霜霉威防治茄子绵疫病效果好 [N]. 江苏农业科报，2020-09-09（003）.

牛建群，曹德强，刘延刚，等，2016. 不同杀虫剂对茄二十八星瓢虫的田间防效 [J]. 安徽农业科学，44（10）：150-151.

牛新华，赵学宁，2018. 茄子白粉病的防治技术 [J]. 上海蔬菜（1）：46-47.

庞保平，2006. 南美斑潜蝇寄主选择性与植物次生化合物及叶毛的关系 [J]. 昆虫学报49（5）：810-815.

蒲金基，韩冬银，2014. 杧果病虫害及其防治 [M]. 北京：中国农业出版社.

齐其克，2011. 棉铃虫防治技术 [J]. 现代农业科技（4）：170.

乔满良，2013. 万寿菊病虫害综合防治技术 [J]. 吉林蔬菜（12）：67.

裘辉，魏延萍，2016. 温室番茄病害的综合防治措施 [J]. 吉林蔬菜（9）：29.

任长清，2016. 茄子褐纹病及蚜虫的防治 [J]. 农业与技术，36（14）：107.

桑松，张珂，王培丹，等，2014. 溴氰虫酰胺防治豇豆蓟马的效果 [J]. 贵州农业科学，42（3）：69-70.

山春，2017. 保护地栽培番茄病害的无公害防治 [J]. 中国园艺文摘，33（7）：183-184.

商鸿生，王凤葵，2007. 绿叶菜病虫害及防治原色图册 [M]. 北京：金盾出版社.

商鸿生，王凤葵，张敬泽，2003. 绿叶菜类蔬菜病虫害诊断及防治原色图谱 [M]. 北京：金盾出版社.

沈业，寿储苏，2002. 魔芋软腐病病原菌的分离及致病性研究 [J]. 安徽大学学报（自科版），26（1）：96-100.

宋莉莎，2019. 白及主要真菌病害病原鉴定及防治研究 [D]. 贵阳：贵州大学.

宋莉莎，曾桂萍，任静，等，2019. 贵州省白及叶褐斑病病原菌鉴定及其生物学特性 [J].

植物保护学报，46（2）：337-344.

宋昱，谢三刚，王玉香，等，2005. 万寿菊主要病害的诊断和化学药剂抑制效果的测定 [J]. 河南农业科学，34（9）：67-69.

孙敏，佟德林，2013，孙伟. 日光温室番茄生理性病害的识别与综合防治 [J]. 蔬菜（3）：34-35.

谭运顺，2019. 大棚茄子灰霉病的症状识别及综合防治 [J]. 江西农业（12）：3.

唐可兰，何振华，李健生，等，2019.6 种药剂对茄子绵疫病的防治试验 [J]. 湖南农业科学（10）：56-58.

唐平华，陈国平，朱明库，等，2013. 蚜虫防治技术研究进展 [J]. 植物保护，39（2）：5-12.

田湘，2018. 番茄筋腐病的发生原因及防控措施 [J]. 河南农业（19）：32.

王标明，2020. 百香果的营养特性及栽培管理措施 [J]. 中国果菜（7）：111-113，117.

王东侠，赵洪德，裴若菲，2019. 番茄主要生理性病害的发生特点及防治方法 [J]. 现代农业科技，739（5）：124-125.

王福莲，张帆，谢广林，2006. 三突花蛛和 T 纹豹蛛对豇豆荚螟幼虫的捕食作用 [J]. 安徽农业科学，34（2）：275-276.

王桂荣，王源超，杨光富，等，2020. 农业病虫害绿色防控基础的前沿科学问题 [J]. 中国科学基金，34（4）：374-380.

王龙，2007. 万寿菊叶斑病病原鉴定及药剂防治研究 [D]. 兰州：甘肃农业大学.

王婷，王龙，王生荣，2010. 万寿菊叶斑病病原鉴定及其生物学特性研究 [J]. 甘肃农业大学学报，45（3）：66-68.

王永琦，简红忠，高媛，等，2017. 魔芋不同施肥种类试验研究初报 [J]. 陕西农业科学，63（5）：38-39.

王友平，朱金英，郭平银，等，2009. 黄瓜白粉病研究进展 [J]. 长江蔬菜（1）：37-42.

王玉珍，牛树梅，吴昌伟，2016. 茄子炭疽病的发病原因及综合防治措施 [J]. 上海蔬菜（5）：45-45.

王云霞，2019. 番茄枯萎病的发生原因及综合防治 [J]. 农业技术与装备（6）：89-90.

王振荣，2013. 慈溪杨梅病害调查及主要病原种类鉴定与病害防治 [D]. 扬州：扬州大学.

卫杨斗，赵纯森，周胜德，1988. 魔芋病害及其防治技术的初步研究 [J]. 中国蔬菜，

1（2）：32-34.

文礼章，肖新平，邓培云，2000. 豇豆荚螟的生物学特性与防治技术研究［J］. 应用昆虫学报，37（5）：274-277.

吴佳教，梁帆，梁广勤，2009. 实蝇类重要害虫鉴定图册［M］. 广东：广东科技出版社.

吴健生，2020. 百香果常见的病虫害及预防措施［J］. 江西农业（4）：26-27.

吴秋行，2020. 百香果无公害生产技术及种植管理方法浅析［J］. 南方农业（8）：11-12.

吴晓燕，2004. 宁夏温室番茄主要病害的发生与综合防治［D］. 杨凌：西北农林科技大学.

吴新颖，2002. 万寿菊链格孢叶斑病研究［D］. 长春：吉林农业大学.

吴云，冯小俊，2004. 魔芋病虫害综合防治技术［J］. 中国蔬菜，5（5）：56-56.

席敦芹，2010. 不同药剂对黄瓜霜霉病的防治效果［J］. 安徽农业科学，38（17）：9057，9148.

相君成，雷仲仁，王海鸿，等，2012. 三种外来入侵斑潜蝇种间竞争研究进展［J］. 生态学报（5）：1616-1622.

谢立群，杨效文，张孝羲，2002. 烟青虫主要生物学特性及防治方法的研究现状［J］. 烟草科技，35（5）：43-45.

熊艳，孙淼，王鹤冰，等，2017. 重庆黄瓜病毒病病原分子鉴定及序列分析［J］. 农业生物技术学报，25（4）：650-658.

熊艳，王鹤冰，向华丰，等，2016. 黄瓜霜霉病研究进展［J］. 中国农学通报，32（1）：130-135.

徐广春，顾中言，徐德进，等，2013. 5 种杀虫剂对设施大棚辣椒蚜虫的防治效果［J］. 农药，52（11）：844-845.

徐克兰，蔡勤，何永梅，2019. 茄子灰霉病的症状识别与综合防治［J］. 植物医生，32（2）：51-55.

宣兆波，姜波，施彦忠，等，2014. 番茄猝倒病和立枯病的发生与防治［J］. 吉林农业（5）：86.

严凯，黄荣茂，张海鸥，2015. 魔芋白绢病症状特点及药剂防治筛选［J］. 农业研究与应用（2）：71-73.

杨普云，2018. 农作物有害生物全程绿色防控技术模式的集成与推广应用［J］. 中国植保导刊，38（4）：21-25.

杨普云，梁俊敏，李萍，等，2014. 农作物病虫害绿色防控技术集成与应用［J］. 中国植保导刊，34（12）：65-68.

杨普云,王凯,厉建萌,等.2018.以农药减量控害助力农业绿色发展 [J].植物保护,44(5):95-100.

杨蕊芝,2013.万寿菊枯萎病病原菌初步鉴定 [J].内蒙古农业科技(3):89.

杨振华,王致和,王生荣,2008.万寿菊主要病害及防治 [J].北方园艺(7):240-241.

姚峰,2015.烤烟烟青虫防治研究进展 [J].安徽农业科学,495(26):110-112.

叶志毅,1993.桑白蚧防治适期的研究 [J].植物保护,19(4):28-29.

易春,周长富,林文力,等,2015.杨梅病害性枯枝的症状及防治研究进展 [J].湖南农业科学(5):142-145.

易小平,毛邦杰,吴家雪,等,2001.海南省花卉病害调查和病原初步鉴定 [J].热带农业科学(3):1-4,11.

袁美丽,1993.黄瓜病害图谱 [M].长春:吉林科学技术出版社.

袁伟方,罗宏伟,2014.蔬菜蓟马防治技术研究进展 [J].热带农业科学,34(9):67-74.

云天海,肖日新,吴月燕,等,2012.蓝板诱杀技术在豇豆蓟马防控上的应用 [J].中国蔬菜(5):32.

张昌容,何永福,廖国会,等,2020.不同浓度呋虫胺贴膏对介壳虫防治效果研究 [J].农技服务,37(7):42-43.

张昌容,何永福,廖国会,等,2020.五种不同农药贴膏对介壳虫防治效果研究 [J].农技服务,37(7):35-36.

张丹,2017.4种药剂对辣椒蓟马的防效比较 [J].中国植保导刊,37(6):71-72.

张海燕,张小芳,刘雅婷,等,2016.云南番茄细菌性疮痂病病原菌鉴定及其生防研究 [J].云南农业大学学报(自然科学版),30(2):218-225.

张红骥,邵梅,杜鹏,等,2012.云南省魔芋与玉米多样性栽培控制魔芋软腐病 [J].生态学杂志,31(2):332-336.

张慧杰,李建社,张丽萍,等,2000.美洲斑潜蝇的寄主植物种类,适合度及其为害性的评价 [J].生态学报(1):134-138.

张丽辉,王永吉,廖林,等,2011.生防菌06-4对魔芋软腐病的防治及机理的初步研究 [J].湖南农业大学学报:自然科学版,37(3):286-289.

张晓云,李宝庆,郭庆港,等,2012.枯草芽孢杆菌CAB-1抑菌蛋白对黄瓜白粉病的防治作用 [J].中国生物防治学报,28(3):375-380.

张鑫,陈国华,陈芳清,等,2010.魔芋软腐病生物防治研究 [J].安徽农业科学,38(17):9058-9059,9063.

张杨林，2012. 茄子菌核病、棒孢叶斑病、拟黑斑病、赤星病、煤斑病和褐色圆星病的识别与防治 [J]. 农业灾害研究（8）：16-19.

张易成，尹显慧，龙友华，等，2017. 修文县猕猴桃园介壳虫种类调查及药剂防治 [J]. 山地农业生物学报，36（2）：86-89.

张跃进，吴立峰，刘万才，等，2013. 加快现代植保技术体系建设的对策研究 [J]. 植物保护，39（5）：1-8.

赵玳琳，王甘，卯婷婷，等，2018. 贵州杧果畸形病病原菌的分离与鉴定 [J]. 西南农业学报，31（3）：494-499.

郑丹丹，张杨林，2012. 茄子青枯病、软腐病、细菌性褐斑病、病毒病、根结线虫病、日灼病、叶烧病和裂果的识别与防治 [J]. 农业灾害研究（8）：12-15.

钟晓斌，2018. 山区栽培黄金百香果病虫害综合防治技术 [J]. 农村科学实验（11）：31，3.

周朝刚，高武侠，李金红，2016. 龙里县番茄白粉病的发生及防治 [J]. 农技服务，328（1）：121-121.

周阳，赵中华，杨普云，2013. 以绿色防控促进生态文明建设 [J]. 中国植保导刊，33（11）：75-78.

朱恩林，杨普云，王建强，等，2019. 农作物病虫害绿色防控覆盖率评价指标与统计测算方法 [J]. 中国植保导刊，39（1）：43-45.

FREEMAN S，KATAN T，SHABI E，1996. Characterization of colletotrichum gloeosporioides isolates from avocado and almond fruits with molecular and pathogenicity tests[J]. Applied and Environmental Microbiology，62：1014-1020.

WU WS，WU HC，2005. A new species of Alternaria on seeds of French marigold[J]. Mycotaxon，91：21-25.